第二次青藏高原综合科学考察研究丛书

国家出版基金项目
NATIONAL PUBLICATION FOUNDATION

中尼廊道及其周边地区
资源环境基础与承载能力考察研究

封志明　杨艳昭　李　鹏　闫慧敏　刘兆飞　等　著

科学出版社

北京

内 容 简 介

本书基于 2018 ～ 2019 年中尼廊道及其周边地区资源环境基础与承载能力考察研究，从人居环境适宜性到资源环境限制性，建立了中尼廊道及其周边地区资源环境承载力评价指标体系，从南亚通道地区、中尼廊道及周边地区和重点口岸地区等三个尺度，系统评估了中尼廊道及其周边地区的资源环境承载力及其超载风险，定量揭示中尼廊道及其周边地区资源环境承载力的时空格局与变化规律，以期为南亚通道建设提供科学依据和决策支持。

本书可作为地理科学、资源科学、环境科学、生态学等专业科研用书，也可供资源开发利用、生态环境保护、区域可持续发展等领域科研、管理人员参考使用。

审图号：GS (2022) 507号

图书在版编目（CIP）数据

中尼廊道及其周边地区资源环境基础与承载能力考察研究/封志明等著. —北京：科学出版社，2022.10
（第二次青藏高原综合科学考察研究丛书）
国家出版基金项目
ISBN 978-7-03-073280-4

Ⅰ.①中… Ⅱ.①封… Ⅲ.①区域生态环境–环境承载力–研究–中国、尼泊尔 Ⅳ.①X321.2 ②X321.355

中国版本图书馆CIP数据核字（2022）第184300号

责任编辑：石 珺 李嘉佳 朱 丽 / 责任校对：杨聪敏
责任印制：肖 兴 / 封面设计：吴霞暖

科 学 出 版 社 出版
北京东黄城根北街16号
邮政编码：100717
http://www.sciencep.com

北京汇瑞嘉合文化发展有限公司 印刷
科学出版社发行 各地新华书店经销

*

2022年10月第 一 版 开本：787×1092 1/16
2022年10月第一次印刷 印张：24 1/4
字数：566 000

定价：298.00元
（如有印装质量问题，我社负责调换）

"第二次青藏高原综合科学考察研究丛书"
编辑委员会

第二次青藏高原综合科学考察队

南亚通道资源环境基础与承载能力考察分队

人员名单

姓名	职务	工作单位
封志明	分队长	中国科学院地理科学与资源研究所
杨艳昭	执行分队长	中国科学院地理科学与资源研究所
李 鹏	执行分队长	中国科学院地理科学与资源研究所
何永涛	执行分队长	中国科学院地理科学与资源研究所
邱 琼	队员	国家统计局
余成群	队员	中国科学院地理科学与资源研究所
游 珍	队员	中国科学院地理科学与资源研究所
秦基伟	队员	西藏自治区农牧科学院
普布贵吉	队员	西藏自治区农牧科学院
肖池伟	队员	中国科学院地理科学与资源研究所
张 超	队员	中国科学院地理科学与资源研究所
董宏伟	队员	中国科学院地理科学与资源研究所
贾 琨	队员	中国科学院地理科学与资源研究所
梁玉斌	队员	中国科学院地理科学与资源研究所
李文君	队员	中国科学院地理科学与资源研究所
何 飞	队员	中国科学院地理科学与资源研究所
王 玮	队员	中国科学院地理科学与资源研究所

司乘人员：陈延年 李 伟 赵 刚 苗 刚 曹志伟 其米达娃
刘党军 刘会强

丛书序一

　　青藏高原是地球上最年轻、海拔最高、面积最大的高原，西起帕米尔高原和兴都库什、东到横断山脉、北起昆仑山和祁连山、南至喜马拉雅山区，高原面海拔 4500 米上下，是地球上最独特的地质－地理单元，是开展地球演化、圈层相互作用及人地关系研究的天然实验室。

　　鉴于青藏高原区位的特殊性和重要性，新中国成立以来，在我国重大科技规划中，青藏高原持续被列为重点关注区域。《1956—1967 年科学技术发展远景规划》《1963—1972 年科学技术发展规划》《1978—1985 年全国科学技术发展规划纲要》等规划中都列入针对青藏高原的相关任务。1971 年，周恩来总理主持召开全国科学技术工作会议，制订了基础研究八年科技发展规划（1972—1980 年），青藏高原科学考察是五个核心内容之一，从而拉开了第一次大规模青藏高原综合科学考察研究的序幕。经过近 20 年的不懈努力，第一次青藏综合科考全面完成了 250 多万平方千米的考察，产出了近 100 部专著和论文集，成果荣获了 1987 年国家自然科学奖一等奖，在推动区域经济建设和社会发展、巩固国防边防和国家西部大开发战略的实施中发挥了不可替代的作用。

　　自第一次青藏综合科考开展以来的近 50 年，青藏高原自然与社会环境发生了重大变化，气候变暖幅度是同期全球平均值的两倍，青藏高原生态环境和水循环格局发生了显著变化，如冰川退缩、冻土退化、冰湖溃决、冰崩、草地退化、泥石流频发，严重影响了人类生存环境和经济社会的发展。青藏高原还是"一带一路"环境变化的核心驱动区，将对"一带一路"沿线 20 多个国家和 30 多亿人口的生存与发展带来影响。

　　2017 年 8 月 19 日，第二次青藏高原综合科学考察研究启动，习近平总书记发来贺信，指出"青藏高原是世界屋脊、亚洲水塔，是地球第三极，是我国重要的生态安全屏障、战略资源储备基地，是中华民族特色文化的重要保护地",要求第二次青藏高原综合科学考察研究要"聚焦水、生态、人类活动,着力解决青藏高原资源环境承载力、灾害风险、绿色发展途径等方面的问题,为守护好世界上最后一方净土、建设美丽的青藏高原作出新贡献,让青藏高原各族群众生活更加幸福安康"。习近平总书记的贺信传达了党中央对青藏高原可持续发展和建设国家生态保护屏障的战略方针。

第二次青藏综合科考将围绕青藏高原地球系统变化及其影响这一关键科学问题,开展西风-季风协同作用及其影响、亚洲水塔动态变化与影响、生态系统与生态安全、生态安全屏障功能与优化体系、生物多样性保护与可持续利用、人类活动与生存环境安全、高原生长与演化、资源能源现状与远景评估、地质环境与灾害、区域绿色发展途径等10大科学问题的研究,以服务国家战略需求和区域可持续发展。

"第二次青藏高原综合科学考察研究丛书"将系统展示科考成果,从多角度综合反映过去50年来青藏高原环境变化的过程、机制及其对人类社会的影响。相信第二次青藏综合科考将继续发扬老一辈科学家艰苦奋斗、团结奋进、勇攀高峰的精神,不忘初心,砥砺前行,为守护好世界上最后一方净土、建设美丽的青藏高原作出新的更大贡献!

孙鸿烈

第一次青藏科考队队长

丛书序二

　　青藏高原及其周边山地作为地球第三极矗立在北半球，同南极和北极一样既是全球变化的发动机，又是全球变化的放大器。2000年前人们就认识到青藏高原北缘昆仑山的重要性，公元18世纪人们就发现珠穆朗玛峰的存在，19世纪以来，人们对青藏高原的科考水平不断从一个高度推向另一个高度。随着人类远足能力的不断加强，逐梦三极的科考日益频繁。虽然青藏高原科考长期以来一直在通过不同的方式在不同的地区进行着，但对于整个青藏高原的综合科考迄今只有两次。第一次是20世纪70年代开始的第一次青藏科考。这次科考在地学与生物学等科学领域取得了一系列重大成果，奠定了青藏高原科学研究的基础，为推动社会发展、国防安全和西部大开发提供了重要科学依据。第二次是刚刚开始的第二次青藏科考。第二次青藏科考最初是从区域发展和国家需求层面提出来的，后来成为科学家的共同行动。中国科学院的A类先导专项率先支持启动了第二次青藏科考。刚刚启动的国家专项支持，使得第二次青藏科考有了广度和深度的提升。

　　习近平总书记高度关怀第二次青藏科考，在2017年8月19日第二次青藏科考启动之际，专门给科考队发来贺信，作出重要指示，以高屋建瓴的战略胸怀和俯瞰全球的国际视野，深刻阐述了青藏高原环境变化研究的重要性，要求第二次青藏科考队聚焦水、生态、人类活动，揭示青藏高原环境变化机理，为生态屏障优化和亚洲水塔安全、美丽青藏高原建设作出贡献。殷切期望广大科考人员发扬老一辈科学家艰苦奋斗、团结奋进、勇攀高峰的精神，为守护好世界上最后一方净土顽强拼搏。这充分体现了习近平生态文明思想和绿色发展理念，是第二次青藏科考的基本遵循。

　　第二次青藏科考的目标是阐明过去环境变化规律，预估未来变化与影响，服务区域经济社会高质量发展，引领国际青藏高原研究，促进全球生态环境保护。为此，第二次青藏科考组织了10大任务和 60 多个专题，在亚洲水塔区、喜马拉雅区、横断山高山峡谷区、祁连山 - 阿尔金区、天山 - 帕米尔区等 5 大综合考察研究区的 19 个关键区，开展综合科学考察研究，强化野外观测研究体系布局、科考数据集成、新技术融合和灾害预警体系建设，产出科学考察研究报告、国际科学前沿文章、服务国家需求评估和咨询报告、科学传播产品四大体系的科考成果。

两次青藏综合科考有其相同的地方。表现在两次科考都具有学科齐全的特点，两次科考都有全国不同部门科学家广泛参与，两次科考都是国家专项支持。两次青藏综合科考也有其不同的地方。第一，两次科考的目标不一样：第一次科考是以科学发现为目标；第二次科考是以摸清变化和影响为目标。第二，两次科考的基础不一样：第一次青藏科考时青藏高原交通整体落后、技术手段普遍缺乏；第二次青藏科考时青藏高原交通四通八达，新技术、新手段、新方法日新月异。第三，两次科考的理念不一样：第一次科考的理念是不同学科考察研究的平行推进；第二次科考的理念是实现多学科交叉与融合和地球系统多圈层作用考察研究新突破。

"第二次青藏高原综合科学考察研究丛书"是第二次青藏科考成果四大产出体系的重要组成部分，是系统阐述青藏高原环境变化过程与机理、评估环境变化影响、提出科学应对方案的综合文库。希望丛书的出版能全方位展示青藏高原科学考察研究的新成果和地球系统科学研究的新进展，能为推动青藏高原环境保护和可持续发展、推进国家生态文明建设、促进全球生态环境保护做出应有的贡献。

姚檀栋

第二次青藏科考队队长

前　言

　　南亚通道建设以青藏铁路—拉日铁路—中尼铁路沿线及其周边地区为核心，辐射整个青藏高原及其周边国家和地区，对青藏高原国家生态安全屏障建设和"美丽中国"之西藏2035目标实现和2050愿景绘就，具有重要的现实意义和深远的历史意义。"南亚通道资源环境基础与承载能力考察研究"隶属第二次青藏高原综合科学考察研究项目，是任务十"区域绿色发展途径"专题研究之一（专题编号：SQ2019QZKK1006），旨在解决南亚通道建设的人居环境基础"底线"问题和资源环境承载能力"上线"问题，为南亚通道建设和"美丽中国"之西藏2035目标实现、2050愿景绘就提供科学依据和决策支持。

　　2018～2019年，"南亚通道资源环境基础与承载能力考察研究"科考分队，根据任务书部署，赴西藏拉萨市、那曲市、阿里地区、日喀则市、林芝市与山南市共6地/市、37区/县（含16个边境县、5个口岸）开展了为期31天、行程超过7000km的中尼廊道及周边地区综合科学考察。科考分队先后与阿里地区行政公署、阿里地区普兰县人民政府、普兰口岸管理委员会、日喀则市人民政府、日喀则市吉隆县人民政府、吉隆口岸管理委员会、聂拉木县人民政府、樟木口岸管理委员会、定结县人民政府、日屋–陈塘口岸管理委员会、亚东县人民政府、亚东口岸管理委员会等进行了座谈；在中尼廊道及其沿线地区面向土地、水和生态承载力评价进行了入户访谈与问卷调查，完成了37份（户）有效问卷，后续补充调研累计完成有效问卷118份；收集中尼廊道及其周边地区土地、水和生态承载力评价基础数据资料50余本（册），收集影像和照片资料60GB。2018～2019年考察路线、考察日程及具体工作详见附录"南亚通道资源环境基础与承载能力考察日志（2018～2019年）"。

　　2018～2019年，"南亚通道资源环境基础与承载能力考察研究"科考分队，以中尼廊道及其周边地区作为考察区域，重点考察研究了中尼廊道及其周边地区土地资源、水资源和生态环境的供给与消耗特征以及人居环境自然适宜性；建立了中尼廊道及其周边地区资源环境基础与承载能力评价基础数据库和专题数据库；完成了中尼廊道及其周边地区人居环境基础考察与人居环境自然适宜性评价；完成了中尼廊道及其周边地区的土地资源、水资源与生态承载力基础考察与分类评价。主要成果反映在本书中。

本书共分为 8 章。第 1 章概述了科考方案与科考活动，特别就科考背景、科考内容、科考方案和考察路线作了相应说明；第 2 章基于开展的 118 户入户访谈和调查问卷，分析了中尼廊道及其周边地区农牧户的农牧业生产与消费特征；第 3 章基于统计数据与调研资料，多尺度探讨了人口分布及其聚疏变化；第 4 章基于地形、气候、水文、植被与土地利用 / 覆被，从分类到综合，定量评估了人居环境自然适宜性与限制性；第 5 ~ 7 章，分别从土地资源、水资源和生态环境等视角，从南亚通道地区（主要包括拉萨和日喀则两市）、中尼廊道及其周边地区和重点口岸地区（普兰县与普兰口岸、吉隆县与吉隆口岸、聂拉木县与樟木口岸、定结县与日屋 – 陈塘口岸、亚东县与亚东口岸）三个不同空间尺度，定量评估了南亚通道不同地区的资源环境承载力及其承载状态；第 8 章全面阐明了区域资源环境承载力评价技术规范，以供相关研究者、决策者参考和使用。书末附有"南亚通道资源环境基础与承载能力考察日志（2018 ~ 2019 年）"。

最后，感谢"南亚通道资源环境基础与承载能力考察研究"各位科考队员在 2018 年西藏南北"环线"与 2019 年林芝—亚东—定结沿线科考期间分享快乐、"享受"高原反应所做的不懈努力！感谢在资料收集、实地调查、座谈访谈与问卷调查中给予大力支持的各个部门、诸位领导和同仁！感谢本书各位执笔人认真负责、同甘共苦的无私奉献！感谢专题骨干狄方耀、韦泽秀、张 敏、胡云锋、郝文渊、尼玛扎西、赵霞、刘国一、谭海运、王忠斌、李少伟、陈 斌、秦基伟、刘星君、普布贵吉、马瑞萍、谢永春、闫红瑛、李文博、徐 瑾、王 伟、周 芳、田 原、哦玛啦、索朗措姆的全力支持！由于本书编写时间关系和作者水平所限，不足和缺憾在所难免，敬请读者不吝指教！联系方式：fengzm@igsnrr.ac.cn，我们定会修改完善科考报告，以求圆满。先此致谢！

封志明

南亚通道资源环境基础与承载能力考察研究分队队长、专题组组长

2019 年 4 月 19 日

亮点成果

中尼廊道及其周边地区资源环境承载力基础考察与综合评价研究，从人居环境自然适宜性，到土地资源、水资源和生态环境，由南亚通道地区（主要包括拉萨和日喀则两市）、中尼廊道及其周边地区和重点口岸地区（普兰县与普兰口岸、吉隆县与吉隆口岸、聂拉木县与樟木口岸、定结县与日屋－陈塘口岸、亚东县与亚东口岸）等多个不同空间尺度，定量评估了中尼廊道及其周边地区资源环境承载力，亮点成果如下：

（1）人居环境自然适宜性评价表明，中尼廊道及其周边地区人居环境以临界适宜与不适宜为主，近 2/5 人口集聚在占地不足 3% 的人居环境适宜地区；其中，重点口岸县（普兰县、吉隆县、聂拉木县、定结县和亚东县）人居环境普遍以临界适宜为主，口岸地区人居环境普遍优于所在县域平均水平。

（2）土地资源承载力评价表明，2000～2015 年，中尼廊道及其周边地区耕地资源承载力整体呈现波动上升态势，土地资源承载力平衡有余。草地资源承载力受气候影响波动显著，整体处于临界平衡状态。受人口集聚的影响，重点口岸地区耕地资源承载力普遍下降，人粮关系多由平衡状态转为超载状态，个别地区土地资源超载严重。

（3）水资源承载力评价表明，中尼廊道及其周边地区在可利用水资源条件下，都具有较强的水资源承载力，但在现状供水条件下，水资源承载力相对有限，目前多数县域水资源承载力处于盈余或平衡状态，人口集聚的城区水资源承载力已经处于临界超载状态。重点口岸县水资源量及可利用水资源量都较为丰富，水资源仍有较大的承载空间。

（4）生态承载力评价表明，2000～2015 年，由于居民生活水平逐步提高，中尼廊道及其周边地区生态承载力有所下降，但多数地区生态承载力处于盈余状态，超载状态主要发生在人口富集的地区。中尼廊道口岸地区所在县域生态承载力处于富富有余或盈余状态，但作为连接境内外的通商要道，流动人口带来的生态压力不容忽视。

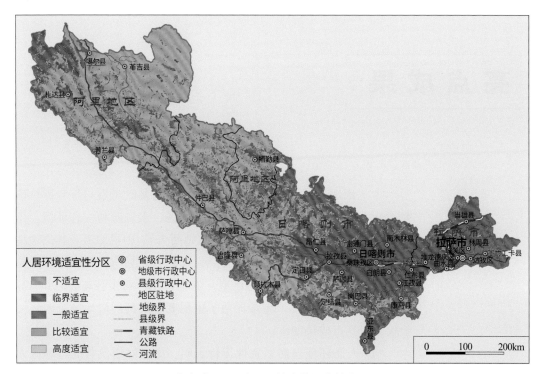

亮点成果 1 人居环境自然适宜性分区

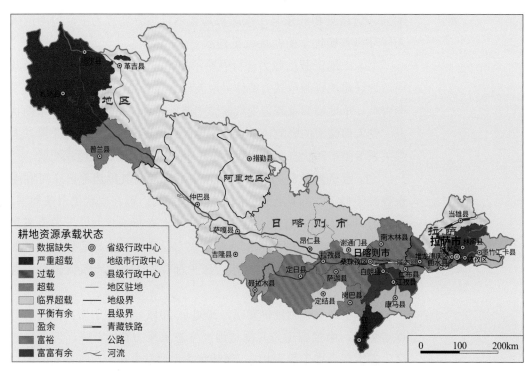

亮点成果 2 耕地资源承载状态

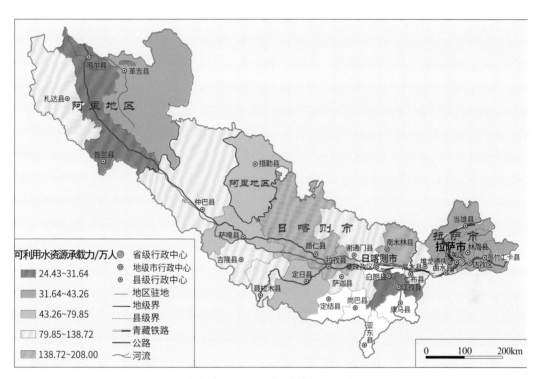

亮点成果 3　可利用水资源承载力

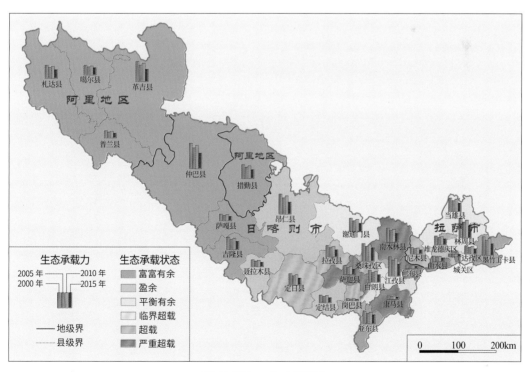

亮点成果 4　生态承载力

摘　要

　　2018～2019年，"南亚通道资源环境基础与承载能力考察研究"科考分队，根据任务书部署，赴西藏拉萨市、日喀则市等6地/市、37区/县开展了为期31天、行程超过7000km的中尼廊道及周边地区综合科学考察。面向土地、水和生态承载力评价，科考分队与地方政府召开了10余次座谈会，并开展了入户访谈与问卷调查，累计完成有效问卷118份；收集中尼廊道及其周边地区资源环境承载力评价基础数据资料50余本（册），收集影像和照片资料60GB。以中尼廊道及其周边地区科学考察为基础，科考分队从南亚通道地区（拉萨和日喀则两市）、中尼廊道及其周边地区和重点口岸地区（普兰县与普兰口岸、吉隆县与吉隆口岸、聂拉木县与樟木口岸、定结县与日屋－陈塘口岸、亚东县与亚东口岸）三个不同空间尺度，定量评估了南亚通道不同地区的资源环境承载力及其承载状态。主要考察研究进展体现在以下三个方面：

　　（1）南亚通道地区（拉萨市和日喀则市）资源环境承载力评价结果表明，拉萨市人居环境以适宜为主、临界适宜为辅；近30年来土地资源承载力在增强，由于城区人口相对集聚，多数年份都是通过跨区调用解决粮食问题；现状供水条件下水资源承载力在46万～73万人，多处于临界超载状态，供水能力有待加强；生态承载力在35万～55万人，多处于超载状态。日喀则市人居环境以临界适宜为主、不适宜为辅；土地资源承载力明显增强，耕地多在盈余状态，草地资源承载力波动较大；现状供水条件下水资源承载力在113万～152万人，处于盈余状态；生态承载力在85万～140万人，多处于富富有余或盈余状态，具有生态发展空间。

　　（2）中尼廊道及其周边地区（31区、县）资源环境承载力评价结果表明，中尼廊道及其周边地区人居环境绝大多数是临界适宜与不适宜地区，分别占到47%和50%；耕地资源承载力整体在增强，多处于平衡有余状态，草地资源承载力年际波动较大，多临界超载；

现状供水条件下，绝大多数县域水资源处于平衡或盈余状态；生态供给大于生态消耗，超过60%县域生态承载力处于富富有余、盈余或平衡有余状态。

（3）中尼廊道重要口岸地区（普兰县及普兰口岸、吉隆县及吉隆口岸、聂拉木县及樟木口岸、定结县及日屋 – 陈塘口岸、亚东县及亚东口岸）资源环境承载力评价结果表明，重点口岸县人居环境多处于临界适宜和不适宜状态；土地资源承载力整体呈下降态势，其中，聂拉木县盈余，亚东县严重超载，其余三县均处于临界超载状态。口岸县水资源和生态承载力普遍处于富富有余状态，略差的聂拉木县也在盈余以上水平。从口岸地区看，人居环境适宜性普遍优于所在县域，达到适宜水平；受人口集聚的影响，重点口岸地区土地资源承载力普遍下降，城市供水季节性缺水较为明显。

基于上述研究结论，未来在推进中尼廊道建设、口岸优化布局与边境发展战略时，建议依据人居环境自然适宜性与限制性，突出边境特点与口岸特色，避免重复发展、同质发展与临界发展；协调土地利用各方利益，优化土地利用结构与布局，探索建立节约集约用地的新机制；现状供水能力已经不能满足区域不断扩大的经济和社会发展规模对水资源的需求，中尼廊道及周边地区供水能力亟待提高；从生态供给侧与需求侧两端，制定中尼廊道地区生态保护措施，加大重点口岸生态脆弱区生态保护力度，以期经济发展与生态保护"双赢"。

目　　录

第1章

科考方案与科考活动[*]

———————
* 本章执笔人：封志明、杨艳昭、田波、李鹏

"南亚通道资源环境基础与承载能力考察研究"隶属第二次青藏高原综合科学考察研究项目，是任务十"区域绿色发展途径"专题研究之一，任务承担单位是中国科学院地理科学与资源研究所。

第 1 章作为绪论，主要从南亚通道关键区科考的学术背景和科考意义出发，概要阐述了南亚通道资源环境基础与承载能力考察研究的科考背景与科考内容、科考方案与考察路线，扼要介绍了 2018 ~ 2019 年从事的主要科考活动，并概括总结了中尼廊道及其周边地区资源环境基础与承载能力考察研究取得的主要成果。

1.1 科考背景与科考内容

1.1.1 科考背景

1. 南亚通道事关高原国家生态安全屏障和"美丽中国"之西藏建设，寓意深远

南亚通道是由道路、口岸、城市和产业等有机集成的西藏面向南亚、全面开放的战略体系，是依托西藏与尼泊尔、印度、缅甸等周边国家密切往来的交通、城市和口岸，连接内外经济区，形成的经济、文化交流大通道。南亚通道以青藏铁路—拉日铁路—中尼铁路沿线及其周边地区为核心（图 1.1），辐射整个青藏高原及其周边国家和地区，

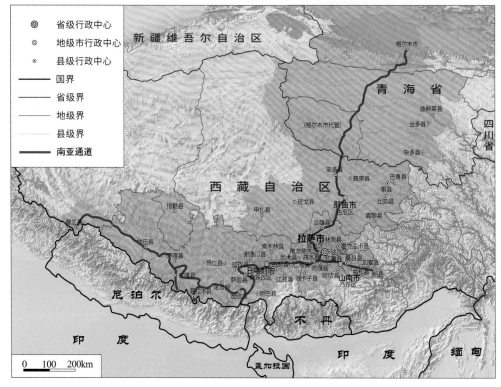

图 1.1　南亚通道及其周边地区示意图

对青藏高原国家生态安全屏障建设和"美丽中国"之西藏 2035 目标实现和 2050 愿景绘就，具有重要的现实意义和深远的历史意义。

2. 把西藏打造成为我国面向南亚开放重要通道的构想受到国家层面高度重视

2015 年 3 月，国家发展和改革委员会、外交部、商务部联合发布《推动共建丝绸之路经济带和 21 世纪海上丝绸之路的愿景与行动》，明确提出"推进西藏与尼泊尔等国家边境贸易和旅游文化合作"。同年，中央第六次西藏工作座谈会在北京召开，李克强总理在会上明确提出"把西藏打造成为我国面向南亚开放的重要通道"。从地理背景和地缘环境看，目前所说的南亚通道，以中尼廊道建设为中心，向东可以连接"孟中印缅经济走廊"，向西可以连接"中巴经济走廊"。由此可见，南亚通道建设既是西藏对接"一带一路"、实现跨越发展的重要机遇，又是西藏面向南亚、全面开放的战略选择。

3. 着力解决资源环境承载力、灾害风险和绿色发展问题，是第二次青藏高原综合科学考察的基本要求

习近平总书记在十九大报告中再次强调，"要以'一带一路'为建设重点"，"加大西部开放力度"。习近平在致信第二次青藏高原综合科学考察时明确指出：青藏高原是世界屋脊、亚洲水塔，是地球第三极，是我国重要的生态安全屏障、战略资源储备基地，是中华民族特色文化的重要保护地。开展这次科学考察研究，揭示青藏高原环境变化机理，优化生态安全屏障体系，对推动青藏高原可持续发展、推进国家生态文明建设、促进全球生态环境保护将产生十分重要的影响。他希望参加考察研究的全体科研专家、青年学生和保障人员发扬老一辈科学家艰苦奋斗、团结奋进、勇攀高峰的精神，聚焦水、生态、人类活动，着力解决青藏高原资源环境承载力、灾害风险、绿色发展途径等方面的问题，为守护好世界上最后一方净土、建设美丽的青藏高原做出新贡献，让青藏高原各族群众生活更加幸福安康。

4. 统筹解决人居环境基础"底线"和资源环境承载"上线"是南亚通道科考的主要任务之一

南亚通道纵贯青藏高原，是第二次青藏高原综合科学考察确定的 19 个关键区之一。南亚通道关键科考区，将面向青藏高原生态安全屏障建设和绿色发展的国家战略需求和地方发展需要，开展"南亚通道资源环境基础与承载能力考察研究"，着力解决南亚通道建设的人居环境基础"底线"问题和资源环境承载"上线"问题，为南亚通道建设和"美丽中国"之西藏 2035 目标实现和 2050 愿景绘就提供重要的科学依据和决策支持。

1.1.2　科考目标

面向青藏高原第二次综合科学考察目标和推动青藏高原绿色发展的国家战略需求，

科学认识南亚通道的资源环境基础、社会经济背景及其近 50 年的动态变化，把握人居环境基础"底线"、摸清资源环境承载"上线"，定量揭示南亚通道及其周边地区的资源环境承载力及其区域差异，研究提出增强资源环境承载力技术路径与区域适应策略，为"美丽中国"之西藏建设提供科学依据和决策支持。

1.1.3 科考内容

项目遵循科学考察、科学研究和决策支持"三位一体"的科考宗旨，拟从南亚通道资源环境承载力基础考察与人居环境适宜性评价入手，同步开展水土资源和生态环境承载力基础考察与承载力评价，完成南亚通道资源环境承载力综合评价与基础数据系统集成，解决南亚通道建设的人居环境基础"底线"和资源环境承载"上线"问题。主要考察研究内容如下。

1. 南亚通道资源环境承载力基础考察与人居环境评价

面向南亚通道资源环境承载力评价的需求，开展南亚通道资源环境承载力基础点—线—面综合调查与区域考察，完成南亚通道资源环境基础 1km×1km 遥感制图；综合运用统计资料收集、数据挖掘、大数据分析和实地调研方法，对南亚通道主要经济与社会发展指标进行系统考察与验证，完成社会经济水平评价与空间制图与动态变化分析；基于地理信息系统（GIS）技术开展南亚通道人居环境适宜性分类与综合评价，完成南亚通道人居环境适宜性评价与适宜性分区。具体研究内容包括：

(1) 资源环境基础考察与综合地理制图；

(2) 社会经济水平调查与人口发展评价；

(3) 人居环境适宜性评价与适宜性分区。

2. 南亚通道土地资源承载力基础考察与承载力评价

面向南亚通道土地资源承载力评价的需求，由点到线及面，开展南亚通道土地资源生产能力考察与评价，刻画南亚通道土地资源利用的时空规律，揭示土地资源供给能力的地域特征；调查分析南亚通道不同地区食物消费数量和结构的时空格局，刻画食物消费水平与膳食营养结构的地域差异；建立基于调查、统计、观测、遥感等数据源的南亚通道土地资源承载力评价专题数据库；基于人地平衡关系，完成南亚通道土地资源承载力评价与限制性分类，提出土地资源承载力的区域增强策略。具体研究内容包括：

(1) 土地资源生产能力考察与评价；

(2) 食物消费水平与膳食营养结构调查与评价；

(3) 土地资源承载力评价与限制性分类。

3. 南亚通道水资源承载力基础考察与承载力评价

面向南亚通道水资源承载力评价的需求，由点到线及面，开展南亚通道水资源可利用考察，刻画南亚通道水资源数量及其时空分布，揭示水资源可利用量的地域特征；调查分析南亚通道不同地区水资源消耗利用现状，揭示水资源利用需求的地域差异；建立基于调查、统计、观测、遥感等数据源的水资源承载力评价专题数据库；开展水资源供需平衡分析，完成南亚通道水资源承载力评价与限制性分类，提出水资源承载力的区域调控策略。具体研究内容包括：

(1) 水资源可利用量考察与评价；

(2) 水资源消耗利用状况调查与评价；

(3) 水资源承载力评价与限制性分类。

4. 南亚通道生态承载力基础考察与承载力评价

面向南亚通道生态承载力评价的需求，开展南亚通道生态系统生产力考察，刻画南亚通道生态系统生产力，揭示生态供给水平及其脆弱性的时空演变特征，探讨不同地区生态供给的可持续性；调查分析南亚通道不同地区生态系统消耗现状，揭示近50年生态消耗水平与消耗模式的地域差异；建立服务于生态供给和消耗的生态承载力评价专题数据库；基于生态供给与消耗的时空匹配，完成南亚通道生态承载力评价与限制性分类，提出生态承载力的区域谐适策略。具体研究内容包括：

(1) 生态系统生产力考察与评价；

(2) 生态系统消耗水平调查与评价；

(3) 生态承载力评价与限制性分类。

5. 南亚通道资源环境承载力基础数据集成与综合评价

开展南亚通道资源环境承载力综合评价，完成南亚通道资源环境承载力警示性分级；集成系列化、标准化的南亚通道资源环境承载力数据产品，建立资源环境承载力评价集成平台；构建南亚通道基础地理与资源环境承载力基础数据库与专题数据库，实现南亚通道资源环境承载力信息共享。具体研究内容包括：

(1) 资源环境承载力综合评价与警示性分级；

(2) 资源环境承载力评价系统集成与数据共享。

1.2　科考方案与考察路线

1.2.1　总体方案

根据任务设置，"南亚通道资源环境基础与承载能力考察研究"遵循"科学考察、科学研究、服务决策及地方发展"的宗旨，拟采取点线面结合的技术路线开展工作。本项目科考区域为南亚通道，主要位于中国西藏–青海境内，并优先完成重点口岸（普兰、吉隆、樟木、日屋–陈塘、亚东等）、主要廊道（日吉沿线、拉日沿线、青藏铁路、拉林铁路等）和重点地区（边境地区和"一江两河"地区等）的科考。

所谓"点"，主要是指南亚通道关键节点及主要城镇、重点口岸（普兰、吉隆、樟木、日屋–陈塘、亚东等）和境外重要城市（如加德满都）等，定点考察主要包括实地调查、走访和座谈、遥感调查与制图、数据收集与定量分析等。

所谓"线"，主要是指交通廊道和公路、铁路沿线（青藏铁路、拉日铁路、中尼铁路、拉林铁路等）及重要交通支线等，路线考察主要包括实地调查与野外考察、遥感调查与地理制图、影像采集与空间分析等。

所谓"面"，主要是指南亚通道及其周边地区（包括跨境考察）和边境地区、"一江两河"地区等重点地区，区域面上考察要与地方政府多方座谈，实现"全景式扫描、全要素考察、全覆盖制图"。

面向南亚通道建设的资源环境承载力基础考察与综合评价，将从以下几个方面着手，递次展开关键区科学考察研究。

一是，基于遥感调查与实地考察，编制南亚通道资源环境承载基础与人居环境适宜性评价专题地图并分析其时空动态变化与现状分布特征；结合入户调查、文献研究、部门座谈等途径，客观揭示南亚通道及其周边地区主要城镇的社会经济发展水平与人口分布情况；从地形、气候、水文、植被、土地利用/覆被等人居环境地理要素出发，定量揭示南亚通道人居环境自然适宜性及其地域差异。

二是，开展南亚通道主要农区（如"一江两河"）、重要牧区（如藏北高原）和边境地区（如藏南地区）的农牧民食物生产和消费调查，开展农牧区水土资源供给和消耗调查、沿线地区生态供给与消耗调查，揭示南亚通道水土资源与生态环境承载力的空间现状与变化特征；在此基础上，完成南亚通道水土资源与生态环境承载力分类评价与限制性分区。

三是，基于人居环境适宜性评价与适宜性分区和水土资源与生态环境承载力评价与限制性分类，结合社会经济发展水平考察情况，完成南亚通道资源环境承载力的综合评价与警示性分级。在此基础上完成南亚通道资源环境承载力数字平台构建，实现数据集成、系统集成与成果集成。

1.2.2 科考区域与考察路线

南亚通道关键区主要包括中尼廊道沿线及其周边地区和青藏铁路沿线及其周边地区。2018年与2019年野外考察路线如图1.2所示。

2018年科考区域集中在中尼廊道沿线及其周边地区（拉萨市—日喀则市—拉孜县—萨嘎县—吉隆县—吉隆口岸—噶尔县—改则县—拉萨市），为期22天。

2019年科考区域集中在林芝市—山南市及周边地区（墨脱县—波密县—察隅县—隆子县—错那县），为期9天。

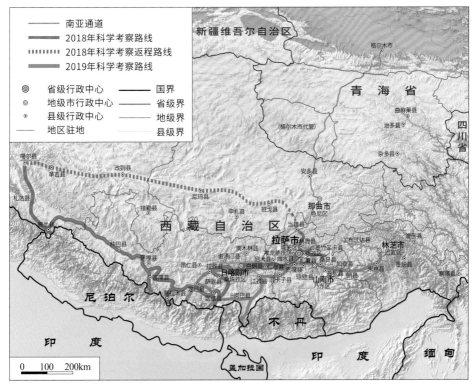

图 1.2　考察路线及主要科考区

1.3　2018～2019 年科考活动

1.3.1　年度考察概况

2018 年 8 月 22 日～9 月 12 日,"南亚通道资源环境基础与承载能力考察研究"科考分队,根据任务书部署,重点考察了中尼廊道及其周边地区。考察区域涵盖了拉萨市、那曲市、阿里地区与日喀则市 4 个地 / 市,共 24 个区 / 县,主要包括拉萨市的城关区、堆龙德庆区、当雄县、尼木县与曲水县,那曲市的班戈县、申扎县、尼玛县与双湖县,阿里地区的改则县、革吉县、噶尔县、札达县与普兰县,日喀则市的仲巴县、萨嘎县、吉隆县、聂拉木县、定日县、拉孜县、萨迦县、桑珠孜区、仁布县与江孜县。

2018 年中尼廊道及其周边地区的考察路线与科考活动如表 1.1 所示。根据考察路线和日程安排,2018 年中尼廊道及其周边地区资源环境承载力基础考察活动,可以简单划分为如下三个阶段。

表 1.1　2018 年考察路线与科考日程

日程	日期	起点	终点	日程安排
第 1 天	8 月 22 日	北京市	拉萨市区	抵达拉萨市区,入住酒店
第 2 天	8 月 23 日	拉萨市区	拉萨市区	详细确定每日考察路线与工作内容,包括座谈时间 / 地点 / 参加人员,入户调查培训,办理边防证等手续。下午、晚上与拉萨市统计部门座谈

续表

日程	日期	起点	终点	日程安排
第3天	8月24日	拉萨市区	拉萨市区	队员休整，适应高原反应。与西藏自治区人民政府办公室综合处座谈
第4天	8月25日	拉萨市区	班戈县城	路线考察与野外调查，行程紧凑程度一般（367.38km）
第5天	8月26日	班戈县城	改则县城	路线考察与野外调查，行程偏紧（691.0km）
第6天	8月27日	改则县城	噶尔县城	路线考察与野外调查，行程紧凑程度一般（491.67km）
第7天	8月28日	噶尔县城	札达县城	上午：地方座谈（与阿里地区相关部门座谈）与入户问卷调查 下午：路线考察与野外调查，行程紧凑程度一般
第8天	8月29日	札达县城	普兰县城	路线考察与野外调查，行程紧凑程度一般
第9天	8月30日	普兰县城	普兰县城	上午：地方座谈（与普兰县及口岸相关部门座谈）与入户问卷调查 下午：路线考察与野外调查，行程紧凑程度一般
第10天	8月31日	普兰县城	萨嘎县城	路线考察与野外调查，行程偏紧
第11天	9月1日	萨嘎县城	吉隆镇	上午：萨嘎县至吉隆县城路线考察与野外调查 下午：路线（口岸）考察与野外调查，行程紧凑程度一般（296.78km）
第12天	9月2日	吉隆镇	聂拉木县城	上午：地方座谈（与吉隆县及口岸相关部门座谈）与入户问卷调查 下午：路线考察与野外调查，行程紧凑程度一般（345.98km）
第13天	9月3日	聂拉木县城	聂拉木县城	上午：路线考察与野外调查，行程紧凑程度一般（90.04km） 下午：地方座谈（与聂拉木县及樟木口岸相关部门座谈）与入户问卷调查
第14天	9月4日	聂拉木县城	中国科学院珠穆朗玛峰大气与环境综合观测研究站	路线考察与野外调查，行程紧凑程度一般（331.99km）
第15天	9月5日	中国科学院珠穆朗玛峰大气与环境综合观测研究站	日喀则市区	路线考察与野外调查，行程紧凑程度一般（311.79km）
第16天	9月6日	日喀则市区	拉萨市区	上午：地方座谈（与日喀则市相关部门座谈）与入户问卷调查 下午：路线考察与野外调查，行程紧凑程度一般（279.39km）
第17天	9月7日			入住酒店，队员集中总结此次考察收获。包括：①后续跟进西藏自治区及拉萨市、日喀则市、那曲市、阿里地区市县两级2000年以来相关资料收集；②南亚通道科考日志整理与完善及照片整理；③各入户问卷调查小分队整理、完善日志，并形成调查报告；④分组总结入户调查中存在的问题，并根据实际情况完善调查问卷；⑤基于已收集的相关资料（数据/图件等）开展初步分析评价研究
第18天	9月8日			
第19天	9月9日	拉萨市区	拉萨市区	
第20天	9月10日			
第21天	9月11日			
第22天	9月12日	拉萨市	北京市区	科考队员返回北京

第一阶段，部门访谈与地方接洽（2018年8月22～24日）：科考队员乘机抵达拉萨，并进行高原适应；拟定地方政府座谈函件，并联络协调时间；拜访西藏自治区人民政府办公厅、科技厅、统计局等部门，收集人口与社会经济、资源环境数据资料，协调后续考察区县相关事宜。

第二阶段，路线考察与实地调查（2018年8月25日～9月6日）：根据科考路线与日程安排，先后对拉萨市、那曲市、阿里地区和日喀则市相关县域的人居环境与居民点分布、水资源、土地资源、生态环境等基础状况进行路线考察与野外调查。其间，着重围绕"南亚通道资源环境基础与承载能力"这一考察与研究主题，分别在阿里地区行政公署（噶尔县）、普兰县普兰会堂、吉隆县吉隆镇（吉隆口岸所在地）机关服务中心、聂拉木县政府办公大楼，以及日喀则市政府中心会议室，与行政公署、各县/市的发展和改革、自然资源、水利、生态环境、农业、农村、经济和信息化、统计、口岸（仅三个口岸县）等相关职能部门的领导、同志分别举办了五次机构座谈会；既掌握了地方部门/同志对南亚通道建设的认识及其诉求，也了解了南亚通道关键节点地区通商口岸建设情况与资源环境本底情况。在地方座谈进行的同时，科考分队还安排三个小组分批进村开展农牧民入户调研，收集调研地区水资源利用情况、耕地/草地生态系统本底情况，以及农牧业生产与农牧民生活基本状况等基础数据，最后共完成118份有效调研问卷。

第三阶段，资料收集与数据整理（2018年9月7~12日）：科考分队从日喀则市返回拉萨市。一方面，科考队员查漏补缺，对2000年以来西藏自治区及拉萨市、日喀则市、那曲市、阿里地区及相应市县两级有关水资源承载力、土地资源承载力、生态承载力，以及资源环境承载力评价所需相关数据、图件等资料进行补充收集、整理汇总、电子归档。另一方面，对第二阶段中的调研成果进行汇总整理，包括考察日志、入户调查日志及照片整理。科考分队于9月12日从拉萨乘机返回北京，至此野外考察活动圆满结束。

其间，重点考察了中尼边境的3个口岸县及其口岸，分别是阿里地区的普兰县及普兰口岸与中印强拉山口通道、日喀则市的吉隆县及吉隆口岸与聂拉木县及樟木口岸。南亚通道资源环境承载力基础考察主要围绕人居环境适宜性与限制性、水土资源承载力与生态承载力展开，主要涉及路线考察与实地调查、入户访谈与问卷调查和地方座谈与部门访谈三种形式，特别注重实地考察与遥感调查结合、农户访谈与地方座谈结合、点线面结合。

2019年4月4~12日，在2018年8月22日~9月12日考察的基础上，为完善中尼廊道相关地区考察研究工作，科考分队一行7人，沿林芝市—山南市乃东区—日喀则市亚东县—定结县路线围绕人居环境适宜性、水资源承载力、土地资源承载力、生态承载力等考察研究内容，开展了为期9天、行程近2500km的资源环境承载力基础补充考察。考察区域主要涉及南亚通道地区的林芝市、山南市、日喀则市与拉萨市4市和中尼廊道及其周边地区的23个区/县。主要包括林芝市的巴宜区、米林县、朗县，山南市的加查县、曲松县、桑日县、乃东区、扎囊县、贡嘎县、浪卡子县，日喀则市的江孜县、康马县、亚东县、岗巴县、定结县、定日县、江孜县、萨迦县、桑珠孜区，拉萨市的尼木县、曲水县、堆龙德庆区、城关区。2019年中尼廊道及其周边地区的科考路线与日程安排如表1.2所示。

在考察方式上，包括路线考察与实地调查（保持延续性）、地方座谈与部门访谈两种，其中地方座谈主要在日喀则市亚东县与定结县政府进行，南亚通道科考主要人员、座谈主题、地方政府主要参与单位与2018年基本一致。考察结束一周内（2019年4月13~20日），科考队员紧锣密鼓，整理形成了补充考察日志，即"南亚通道资源环境基础与承载能力考察日志（2019年4月4~12日）"，更新补充了"南亚通道资源环境基础与承载能力考察研究"中的亚东县及亚东口岸、定结县及日屋-陈塘口岸地区相关分析结果，同时还补充收集了相关统计年鉴、地方志、考察照片等资料。

表 1.2 考察分队 2019 年考察路线与日程安排

日程	日期	起点	终点	考察路线与日程安排
第 1 天	4 月 4 日	北京市	西安市	乘坐飞机前往西安市
第 2 天	4 月 5 日	西安市	林芝市	乘坐飞机前往林芝市； 参加西藏资源环境承载力现状评价咨询研讨会
第 3 天	4 月 6 日	林芝市	乃东区	路线考察与野外调查。途经林芝市的巴宜区、米林县、朗县与山南市的加查县、曲松县、桑日县与乃东区，主要包括 S306 与 X302 公路，全程 417.15km
第 4 天	4 月 7 日	乃东区	亚东县	路线考察与野外调查。途经山南市的扎囊县、贡嘎县、浪卡子县与日喀则市的江孜县、康马县与亚东县，主要包括 S307 与 S204 公路，全程 526.84km
第 5 天	4 月 8 日	亚东县	定结县	上午：与亚东县政府口岸办公室、发展和改革委员会等部门座谈。 下午：路线考察与野外调查。途经岗巴县、定结县，主要包括正亚线、嘎定线，全程 366km
第 6 天	4 月 9 日	定结县	日屋 - 陈塘口岸	上午：与定结县人民政府口岸办公室、发展和改革委员会等部门座谈。 下午：陈塘口岸（日屋镇）。路线考察与野外调查，途经嘎定线，全程 158.16km
第 7 天	4 月 10 日	日屋 - 陈塘口岸	中国科学院珠穆朗玛峰大气与环境综合观测研究站	路线考察与野外调查。前往定日县扎西宗乡，途经曲当乡，全程约 388.06km
第 8 天	4 月 11 日	中国科学院珠穆朗玛峰大气与环境综合观测研究站	拉萨市	路线考察与野外调查。途经日喀则市的定日县、江孜县、萨迦县、桑珠孜区，拉萨市的尼木县、曲水县、堆龙德庆区、城关区，主要包括珠峰路、G318 公路、机场高速等，全程约 582.97km
第 9 天	4 月 12 日	拉萨市	北京市	科考队员返回北京市

1.3.2 路线考察与实地调查

2018 年，"南亚通道资源环境基础与承载能力考察研究"科考分队出发之前，已初步拟定中尼廊道及其周边地区的科考路线与日程安排。由于恰逢日喀则市与哈尔滨市联合举办"2018 西藏珠峰文化节"（2018 年 8 月 26 日～9 月 1 日），初定科考路线与日程安排不得不做出重大调整。原定计划，以拉萨市为起点，总体呈顺时针方向，先"南线"（拉萨市—日喀则市—吉隆县—普兰县—噶尔县）再"北线"（噶尔县—改则县—班戈县—拉萨市），海拔由低到高，高原反应适应时间长，适合持续考察。科考路线调整后，方向正好相反，即先走"北线"（拉萨市—班戈县—改则县—噶尔县），再走"南线"（噶尔县—普兰县—吉隆县—日喀则市—拉萨市）。科考环线方向调整因海拔激增、适应时间短，对初次参加科考的师生而言，极具挑战性。在日程安排上，为了优先保证与地方机构或部门座谈，往往会适当调整考察行程。例如，从班戈县赶到噶尔县一般需要 3 天时间。但是为了与阿里地区行政公署按时座谈，科考分队花两天（2018 年 8 月 26～27 日）便抵达阿里地区行政公署所在地噶尔县狮泉河镇。2019 年，科考分队主要沿林芝市—乃东区—亚东县—定结县—定日县进行了补充路线考察与实地调查，考察内容与调查主题与 2018 年保持一致。在路线考察与实地调查过程中，科考分队既要开展沿线地物与遥感影像交互对比分析，又要深入草原深处踏勘植被与土壤类型等。具体每日路线考察与实地调查内容详见附录。

其间，"南亚通道资源环境基础与承载能力考察研究"科考分队重点考察和实地调查了边境县普兰县及普兰口岸、吉隆县及吉隆口岸、聂拉木县及樟木口岸、定结县及日屋 – 陈塘口岸和亚东县及亚东口岸。

1. 普兰县及普兰口岸

普兰县位于阿里地区南部、喜马拉雅山脉南侧的峡谷地带，地处中国、印度、尼泊尔三国交界处。全县土地总面积 12539km²，总人口 12587 人（2016 年），主体民族为藏族。普兰县人民政府驻普兰镇吉让社区。普兰县城位于纳木那尼雪峰和阿比峰之间的孔雀河（马甲藏布）谷地，是阿里地区中"雪山环绕的地方"。普兰县辖 1 个镇、2 个乡。全县共有 10 个行政村（社区），分别是普兰镇的吉让社区、多油村、仁贡村、细德村、科加村与赤德村，巴嘎乡的岗沙村、雄巴村，以及霍尔乡的贡珠村、帮仁村。

普兰县平均海拔 5029m，属高原亚寒带干旱气候区。日照充足，日温差大，年温差相对也较大，气温低，降水少。全县以高寒草甸、山地草甸、山地草原等为主，灌丛、沼泽、荒漠草场分布少。土壤以高山草甸土、山地草甸土、黑钙土等为主，有机质、氮、钾含量高。普兰县境内有孔雀河（马甲藏布）（中国境内约 110km），东南流出国界入尼泊尔境，改名为格尔纳利河，之后汇入恒河，最后注入印度洋。普兰县植被以山地灌丛草原景观为主，植物有高山柳、锦鸡儿等；野生动物有野黄羊、野牦牛、野驴、羚羊、岩羊、盘羊、狼、猞猁、山豹、旱獭、黑颈鹤、雪鸡、黄鸭、野鸽、雪豹、金雕等 20 余种。普兰县矿藏资源分布较广，其中煤炭、铜、稀有金属矿储量大。

普兰县是阿里地区从古至今通往尼泊尔、印度进行经济、文化、宗教交流的重镇，对外贸易通道，也是西藏自治区的边境县之一。普兰口岸为国家二类口岸，临近印、尼两国，有边境通道 21 道（如强拉山口）。普兰县城南距中尼边境约 10km，北距狮泉河镇 398km。普兰县斜尔瓦边境口岸离普兰县城约 25km，有中尼界桩 10 个，界标 1 个，对面是尼泊尔的雨莎村。雨莎村是印度民间香客及三国团队到"神山"（冈仁波齐）、"圣湖"（玛旁雍错）朝圣朝拜的中转站。

2. 吉隆县及吉隆口岸

吉隆县位于日喀则市西南部，南面和西南面与尼泊尔相邻，边境线长 162km，北面隔雅鲁藏布江与萨噶县相望，东面与聂拉木县搭界。吉隆县的"一江两河"是指雅鲁藏布江、东林藏布、吉隆藏布，并在境内形成约 300km² 的吉隆盆地。全县土地总面积 9300km²，总人口 17720 人（2016 年）。吉隆县辖 2 镇、3 乡，共有 3 个社区、40 个村，县人民政府驻宗嘎镇。宗嘎镇辖 1 个社区、6 个村，吉隆镇辖 2 个社区、18 个村，折巴乡辖 6 个村，贡当乡辖 4 个村，差那乡辖 6 个村。

全县海拔在 4000m 以上，县城海拔约为 4200m。北部为高原宽谷湖盆地，南部为深切级高山峡谷，大致以喜马拉雅山段至希夏邦马山峰至脊线为界，其北翼表现为南高北低，南部位于喜马拉雅中段。北部地区属于温湿半干旱的大陆性气候区，而南部地区则为亚热带山地季风气候区。吉隆县天然草场宽广辽阔。境内南部有大面积森林分布，有西藏长叶松、长叶云杉、喜马拉雅红豆杉等。全县水利资源十分丰富，开发潜力大。

吉隆口岸是中尼边境贸易的通道，口岸附近有热索村，距离吉隆镇驻地 25km。位于喜马拉雅山中段南麓吉隆藏布下游河谷，即著名的景区吉隆沟，是 G216 公路的终点。1972 年被国务院批准为国家二类陆路口岸，1987 年升级为国家一类陆路口岸。2014 年扩大开放。2017 年，国务院批准西藏吉隆口岸扩大开放为国际性口岸。中尼铁路的勘探、选线进行了多年，把拉日铁路延伸，规划从吉隆口岸进入尼泊尔首都。

3. 聂拉木县及樟木口岸

聂拉木县位于喜马拉雅山与拉轨岗日山之间，东、北、西三面分别与定日、昂仁、萨嘎、吉隆四县交接，南与尼泊尔毗邻。全县土地总面积 8684.39km²，总人口 20374 人（2016 年），主体民族为藏族。聂拉木县辖 2 个镇（聂拉木镇、樟木镇）与 5 个乡（亚来乡、琐作乡、乃龙乡、门布乡、波绒乡）。

聂拉木县地处喜马拉雅山区，由南至北可分为 5 个地貌类型区：喜马拉雅山南麓高山峡谷区、喜马拉雅高山区、佩枯错高原湖盆区、琐作断陷谷区、拉轨岗日高山区。境内有世界第十四高峰——希夏邦马峰（海拔 8012m）。以喜马拉雅山脉主脊线为界，可分为南北两大气候类型区。南区以樟木镇为主的气候特征是气温高，雨量大；北区的气候特征是高寒，干旱少雨。境内主要河流有波曲、朋曲，主要支流有门曲、藏拉河，水利资源丰富。境内植物资源十分丰富，其中药用植物（如虫草、贝母、当归、雪莲花等）繁多。野生动物主要有獐子、雪豹、小熊猫、黄羊、藏野驴等 100 余种。矿产资源包括黄金、宝石、铅、煤等。

樟木镇的海拔在 2200～2300m，樟木口岸的过道处海拔只有 1900m。樟木口岸位于喜马拉雅山南麓的中尼边境聂拉木县樟木镇的樟木沟底部，是国家一类陆路通商口岸。西藏境内的 1000 多夏尔巴人，主要聚居在此。2016 年尼泊尔"4·25"大地震之前，樟木镇常住人口 3000 多人，日流动人口 1000 人左右，对内辐射西藏及相邻省区，对外辐射尼泊尔及毗邻国家和地区。"4·25"大地震之后，樟木口岸人员已经基本撤离，海关也迁至拉萨办公。

4. 定结县及日屋–陈塘口岸

定结县位于西藏南部、日喀则市南部、喜马拉雅山北麓，是西藏自治区边境县之一。东连岗巴县，西临定日县，北与萨迦县接壤，南与尼泊尔、印度毗邻。边境线长达 165km。全县土地总面积 5461km²。全县辖 3 个镇（江嘎镇、日屋镇、陈塘镇）、7 个乡（郭加乡、萨尔乡、琼孜乡、定结乡、确布乡、多布扎乡、扎西岗乡）。

定结县属喜马拉雅山北麓湖盆区，地势南北高，中间低。东部是以错姆折林为中心的高原湖盆区，平均海拔 4500m，地形较平坦。中西部是以叶如藏布和金龙河为两条主线的河谷区。南部是喜马拉雅山支脉脊背高寒区，海拔在 4700m 以上，多为冰川和雪山。西南部是陈塘峡谷区，地处喜马拉雅山主脊南翼，该峡谷地势差异大，平均海拔 2500m，多为原始森林。属高原内陆干燥气候。除西南部的陈塘林区受印度洋气候的影响，气候温和、夏秋雨水充沛、四季分明、无霜期长外，其他大部分地区四季不太分明、日照充足、紫外线强、昼夜温差大、干燥少雨、多大风、气候恶劣。四季温差小，冬冷夏不热。境内有叶如藏布和金龙河两条主要河流，分别发源于岗巴县和定结县的金龙普。

日屋镇与陈塘镇位于定结县西南部，喜马拉雅山脉中段南坡，珠峰东南侧的原始森林地带，东南与尼泊尔隔河相望，日屋镇与陈塘镇土地面积分别为 1420km^2 与 254.55km^2，并分别有日屋口岸与陈塘口岸，为边境陆路口岸，是中尼两国传统的边民互市点。

5. 亚东县及亚东口岸（中印乃堆拉边贸通道）

亚东县位于喜马拉雅山脉中段（北段在北麓、南段在南麓），中部是帕里镇里的卓木拉日雪山，地势是北低、中高、南低。北面与境内的康马、白朗、岗巴三县相接，向南呈楔状伸入邻国印度和不丹之间，为西藏自治区边境县之一。全县总面积 4240km^2，全县辖堆纳乡、吉汝乡、帕里镇、康布乡、上亚东乡、下亚东乡、下司马镇（为县城驻地）7 个乡（镇）。

亚东县属喜马拉雅山高山地貌，平均海拔 3500m，北部宽高，南部窄低。亚东县南部总体地貌为一山沟，即亚东沟。堆纳乡和帕里镇之间有一面积约 1000km^2 的山麓冲积平原。亚东县中北部气候高寒干旱，年平均气温 0℃，年平均降水量 410mm。南部海拔为 2000 ～ 3400m，具有亚热带半湿润季风型特点，气候温和湿润。境内水资源较为丰富，主要来源于地表水资源、冰川水资源和大气降水。河流常年奔流不息，水量充足、清澈，因落差大，水流湍急，有较大的开发潜力。过去有亚东口岸，且是一级口岸，山口在乃堆拉山口，通印度锡金邦。随着 2006 年乃堆拉通道的开通，中断 44 年的中印边贸得以恢复。另外，亚东县与不丹有漫长边境，山口多个，只是民间交往。

1.3.3　地方座谈与部门访谈

地方座谈与部门访谈是"南亚通道资源环境基础与承载能力考察研究"科考分队的重要科考形式之一。2018 年科考分队抵达拉萨后，在科考分队队长封志明研究员和执行分队长杨艳昭研究员、李鹏副研究员、何永涛副研究员的带领下，分别拜访了西藏自治区人民政府发展研究中心、科技局和统计局，并与西藏自治区统计局、拉萨市统计局和普兰县、吉隆县、聂拉木县等县统计局同志举行了部门座谈会（图 1.3），就资料收集和数据整理工作进行了充分的交流和讨论，为南亚通道资源环境承载力研究所需统计资料收集创造了良好条件。

"南亚通道资源环境基础与承载能力考察研究"科考分队经与西藏自治区政府部门和地方政府多方沟通，最终商定 2018 ～ 2019 年分别在阿里地区行政公署、普兰县政府、吉隆县政府、聂拉木县政府、日喀则市政府、亚东县政府与定结县政府等地举

图 1.3　科考分队与西藏自治区统计局 (a)、口岸县统计局 (b) 相关同志座谈

行"南亚通道资源环境基础与承载能力考察研究座谈会"（图 1.4、图 1.5）。双方指派专门联络人员，负责沟通联系科考行程和座谈会议程。各地方政府座谈会情况概述如下。

1. 阿里地区行政公署座谈会

2018 年 8 月 28 日上午 8：30 ～ 12：30，"南亚通道资源环境基础与承载能力考察研究"科考分队与阿里地区行政公署相关部门在阿里地区行政公署会议中心举行"南

图 1.4　科考队伍在阿里地区行政公署 (a)、普兰县 (b)、吉隆县 (c)、聂拉木县 (d)、
日喀则市 (e) 座谈会会场

图 1.5　科考队伍在日喀则市亚东县与定结县座谈情况与合影

亚通道关键区科学考察研究"座谈会，会议由行政公署副专员巴桑罗布主持。阿里地区行政公署办公室、发展和改革委员会、自然资源局、工业和信息化局、林业和草原局、农业农村局、水利局、统计局，狮泉河海关，普兰县口岸管理委员会等部门共 15 人参加会议。会议首先听取了科考分队队长封志明研究员就"南亚通道关键区科考计划"所作报告，接着由阿里地区发展和改革委员会相关人员介绍阿里地区基本情况及其对南亚通道建设的基本诉求，即"加强口岸基础设施与配套设施建设，全方位扩大对外开放；强化交通基础地位，加快交通体系建设；注重能源产业地位，强化能源设施建设；加大对旅游业发展支持力度"。各部门就水资源、土地资源与生态环境基础及其承载力问题做补充发言，并就口岸建设与人流、物流问题做了进一步讨论。

2. 普兰县人民政府座谈会

2018 年 8 月 30 日上午 10：30 ～ 12：15，"南亚通道资源环境基础与承载能力考察研究"科考分队与普兰县人民政府相关部门在普兰会堂二楼圆桌会议室举行"南亚通道关键区科学考察研究"座谈会，会议由普兰县人民政府党组成员、口岸管理委员会主任蒲东主持。普兰县发展和改革委员会、自然资源局、农业和农村局、水利局、统计局，以及口岸管理委员会办公室等部门共 15 人参加会议。会议首先听取了科考分队长封志明研究员就"南亚通道关键区科考计划"所作报告，接着由口岸管理委员会蒲东主任介绍普兰县，尤其是普兰口岸基本情况、发展建设、存在困难及其对南亚通道建设的基本诉求，即"加强口岸基础设施与配套设施建设，全方位扩大对外开放；提高中尼口岸贸易水平与培育中尼双方贸易主体等"。各部门就水资源、土地资源、生态环境基础及其承载力问题做了补充发言，并就口岸建设与人流、物流问题做了进一步讨论。

3. 吉隆县人民政府座谈会

2018 年 9 月 2 日上午 10：00 ～ 12：00，"南亚通道资源环境基础与承载能力考察研究"科考分队与吉隆县人民政府相关部门在吉隆镇机关后期服务中心三楼会议室举行"南亚通道关键区科学考察研究"座谈会，会议由吉隆县常务副县长格桑顿珠主持，另有两名副县长出席。吉隆县发展和改革委员会、自然资源局、生态环境局、农业农村局、水利局、林业和草原局，以及口岸管委会等部门共 17 人参加会议。会议首先听取了科考分队队长封志明研究员就"南亚通道关键区科考计划"所作报告，接着由吉隆县格桑顿珠副县长介绍该县，尤其是吉隆口岸基本情况、发展机遇、边境合作区建议、发展规划及其对南亚通道建设的基本诉求，如提升口岸相关功能，加大电网等基础设施投资，推动吉隆口岸边境经济合作区建设等。同时，各部门就水资源、土地资源、生态环境基础及其承载力问题做了补充发言，并就口岸建设与人流、物流问题做了进一步讨论。

4. 聂拉木县人民政府座谈会

2018 年 9 月 3 日下午 15：30 ～ 17：30，"南亚通道资源环境基础与承载能力考察研究"科考分队与聂拉木县人民政府相关部门在聂拉木县人民政府办公大楼六楼会议室举行"南亚通道关键区科学考察研究"座谈会，会议由聂拉木县常委、口岸管理委员会副主任颜谨主持，县委常委、副县长王诗龙出席。聂拉木县发展和改革委员会、自然资源局、农业和农村局、水利局、林业和草原局、统计局等部门共 15 人参加会议。会议首先听取了科考分队队长封志明研究员就"南亚通道关键区科考计划"所作报告，接着由聂拉木县王诗龙副县长介绍该县尤其是樟木口岸建设情况、2016 年尼泊尔"4·25"灾后重建工作及当地对南亚通道建设的基本诉求，如加强地质灾害治理，正确处理与吉隆口岸错位发展的关系等。同时，各部门就水资源、土地资源、生态环境基础及其承载力问题做了补充发言，并就口岸建设与人流、物流问题做了进一步讨论。

5. 日喀则市人民政府座谈会

2018 年 9 月 6 日上午 09：30 ～ 11：30，"南亚通道资源环境基础与承载能力考察研究"科考分队与日喀则市人民政府相关部门在市人民政府中心会议室举行"南亚通道关键区科学考察研究"座谈会，会议由日喀则市副市长赵兵主持。日喀则市科技局、发展和改革委员会、工业和信息化局、自然和资源局、农业农村局、水利局、统计局、商务局等部门共 19 人参加会议。会议首先听取了科考分队队长封志明研究员就"南亚通道关键区科考计划"所作报告，接着由日喀则市科技局局长汇报了日喀则市推进南亚大通道建设情况。双方就以下问题进行了讨论：①樟木口岸未来发展方向如何确定？吉隆口岸与樟木口岸协调发展问题如何解决？②对区外存在三个层面的问题：第一是周边省区基础设施建设是否需要查缺？第二是与中东部地区关系如何处理？第三是与周边国家的关系（向西对接中巴走廊，向东对接孟中印缅走廊）如何处理？③五网（电网、水网、管网、路网、通信网络）建设问题；④关于耕地的占补平衡问题；⑤关于出境河流生态环境监测问题；⑥关于口岸的人口流、货币流、信息流现状及未来发展态势问题；⑦关于村庄、城镇布局的人居环境适宜问题。

6. 亚东县人民政府座谈会

2019 年 4 月 8 日（星期一）上午 10：30 ～ 13：00，"南亚通道资源环境基础与承载能力考察研究"科考分队与亚东县人民政府相关部门在县党政大楼六楼会议室举行"南亚通道关键区科学考察研究"座谈会，会议由亚东县委常委、政府副县长刘俭主持，亚东县人民政府办公室、县委办公室、发展和改革委员会、自然资源局、水利局、农业农村局、统计局、商务局、扶贫和开发办公室、人力资源和社会保障局等职能部门共 17 人参会。会议议程包括：①科考分队队长封志明研究员介绍中国科学院南亚通道科考队成员；②亚东县刘俭副县长简要介绍亚东县基本情况（提供纸质材料）；③科考分队队长封志明研究员讲解南亚通道建设情况；④中国科学院南亚通道科考队与县有关单位围绕南亚通道建设及其资源环境承载力等问题进行交流座谈；⑤科考分队队长封志明研究员发言。双方就南亚通道建设存在问题（如边贸清单限制与交通设施薄弱等问题）与发展诉求（如建议尽快恢复亚东口岸等）进行广泛深入讨论，会议还就人口、社会经济等统计资料收集进行了对接。

7. 定结县人民政府座谈会

2019 年 4 月 9 日（星期二）上午 10：30 ～ 12：30，"南亚通道资源环境基础与承载能力考察研究"科考分队与定结县人民政府相关部门在县人民政府大楼二楼会议室举行"南亚通道关键区科学考察研究"座谈会，会议由定结县人民政府副县长达瓦扎西主持。定结县发展和改革委员会、水利局、自然资源局、农业农村局、统计局、商务局等部门共 12 人参会。会议议程包括：①科考分队队长封志明研究员介绍中国科学院南亚通道科考队成员；②定结县达瓦扎西副县长简要介绍亚东县基本情况（提供纸质材料）；③科考分队队长封志明研究员讲解南亚通道建设情况；④中国科学院南亚通道科考队与县有关单位围绕南亚通道建设及其资源环境承载力等问题进行交流座谈；⑤南亚通道科考分队队长封志明研究员发言。双方就南亚通道建设特别是定结县日屋口岸与陈塘口岸协同发展中存在问题（如边贸时限、发展定位、交通设施）与相关诉求（如加快基础建设投入等）进行广泛深入讨论，会议还就人口、社会经济等统计资料收集进行了对接。

1.3.4 入户访谈与问卷调查

入户访谈与问卷调查是"南亚通道资源环境基础与承载能力考察研究"科考分队另一种重要的科考形式。在与地方部门座谈的同时,科考队组织三个小组(每组两人),围绕土地承载力、水资源承载力与生态承载力等主题,分别在阿里地区行政公署、普兰县口岸管理委员会、吉隆县人民政府、聂拉木县自然资源局、日喀则市科技局、亚东县人民政府和定结县人民政府安排藏族干部专人陪同下,下乡入村,深入基层开展入户访谈与问卷调查(图1.6~图1.8)。三个入户小组和政府安排的三名工作人员随机配对组成三个入户调查小分队,各个小分队分别乘坐科考专用车辆分三个不同的方向选择具有地方典型代表性的农牧户进行入户访谈和问卷调查工作。

问卷调查作为一种效率高、实施方便的研究方法,在诸多研究领域得到广泛使用。2018年"南亚通道资源环境基础与承载能力考察研究"科考分队在收集统计、遥感等数据的同时,采用问卷调查法收集有关一手数据。基于设计的调查问卷,调研人员深

图1.6　噶尔县昆莎乡噶尔新村入户调查

图1.7　普兰县普兰镇吉让村入户调查

图 1.8　聂拉木县聂拉木镇充堆村入户调查

入各相关政府部门，与基层一线工作人员进行了全面的交流与探讨，并进行了入户调查，针对当地农牧业生产、水资源禀赋与利用、农牧民消费水平与结构等相关问题，与当地农、牧户进行了深入交流，获取了大量第一手宝贵资料。

通过对调查问卷的整理，剔除大量缺填、明显错误以及个人主观渲染，或与实际情况存在过分偏差的调查结果，此次调研收集有效问卷 118 份，其中，拉萨市 55 份、日喀则市 18 份、阿里地区 45 份，为后续研究提供了大量实地调研资料。

1.4　数据集成与成果产出

1.4.1　数据收集

以"南亚通道资源环境基础与承载能力考察研究"科考目标和科考内容为导向，结合实际情况，采取横向分组合作、纵向深度挖掘的组织形式，以统计部门访问追踪、政府部门座谈及入户调查访谈为数据收集手段，2018 年基本完成能够反映资源环境现状及其变化、农业和畜牧业生产现状及其变化、居民日常生活消费结构以及区域社会经济四个方面数据资料收集工作（数据清单见表 1.3）。

统计部门访问追踪主要以与西藏自治区统计局和普兰、吉隆、聂拉木、定结和亚东五个边境县统计局访问座谈为代表。

政府部门座谈主要包括与阿里地区行政公署，以及普兰县、吉隆县、聂拉木县、定结县、亚东县和日喀则市等人民政府相关部门的座谈。政府部门座谈现场数据收集主要以各相关部门如自然资源、水利、农业农村、林业和草原等部门负责人介绍市 / 县基本情况，科考分队安排专人负责现场录音和记录整理。此外，科考分队还安排专人收集了座谈现场各相关部门携带的纸质数据资料。同样，各相关部门负责人留有联系方式，给后续数据收集工作的追踪与跟进提供了便利条件。

表 1.3　南亚通道资源环境基础与承载能力考察研究数据收集一览表

序号	资料名称	资料来源	资料格式
1	《西藏统计年鉴 2014》	西藏自治区统计局	电子资料
2	《西藏统计年鉴 2015》	西藏自治区统计局	电子资料
3	《西藏统计年鉴 2016》	西藏自治区统计局	电子资料
4	《西藏统计年鉴 2017》	西藏自治区统计局	电子资料
5	2010 年西藏自治区第六次全国人口普查主要数据	阿里地区统计局	纸质文本
6	《西藏自治区 2000 年人口普查资料 - 第一册》	西藏自治区统计局	电子资料
7	《西藏自治区 2000 年人口普查资料 - 第二册》	西藏自治区统计局	电子资料
8	《西藏自治区 2000 年人口普查资料 - 第三册》	西藏自治区统计局	电子资料
9	《西藏自治区 2000 年人口普查资料 - 第四册》	西藏自治区统计局	电子资料
10	西藏自治区 2010 年人口普查资料 (1)	西藏自治区统计局	电子资料
11	西藏自治区 2010 年人口普查资料 (2)	西藏自治区统计局	电子资料
12	西藏自治区 2010 年人口普查资料 (3)	西藏自治区统计局	电子资料
13	西藏自治区 2010 年人口普查资料 (4)	西藏自治区统计局	电子资料
14	西藏自治区第四次人口普查手工汇总资料	西藏自治区统计局	电子资料
15	1995 年全国 1% 人口抽样调查资料（西藏卷）	西藏自治区统计局	电子资料
16	《西藏自治区第一次农业普查资料汇编 1999（上册）》	西藏自治区统计局	电子资料
17	《西藏自治区第一次农业普查资料汇编 1999（下册）》	西藏自治区统计局	电子资料
18	《中华人民共和国 1995 年工业普查资料汇编（西藏卷）》	西藏自治区统计局	电子资料
19	《西藏自治区 2010 年人口普查资料·阿里》	阿里地区统计局	纸质文本
20	《阿里地区统计年鉴 2013》	阿里地区统计局	纸质文本
21	《阿里地区统计年鉴 2016》	阿里地区统计局	纸质文本
22	《阿里地区统计年鉴 2017》	阿里地区统计局	电子资料
23	阿里地区 2013 年主要经济统计指标	普兰县统计局	电子材料
24	阿里地区 2014 年主要经济统计指标	普兰县统计局	电子材料
25	阿里地区 2015 年主要经济统计指标	普兰县统计局	电子材料
26	阿里地区 2016 年主要经济统计指标	普兰县统计局	电子材料
27	阿里地区 2017 年主要经济统计指标	普兰县统计局	电子材料
28	《日喀则市统计年鉴 2013》	吉隆县发展和改革委员会	电子资料
29	《日喀则市统计年鉴 2014》	吉隆县发展和改革委员会	电子资料
30	《日喀则市统计年鉴 2015》	吉隆县发展和改革委员会	电子资料
31	《日喀则市统计年鉴 2016》	吉隆县发展和改革委员会	电子资料
32	《拉萨统计年鉴 2005》	拉萨市统计局	纸质文本
33	《拉萨统计年鉴 2010》	拉萨市统计局	纸质文本
34	《拉萨统计年鉴 2011》	拉萨市统计局	纸质文本
35	《拉萨统计年鉴 2012》	拉萨市统计局	电子资料
36	《拉萨统计年鉴 2013》	拉萨市统计局	电子资料
37	《拉萨统计年鉴 2014》	拉萨市统计局	电子资料
38	《拉萨统计年鉴 2015》	拉萨市统计局	电子资料
39	《拉萨统计年鉴 2016》	拉萨市统计局	电子资料

续表

序号	资料名称	资料来源	资料格式
40	《拉萨统计年鉴 2017》	拉萨市统计局	电子资料
41	《吉隆统计年鉴 2013》	吉隆县发展和改革委员会	电子资料
42	《吉隆统计年鉴 2014》	吉隆县发展和改革委员会	电子资料
43	《吉隆统计年鉴 2015》	吉隆县发展和改革委员会	电子资料
44	《吉隆统计年鉴 2016》	吉隆县发展和改革委员会	电子资料
45	西藏自治区环境状况公报 2017 年	西藏自治区统计局	纸质文本
46	阿里地区及日喀则市社会经济等数据	政府座谈	纸质材料
47	《普兰县志》	普兰县委史志办办公室	纸质文本
48	《聂拉木县志》	聂拉木县委史志办办公室	纸质文本
49	《定结县志》	亚东县委史志办办公室	纸质文本
50	《亚东县志》	亚东县委史志办办公室	纸质文本
51	噶尔县、普兰县、吉隆县、聂拉木县及桑珠孜区关于资源环境入户调查近 100 份问卷资料	入户访谈	纸质材料
52	影像资料（照片、视频）	科考团队拍摄	电子资料

入户访谈与问卷调查数据收集工作主要是在科考队与阿里地区行政公署，以及普兰县、吉隆县、聂拉木县和日喀则市等人民政府相关部门座谈的同时，另外安排小组展开。在与各政府部门举行座谈的前一天，科考队与各政府部门提前协商，并请其安排三名同时会讲汉语和藏语的工作人员，以方便带领入户调查小组开展工作。在阿里地区、普兰县、吉隆县、聂拉木县及日喀则市、定结县、亚东县，各个入户分队在政府工作人员的协助下，保质保量完成就资源环境问题的入户调查工作，为此次科考的顺利完成提供了可贵的数据保证。

1.4.2　数据整理

面向南亚通道资源环境基础与承载能力考察研究需求，2018 年科考活动主要收集了 1951 年以来西藏自治区、1988 年以来拉萨市、日喀则市、阿里地区三个地（市），以及 2000 年以来中尼廊道 31 个县（市/区）和普兰、吉隆、聂拉木、定结和亚东五个口岸及周边地区资源环境承载力评价基础数据和专题数据资料。

从资料来源看，不仅包括西藏各级统计部门发布的统计资料、职能部门掌握的行业资料和业内专家编著的研究材料，也包括考察途中各地政府部门提供的相关材料、实地考察调研的问卷和访谈资料以及科考途中记录的影像资料（数据清单见表 1.4）。

从涵盖的内容来看，主要包含了南亚通道资源环境本底、资源环境供给、资源环境消费以及社会经济发展四个方面，基于实地调研与统计资料，收集并整理了南亚通道资源环境承载力评价多尺度的相关数据资料，具体包括：

表 1.4　数据资料收集清单

类别	序号	数据项	数据来源	时空尺度
资源环境本底	1	耕地数量与质量	受访者追溯	户 /2008～2018 年
	2	草地资源数量与质量退化情况	受访者追溯	户 /2008～2018 年
	3	水资源数量与质量	受访者追溯	户 /2008～2018 年
	4	生态环境状况	受访者追溯	户 /2008～2018 年
	5	资源环境现状的影像资料	科考拍摄	点 /2018 年
	6	水资源数量与质量	部门资料	西藏 + 地（市）/2005 年、2010 年、2015 年
	7	土地资源覆盖	遥感	西藏 /2000 年、2005 年、2010 年、2015 年
	8	环境状况公报	部门资料	西藏 /2017 年
	9	《新中国的西藏 60 年》	统计公报	西藏 /1951～2010 年
	10	《西藏辉煌 50 年》	统计公报	西藏 /1965～2015 年
资源环境供给	1	土地资源利用方式	受访者追溯	户 /2008～2018 年
	2	水资源供用数据	受访者追溯	户 /2008～2018 年
	3	农作物种类、种植面积和产量数据	受访者追溯	户 /2008～2018 年
	4	畜牧业畜养方式、种类、数量	受访者追溯	户 /2008～2018 年
	5	农用地、耕地面积数据	部门资料	西藏 + 地（市）+ 县 /2000 年 /2005 年 /2010 年 / 2015 年
	6	主要农作物产量数据	统计公报	西藏 + 地（市）+ 县 /2000 年 /2005 年 /2010 年 / 2015 年
	7	草地面积、产草量	部门资料	2000 年 /2005 年 /2010 年 /2015 年
	8	肉蛋奶畜产品产量数据	统计公报	西藏 /2000 年 /2005 年 /2010 年 /2015 年
	9	水资源供用数据	部门资料	西藏 /2000 年 /2005 年 /2010 年 /2015 年
资源环境消费	1	食物消费种类与数量	受访者追溯	户 /2008～2018 年
	2	人均与畜均水资源、消耗	受访者追溯	户 /2008～2018 年
	3	农村居民生活必需品消费支出数据	统计公报	西藏 + 地（市）/拉萨（2001～2015 年）；日喀则（2000～2015 年）；阿里（2001～2016 年）
	4	城镇居民生活必需品购买支出数据	统计公报	拉萨（2001～2015 年，缺失部分年份）；日喀则（2000～2015 年）；阿里（2001～2016 年）
	5	农村居民消费支出数据	统计公报	西藏 + 地（市）/拉萨（2015 年）；日喀则（2015 年）；阿里（2015 年）
	6	城镇居民消费支出数据	统计公报	西藏 + 地（市）/日喀则（2015 年）；拉萨（2015 年）；阿里（2015 年）
	7	牲畜数量与结构数据	部门资料	西藏 + 地（市）/2000～2016 年
社会经济发展	1	流动人口监测数据	部门资料	西藏 /2012 年 /2017 年
	2	《中国口岸年鉴》	统计公报	2001～2016 年（缺失部分年份）
	3	第五次人口普查数据	统计公报	西藏分乡镇
	4	第六次人口普查数据	统计公报	西藏分乡镇
	5	人口总量、城乡结构	统计公报	西藏 + 地（市）/拉萨、日喀则、阿里 / 2001～2016 年
	6	县志	政府部门	普兰 / 扎达木 / 定结 / 亚东

(1) 反映资源环境本底等的数据资料，包括如气候、地形、水文等自然条件，土地资源分布、水资源数量和质量、主要污染物排放量、生态保护建设，以及科考途中记录的能够反映区域资源环境特征的影像资料。

(2) 反映资源环境供给等的数据资料，包括耕地数量与利用方式、草地数量、类型与利用方式、水资源的供给消耗情况、粮食产量与结构、牲畜数量与结构等数据资料。

(3) 反映资源环境消费等的数据资料，包括农村居民各种生活必需品人均消费量、农牧民牲畜饲养及补饲情况、城镇居民生活必需品人均购买量等。

(4) 反映社会经济发展等的数据资料，包括常住人口与户籍人口、城镇人口与乡村人口的数量与分布、流动人口的基本特征和流动模式、国民经济发展水平与变化、社会发展与变化等。

1.4.3　科考成果

(1) 完成南亚通道资源环境承载力"环线"基础考察，编写完成"南亚通道资源环境基础与承载能力考察日志（2018 年 8 月 22 日～9 月 12 日）"和"南亚通道资源环境基础与承载能力考察日志（2019 年 4 月 4～12 日）"。

"南亚通道资源环境基础与承载能力考察日志"包括 210 余张照片、150 页，约 8.6 万字。科考活动主要集中在以下几个方面：

——南亚通道资源环境承载力"环线"基础考察，为期 31 天、行程超过 7000km。考察区域主要涉及南亚通道地区的拉萨市、那曲市、日喀则市与阿里地区等 6 个地 / 市和中尼廊道及其周边地区的 37 个区 / 县。路线考察与实地调研、入户访谈与问卷调查、地方座谈与机构访谈是主要科考形式。

——路线考察与实地调查过程中，科考队既要开展沿线地物与遥感影像交互对比分析，又要深入草原深处踏查植被与土壤类型等。其间，重点考察和实地调查了中尼廊道边境县普兰县与普兰口岸、吉隆县与吉隆口岸、聂拉木县与樟木口岸、定结县与日屋 – 陈塘口岸和亚东县与亚东口岸等。

——基于入户访谈和调查问卷，针对当地农牧业生产、水资源禀赋与利用、农牧民消费水平与结构等相关问题，与当地农、牧户和基层工作人员进行了深入交流，获取了大量第一手的宝贵资料。

——通过地方座谈与机构访谈，科考分队分别拜访了西藏自治区政府研究室、科技局和统计局，并与西藏自治区统计局、拉萨市统计局和普兰县、吉隆县、聂拉木县等县统计局同志举行了部门座谈会，与阿里地区行政公署、普兰县人民政府、日喀则市人民政府、吉隆县人民政府、聂拉木县人民政府、定结县人民政府和亚东县人民政府等地方政府举行地方座谈会，就调研内容和资料收集进行了充分的交流和讨论，为南亚通道资源环境承载力基础调研和资料收集创造了良好条件。

(2) 基于南亚通道资源环境承载力路线考察与实地调研，建设完成南亚通道资源环境承载力考察基础数据库和资源环境承载力评价专题数据库。

南亚通道资源环境承载力考察基础数据库和资源环境承载力评价专题数据库建设，是开展南亚通道资源环境承载力分类评价与综合评价的一项基础性工作，目前数据库建设主要包括以下方面：

——基础数据库，涵盖多尺度行政区划数据，土地利用／覆盖数据，地形、湖泊水系分布数据，人口、社会经济发展数据、交通路网数据、居民点分布数据等方面。

——人居环境适宜性评价专题数据库，涵盖 ASTER GDEM 地形产品、多年平均气温、多年平均湿度、多年平均降水、土地覆被分类产品以及 MODIS 植被－水分指数等。

——土地资源承载力评价专题数据库，涵盖供给和消费两方面数据，供给端主要包括耕地面积、粮食作物种植面积、粮食产量以及草地面积、草地产草量、牲畜数量、肉蛋奶畜产品产量等；消费端主要包括城镇居民食物消费种类与数量、农村居民食物消费种类与数量以及牲畜日食量等。

——水资源承载力评价专题数据库，涵盖水资源数量与质量，包括水资总量、地表水资源量、地下水资源量、可利用水资源量、供水用量、用水用量、农业用水量、工业用水量、生活用水量及河段水质分级数据等。

——生态环境承载力评价专题数据库，涵盖生态供给与生态消耗两大方面数据：生态供给端主要包括植被净初级生产力、生态系统类型分布数据与生态红线数据；生态消耗端主要包括人口、农作物产量、牲畜种类与数量、农村居民生活必需品人均消费量、城镇居民生活必需品人均消耗量等方面。

(3) 编制完成"中尼廊道及其周边地区资源环境基础与承载能力考察研究"考察报告，定量评估了中尼廊道及其周边地区的水土资源与生态环境承载力及其承载状态。

"中尼廊道及其周边地区资源环境基础与承载能力考察研究"考察报告共包括 8 章，是南亚通道 2018 ～ 2019 年度科学考察成果的集中反映，研究进展主要体现在：

——基于人居环境自然适宜性与限制性基础考察，从地形起伏度、温湿指数、水文指数和地被指数出发，由分类到综合，从南亚通道地区（拉萨市、日喀则市）、中尼廊道及其周边地区和重要口岸地区（普兰县、吉隆县、聂拉木县、定结县、亚东县）等不同空间尺度，定量评价了南亚通道不同地区的人居环境自然适宜性与限制性。

——基于土地资源生产能力与消费水平基础考察，立足人粮平衡、草畜平衡与当量平衡关系，从南亚通道地区（拉萨市、日喀则市）、中尼廊道及其周边地区和重要口岸地区（普兰县、吉隆县、聂拉木县、定结县、亚东县）等不同空间尺度，定量评价了南亚通道不同地区的土地资源承载力及其承载状态。

——基于水资源供给与消耗关系基础考察，立足水土平衡与人水平衡关系，从南亚通道地区（拉萨市、日喀则市）、中尼廊道及其周边地区和重要口岸地区（普兰县、吉隆县、聂拉木县、定结县、亚东县）等不同空间尺度，定量评价了南亚通道不同地区的水资源承载力及其承载状态。

　　——基于生态供给与生态消耗关系基础考察，立足生态平衡与人地平衡关系，从南亚通道地区（拉萨市、日喀则市）、中尼廊道及其周边地区和重要口岸地区（普兰县、吉隆县、聂拉木县、定结县、亚东县）等不同空间尺度，定量评价了南亚通道不同地区的生态承载力及其承载状态。

第2章

基于调研问卷的结果分析[*]

*本章执笔人：杨艳昭、闫慧敏、封志明、贾琨、王伟

第 2 章基于收集整理的 118 份有效调研问卷，从耕地资源与农业生产、草地资源与畜牧业生产、水资源禀赋与利用、农牧民消费水平与消费结构等方面出发，定量揭示南亚通道地区（拉萨市、日喀则市）与中尼廊道及其周边地区水土资源利用、农牧业生产与农牧民消费的地域差异，为南亚通道资源环境承载力与承载状态评价提供了基础调查数据。

2.1 调研问卷基本情况

科考分队基于供给侧与消费侧开展资源环境承载力评价的思路，通过梳理归纳相关文献资料并总结以往调研经验，对问卷内容进行初步设计后，邀请专家进行讨论，最终形成南亚通道资源环境基础与承载能力考察农牧户的调研问卷。遵循科学性、系统性、独立性、可比性等原则，综合考虑可能影响区域资源环境承载力评价的基本要素，问卷主要包括六部分基本内容（图 2.1）。

受访人信息：主要包括受访者与户主的关系、户主信息、家庭信息、土地信息。

农业生产情况：主要包括作物品种、种植面积及其变化、产量、农业生产投入与出售情况、农业生产限制因素等信息。

畜牧业养殖与牧场草场情况：既包括牧民放牧方式、草场变化、休牧禁牧政策等信息；也包括畜牧业养殖数量与结构，数量变化原因以及畜牧业生产限制因素等信息。

生活消耗情况：主要包括粮食、蔬菜、水果、肉类与奶制品的消费情况和消费来源以及对现阶段生活消费水平的满意度等信息。

三、畜牧业养殖与牧场草场情况

1. 您家是否游牧还是定居？　□ 游牧　□ 定居　如游牧，2017 年您家共搬迁了 _____ 次，每次的搬迁距离是：_____

2. 您家草场是否退化？□ 是　□ 否；怎么样看出来退化了？（退化植物/产量变低/草密度变小/质量变差）_____；
从哪一年开始有明显退化的：_____ 年；退化原因：_____

3. 当地是否实施春季休牧政策？　　□ 是 □ 否　如果是，从哪年开始实施：_____
　　　　　　是否实施禁牧政策？　　□ 是 □ 否　如果是，从哪年开始实施：_____

4. 请将您家 2017 年主要牲畜养殖情况填入下表：

牲畜品种	圈养/放养	圈养天数	年初头只数	年末头只数	与过去十年相比数量变化（增多/减少/基本不变）	数量变化原因					出售收入 /元	饲养投入/（斤/d）	
						出生	购买	死亡	出售	宰杀		饲料	饲草
牛													
羊													
马													
其他：													
其他：													

5. 以您家草场情况，是否能够多养殖一些牲畜？□ 能 □ 不能．如果是，养殖什么？_____ 共能养殖多少头（只）？_____
如果不能，限制您增加养殖牲畜数量的主要原因：□ 气候条件限制 □ 水源不足 □ 草场面积不足 □ 草地质量下降 □ 人手不足 □ 资金不足 □ 其他：_____

6. 以您家草场情况，是否能够通过调整养殖结构（如奶牛养殖，改良品种养殖）增加收入？具体说明_____

四、生活消耗情况

1. 请将您家全家每月食物消费情况填入下表：

生活必需品种类	消费量（重量、金额或具体描述）	其中：自产 / %	购买 / %
粮食			
蔬菜			
水果			
肉类			
奶制品			
其他：			

2. 您对现在的饮食状况满意吗？_____（满意/不满意），如果不满意，为什么？_____

五、水资源利用情况

1. 您所在区域地区水资源量：□ 极其充沛　□ 充沛　　□ 一般　　□ 缺乏　　□ 极度缺乏
2. 河流水质如何：□ 优质　　□ 良好　　□ 一般　　□ 很差　　□ 极差
3. 水污染原因：□ 工业污水　□ 生活污水　　□ 农业污染（包括牲畜污水）□ 其他
4. 地下水开发利用情况（水井个数）：□ 很普遍　□ 普遍　　□ 一般　　□ 少　　□ 极少
5. 水井水位较之前变化情况：□ 明显上升　□ 略微上升　□ 保持不变　□ 略微下降　□ 明显下降
6. 地表水开发利用程度（沟渠，灌渠覆盖率）：□ 很充分　□ 充分　□ 一般　□ 低　□ 很低
7. 农业灌溉等沟渠的防渗漏措施：□ 良好　　□ 较好　　□ 一般　　□ 较差　　□ 严重
8. 生活用水来源：□ 井水　　□ 河水　　□ 自来水　□ 其他
9. 生活取水困难程度：□ 极容易　□ 容易　　□ 一般　　□ 困难　　□ 极困难
10. 您认为您家里生活用水最多的是：□ 厕所用水（马桶，洗澡，洗衣等）　□ 厨房用水（淘米，洗菜，刷碗等）　　□ 其他（植物浇水，绿化等）
11. 农业节水技术应用及比例情况：□ 滴灌　　□ 喷灌　　□ 浇灌　　□ 其他
12. 农业用水可获得程度：□ 很容易　□ 容易　　□ 一般　　□ 困难　　□ 很困难
13. 人均月生活用水量：_____ t（如果没有请填写下面 13-1 或 13-2 或 13-3）

13-1. 如果使用自来水：自来水水价_____元/t，每月水费_____元
13-2. 如果使用河水：河流取水（频率，桶数）：_____
13-3. 如果使用井水：水井取水（管道直径，桶数）：_____
14. 农业灌溉水量（农户）：耕地总面积_____亩，灌溉耕地面积_____亩，灌溉次数_____，单次灌溉水量_____ m³，
灌溉费用单价_____元/m³，单次灌溉费用_____元，自抽水灌溉，水泵口径_____cm，出水量_____t/h，单次灌溉时长_____h
15. 牲畜用水量（牧户）：牲畜种类及数量_____头羊，_____头牛，牲畜用水量_____t/（羊·月），_____t/（牛·月），
牲畜单位用水量_____t/（羊·天），_____t/（牛·天）

六、其他信息

1. 您家在城市内有住房么？□ 楼房 □ 平房 □ 无
2. 希望您的孩子成为牧民/农民？　□ 是 □ 否
3. 您是否愿意我们在大约一年后再次与您联系？□ 是 □ 否
如果是，请提供您的姓名_____ 手机号码_____

图 2.1　南亚通道资源环境基础与承载能力考察农牧户的调研问卷

1 亩≈ 666.67m²；1 斤 =0.5kg

水资源利用情况：主要包括区域水资源数量与质量、农业用水及居民用水情况、区域水资源供需状况等信息。

其他信息：了解受访者的回访意愿，记录受访者姓名、联系方式等个人信息。

2.2 拉萨市调研问卷结果分析

2018 年拉萨市调研对象主要来自当雄县与墨竹工卡县，其中以牧户居多，有 38 户牧户、15 户半农半牧户、2 户农户。整体而言，拉萨市农牧户家庭规模在 5.22 人 / 户，户主文化水平普遍在初中以下。

据 2018 年拉萨市入户调研可知，墨竹工卡县、当雄县的耕地与草地面积比较集中，被调查的 55 个样本中有 19 户农牧户的草地面积达 250 亩以上，36 户农牧户的草地面积在 100 亩以内；有 33 户农牧户的耕地面积在 25 亩以下（图 2.2）。草地面积远多于耕地，草地较多的牧户可以发展畜牧业，草地较少的农户多从事农业耕作。

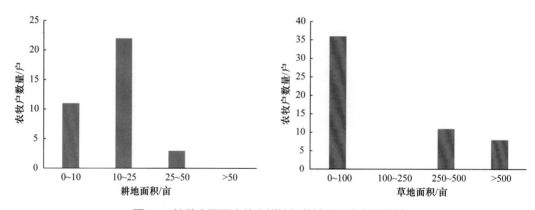

图 2.2 拉萨市调研农牧户耕地与草地面积占有量统计

2.2.1 耕地资源与农业生产

拉萨市调研农牧户户均耕地面积 9.4 亩，人均耕地面积 1.8 亩。其中，农户人均耕地面积 3.7 亩，半农半牧户人均耕地面积 2.6 亩，牧户人均耕地面积 1.4 亩（图 2.3）。农户耕地面积质量较好，多为水浇地，半农半牧户尽管耕地面积较大，但多为旱地，而牧户主要分布在牧区，许多牧户则没有耕地。

拉萨市受访区域主要种植作物是青稞、油菜、马铃薯等（图 2.4）。产量最高的是青稞，占被调查农牧户农作物总产量的 66%，产量第二位是油菜（18%），第三位是马铃薯（16%）。调研地区种植青稞较为广泛，种植面积占总种植面积的 62%，油菜的种植面积占农作物种植面积的 31%，马铃薯的种植面积较少，仅占农作物种植面积的 7%。多数农牧户表示，当地的自然条件允许开垦更多的耕地来种植青稞。

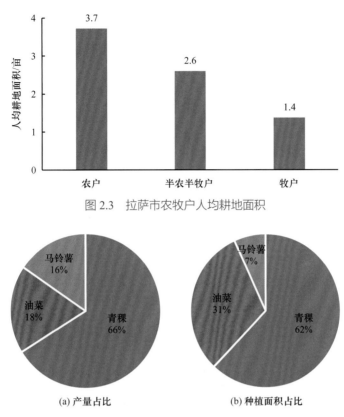

图 2.3 拉萨市农牧户人均耕地面积

图 2.4 拉萨市调研农牧户主要农作物产量与种植面积统计

2.2.2 草地资源与畜牧业生产

畜牧业生产情况调研结果发现：拉萨市墨竹工卡县、当雄县牧民以游牧为主，搬迁距离在 10km 以内，受访者普遍认为当地草场没有发生退化。墨竹工卡县、当雄县畜牧业以养殖牛、羊、马为主，其中牛的养殖数量最多，占牛羊马总养殖数量的 75%。多数牧户牛的养殖数在 10 ~ 50 头，多数牧户养殖羊的数量不足 50 只（图 2.5）。与过去 10 年相比，在没有实行春季休牧、禁牧等政策的牧区，多数牧户表示牲畜养殖数量有所增加或基本不变，未来能够养殖更多牲畜。在实行春季休牧、禁牧政策的牧区，牲畜养殖数量则有所减少，受草场面积、资金问题、劳动力不足等因素的限制，受访者多认为未来不能多养殖牲畜。

2.2.3 水资源禀赋与利用

从拉萨市水资源数量与质量来看，受访者普遍认为拉萨市水资源相对富余，13% 受访农牧户认为当地水资源充沛，87% 的受访者认为水资源总量一般，整体不存在水资源缺乏的情况。在水资源质量的统计中，47% 的受访者认为水质在良好级别以上，

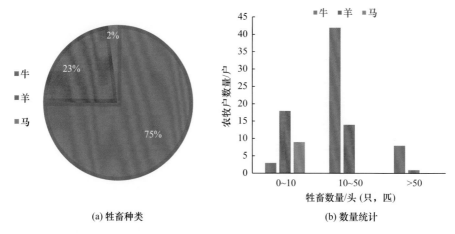

(a) 牲畜种类　　　　　　　(b) 数量统计

图 2.5　拉萨市调研农牧户牲畜种类与数量统计

41%的受访者认为水质很差和极差，说明拉萨市水资源有所污染。从拉萨市用水情况来看，在农业用水方面，受访者耕地灌溉次数较少，大多少于 4 次。在生活用水方面，调查了解到大部分有自来水的村子自来水免费，很大程度上跟政府补贴有关。

　　总体来看，所调查区域的农业取水较容易，一方面跟沟渠的建设有关，另一方面跟该地区地表水资源丰富有关。地下水的利用少，地下水位下降微弱。部分地区打钻水井需要向当地有关部门申请，表明政府较为重视对地下水的保护。

2.2.4　农牧民消费水平与结构

　　从拉萨市食物消费情况来看，拉萨市农户粮食消费高于半农半牧户与牧户；自产粮食可以满足一大半粮食消耗需求，小部分粮食需要购买，而半农半牧户、牧户的粮食消耗大部分需要购买。农户、半农半牧户自产的蔬菜能够提供部分的蔬菜生活消耗，牧户则需要购买蔬菜，拉萨市农牧户人均蔬菜月消费量大多低于 10kg。牧户与半农半牧户的肉类、奶制品消费高于农户，拉萨市农牧户奶制品人均月消费量在 5 ～ 10kg（图 2.6）。此外，拉萨市农牧户的水果消费普遍较低。

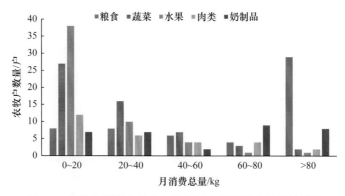

图 2.6　拉萨市调研农牧户各类生活必需品消费总量统计图

2.3　日喀则市调研问卷结果分析

　　2018 年日喀则市调研对象主要来自吉隆县、聂拉木县、桑珠孜区的多个乡镇,以农户与半农半牧户为主,被调研的 18 户中,有 8 户农户、7 户半农半牧户,有 3 户从事政府及村委相关工作。整体而言,日喀则市农牧户家庭规模在 5 人 / 户,户主以小学学历为主,有少数中学学历。

　　经调研发现,日喀则市受访区域耕地与草地面积比较集中,被调查的 18 个样本中有 5 户草地面积在 250 亩以上,12 户耕地面积在 25 亩以下(图 2.7)。草地面积远多于耕地面积,草地较多的居民可以发展畜牧业,草地较少的多从事农业耕作。

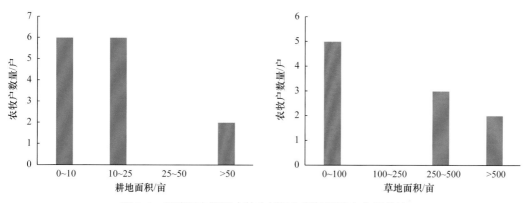

图 2.7　日喀则市调研农牧户耕地与草地面积占有量统计

2.3.1　耕地资源与农业生产

　　日喀则市调研农牧户户均耕地面积 23.2 亩,人均耕地面积 4.6 亩。其中,农户人均耕地面积 8.1 亩,半农半牧户人均耕地面积 2.4 亩(图 2.8)。农户以耕地为主,耕地面积较大且质量较好,多为水浇地,人均耕地面积较高。

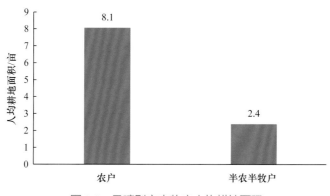

图 2.8　日喀则市农牧户人均耕地面积

从作物种植结构来看，日喀则市受访区域主要种植青稞、小麦、土豆、油菜、荞麦等农作物，产量最高的是青稞，占调查农户农作物总产量的 59%，产量第二、三位的是小麦、土豆，分别占调查农户农作物产量的 25% 和 11%（图 2.9）。青稞和小麦种植较为广泛，种植面积分别占调查农户种植总面积的 64% 和 23%。多数农户认为耕地面积与过去十年相比基本相同，部分农户认为耕地面积有所减少。大多数农户都认为与过去十年相比较农作物单产增加，增加的主要原因是使用了优质种子和化肥。此外，多数农户认为受地形、城市扩张和生态保护政策等因素影响，很难开垦更多的耕地。

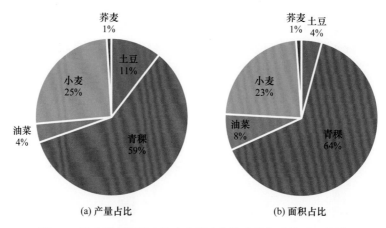

图 2.9　日喀则市调研农牧户主要农作物产量与种植面积统计

2.3.2　草地资源与畜牧业生产

调研的日喀则市桑珠孜区、聂拉木县、吉隆县农牧户以定居为主，受访者普遍认为调研区域草场没有发生退化现象，春季也没有休牧、禁牧等政策约束。调研区域畜牧业主要养殖牛、羊等牲畜，其中，羊的养殖数量最多，为 144 只，约占总数量的 57%，其次是牛（图 2.10）。被调查的 18 户中，1 户养羊数超过了 50 只，2 户养牛羊在

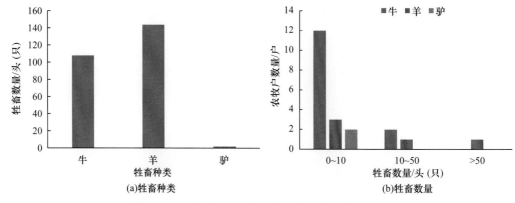

图 2.10　日喀则市调研农牧户牲畜种类与数量统计

10 ～ 50 头（只），大部分养牛羊不超过 10 头（只）。调研发现，该区域主要采用圈养与放养相结合的畜牧养殖方式，养殖的牛、羊的数量与过去十年相比有所减少，未来由于政策限制、劳动力不足、草场面积限制等原因，畜牧业发展潜力较低。因政府征地导致土地数量减少，草场面积有限等问题，未来多数受访者预期不会通过调整养殖结构来增加收入。

2.3.3　水资源禀赋与利用

从日喀则市水资源数量的情况来看，28% 受访农牧户认为当地水资源极其充沛，61% 的受访者认为水资源充沛，11% 的受访者则认为水资源缺乏。在水资源质量的调查中，72% 的受访者认为水质在良好级别以上，28% 的受访者认为水质一般。从日喀则市用水情况来看，在农业用水方面，受访者每年耕地灌溉次数在 10 次左右。在生活用水方面，调查了解到自来水可供免费使用，很大程度上跟政府补贴有关。

总的来看，所调查区域的水资源较为丰富，但存在枯水期资源性缺水、季节性缺水与工程性缺水等问题，存在局部水体轻度污染情况，但经过河流自净，水质整体保持稳定。

2.3.4　农牧民消费水平与结构

从日喀则市的食物消费情况来看，农户粮食消费高于半农半牧户与牧户，自产粮食可以满足一大半粮食消耗需求，小部分粮食需要购买，而半农半牧户、牧户的粮食消耗大部分需要购买。除了部分农户种植的少量蔬菜，大部分蔬菜都要依靠购买，日喀则市农牧户人均蔬菜月消费量不到 10kg（图 2.11）。牧户与半农半牧户的肉类、奶制品消费高于农户，日喀则市农牧户奶制品人均月消费量大多低于 5kg。日喀则市农牧户的水果消费普遍较低。

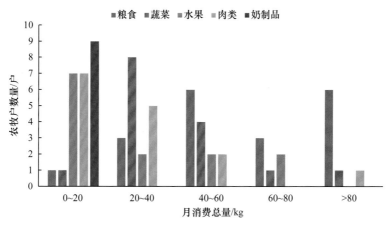

图 2.11　日喀则市调研农牧户各类食物产品消费总量统计图

2.4　基于调研问卷结果的区域对比分析

基于 2018 年问卷调研结果，从拉萨市、日喀则市的耕地与农业生产、草地与畜牧业生产、水资源禀赋与利用、生活消耗特征等方面进行横向比较。尽管可能受问卷数量、质量、分布等因素的影响，但选取的调研对象均具有代表性，大多一直居住在本地从事放牧或耕种工作。因此，此次调研结果能一定程度地揭示区域生产与消费特征及其差异，为后续资源环境承载力评价研究提供参考。

（1）耕地资源与农业生产。2018 年问卷调研结果表明，2010 年，拉萨市、日喀则市的耕地规模整体保持稳定，农作物单产量增加，增加的原因包括优质种子与化肥的使用、耕作模式的转变等。拉萨市农户认为当地的自然条件允许开垦更多的耕地来种植青稞，而日喀则市则受温度、土质、水源、地形等自然因素、城市扩张占用耕地等因素，很难开垦更多的耕地。从种植结构来看，拉萨市、日喀则市都以青稞种植为主，油菜与土豆也都占有一定的比例。此外，日喀则市还种植了一定面积的小麦。

（2）草地资源与畜牧业生产。2018 年问卷调研结果表明，多数受访者认为拉萨市、日喀则市的草场在 2010 年以来基本没有退化；从畜牧业养殖来看，两个地市均以养殖牛、羊为主，其中，拉萨市牛的养殖数量占比较高，日喀则市羊的养殖数量占比较高。参与调研的日喀则市牧民均处于定居状态，拉萨市牧民均处于游牧状态。在政策约束方面，日喀则市春季没有休牧、禁牧等政策约束，而从 2006 年开始，拉萨市实行了部分地区春季休牧政策，2012 年开始实行禁牧政策。

（3）水资源禀赋与利用。2018 年问卷调研结果表明，大多受访者认为自 2010 年以来拉萨市、日喀则市的水资源量较为富余，但日喀则市存在局部水资源相对缺乏的情况。在水资源质量方面，受访者认为拉萨市水资源存在一定的污染，日喀则市水质较好。拉萨市、日喀则市农业种植灌溉方式主要为浇灌，取水便利，其中，拉萨市耕地灌溉次数较少，日喀则市耕地灌溉次数较多。

（4）农牧民消费水平与结构。2018 年问卷调研结果表明，调研农牧户的生活消耗水平与结构具有一定的地域特征。拉萨市、日喀则市粮食消费中的糌粑、青稞多为自产，面粉、大米则需要购买。由于区域水果自产量较低，基本以购买为主且价格较高，两个地区水果消费普遍较低。拉萨市、日喀则市肉类、蔬菜消费水平相近。拉萨市奶制品消费整体略高于日喀则市。

需要指出的是，受调研时间等约束，此次拉萨市、日喀则市的农牧户调研区域相对集中，农牧户调研对象样本数量差异较大。未来的考察需在摸清调研区域基本情况的前提下，合理规划调研农牧户区域，保证调查样本分布的典型性和代表性。

第 3 章

人口分布及其聚疏变化[*]

* 本章执笔人：游珍、封志明、董宏伟、尹旭

第3章基于南亚通道资源环境承载力基础考察与数据分析,从人口数量、城乡结构、分布格局入手,研究区域人口分布及其聚疏变化;以公里格网为基础,以分县为基本研究单元,从南亚通道地区(拉萨市、日喀则市)、中尼廊道及其周边地区和重要口岸地区(普兰县、吉隆县、聂拉木县、定结县、亚东县)等不同空间尺度,定量评价了南亚通道不同地区的人口分布及其聚疏变化。

3.1 南亚通道地区:拉萨市、日喀则市

"南亚通道资源环境基础与承载能力考察研究"科考分队重点对南亚通道地区的拉萨市和日喀则市等地进行了人口发展情况调查,基于数据收集、实地调研和室内分析定量评价了拉萨市和日喀则市的人口分布及其空间聚疏变化。

3.1.1 拉萨市

1. 拉萨市人口总量波动上升,人口增速低于西藏高于全国平均水平

近40年来,拉萨市人口总量整体呈波动上升状态,增幅和增速均低于西藏而高于全国平均水平。具体来看:1980～2016年,拉萨人口以年均1.52%的增速从38.63万人增长到66.53万人,增加27.90万人,增幅为72.22%;同期,西藏人口以年均1.62%的增速从185.28万人增长到330.54万人,增加145.26万人,增幅为78.40%;全国人口以年均0.94%的增速从98705万人增长到138271万人,增加39566万人,增幅为40.09%(图3.1)。

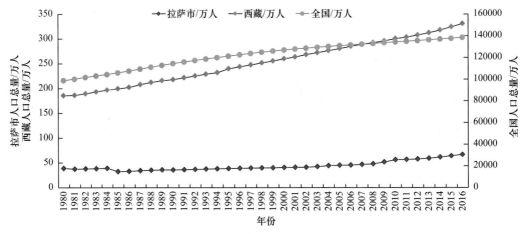

图 3.1 拉萨市、西藏及全国 1980～2016 年人口总量变化

拉萨市人口增长波动变化明显。20世纪80年代,拉萨市人口年均增速为–0.62%,增幅为–7.69%,均低于同期西藏和全国平均水平,人口总量呈负增长状态;90年代,拉萨市人口年均增速为1.25%,增幅为13.21%,均低于同期西藏水平,但高于全国平均水平;2000～2010年,拉萨市人口年均增速为3.35%,增幅为38.57%,均远高于

同期西藏和全国平均水平，人口处于快速增长阶段；2010 ～ 2016 年，拉萨市人口年均增速为 2.94%，增幅为 18.93%，依然远高于同期西藏和全国平均水平，人口总量保持较高增长状态（表 3.1）。

表 3.1　拉萨市、西藏及全国人口年均增速和增幅变化　　（单位：%）

统计项	地区	1980 ～ 1990 年	1990 ～ 2000 年	2000 ～ 2010 年	2010 ～ 2016 年	1980 ～ 2016 年
年均增速	拉萨市	−0.62	1.25	3.35	2.94	1.59
	西藏	1.64	1.77	1.46	1.62	1.87
	全国	1.48	1.04	0.57	0.51	0.94
增幅	拉萨市	−7.69	13.21	38.57	18.93	72.22
	西藏	17.69	19.16	15.54	10.10	78.40
	全国	15.83	10.85	5.80	3.12	40.09

2. 2007 ～ 2016 年拉萨市城镇化率高于西藏但低于全国平均水平，有稳定趋势

2007 ～ 2016 年，拉萨市的城镇化率整体水平高于西藏，但低于全国平均水平，且有稳定趋势，城镇化发展动力不足。2007 ～ 2016 年，拉萨城镇化率仅以年均 0.7% 的增长率自 39.73% 增长到 42.30%，增幅为 6.47%，年均增长率和增幅都远低于同期西藏全区及全国水平；西藏城镇化率以年均 3.60% 的增长率自 21.5% 增长到 29.56%，增幅为 37.49%；全国城镇化率以年均 2.51% 的增长率自 45.89% 增长到 57.35%，增幅为 24.97%（图 3.2）。

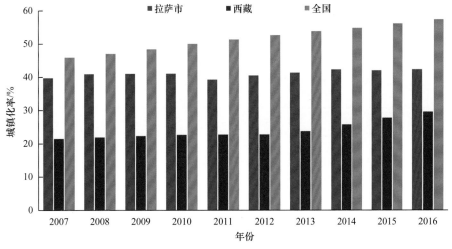

图 3.2　拉萨市、西藏及全国 2007 ～ 2016 年城镇化率变化

3. 拉萨市人口分布呈现由南向北延展的圈层结构特征

拉萨市人口分布呈现出以拉萨市区为核心，由南向北延展的圈层结构特征。其中，拉萨市南部的城关区为核心圈层，人口密度高达 400 人 /km²，第二圈层为城关区周边

的堆龙德庆区、达孜区①、曲水县、林周县等，人口密度约 20 人 /km²，第三圈层是位于拉萨东西两翼的尼木县和墨竹工卡县，人口密度不足 10 人 /km²，人口密度最低的是拉萨北部的当雄县，海拔较高，人口密度不足 5 人 /km²。人口规模较大的乡镇是城关区的娘热乡、夺底乡以及林周县的甘丹曲果镇，人口规模都是万人左右。

3.1.2 日喀则市

1. 日喀则市人口总量稳定增长，增幅低于西藏高于全国平均水平

1980～2016 年，日喀则市人口整体呈稳定增长状态，增幅低于西藏，但高于全国，年均增速远高于西藏和全国平均水平。2007～2016 年，日喀则市城镇化率整体水平略低于西藏，且远低于全国平均水平。人口空间分布呈现由西向东人口密度逐渐增大的特征。

1980～2016 年，日喀则市人口以年均 1.48% 的增速从 44.68 万人增长到 75.89 万人，增加 31.21 万人，增幅为 69.85%；同期，西藏人口以年均 1.62% 的增速从 185.28 万人增长到 330.54 万人，增加 145.26 万人，增幅为 78.40%；全国人口以年均 0.94% 的增速从 98705 万人增长到 138271 万人，增加 39566 万人，增幅为 40.09%（图 3.3）。

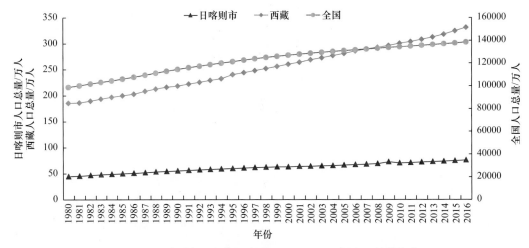

图 3.3 日喀则市、西藏及全国 1980～2016 年人口总量变化

20 世纪 80 年代，日喀则市人口年均增速为 2.17%，增幅为 23.95%，均高于同期西藏和全国平均水平；90 年代，日喀则市人口年均增速为 1.30%，低于同期西藏水平，但高于全国水平，日喀则市人口增幅为 13.81%，同样低于同期西藏水平，但高于全国水平；2000～2010 年，日喀则市人口年均增速为 1.12%，增幅为 11.58%，均低于同期西藏水平，但高于全国水平；2010～2016 年，日喀则市人口年均增速为 1.28%，增幅为 7.91%，依然均低于同期西藏水平，但高于全国水平（表 3.2）。

---

① 2017 年，撤消达孜县，设立达孜区，本书统一使用达孜区的说法。

表 3.2　日喀则市、西藏及全国人口年均增速和增幅变化　　（单位：%）

统计项	地区	1980～1990 年	1990～2000 年	2000～2010 年	2010～2016 年	1980～2016 年
年均增速	日喀则市	2.17	1.30	1.12	1.28	1.49
	西藏	1.64	1.77	1.46	1.62	1.62
	全国	1.48	1.04	0.57	0.51	0.94
增幅	日喀则市	23.95	13.81	11.58	7.91	69.85
	西藏	17.69	19.16	15.54	10.10	78.40
	全国	15.83	10.85	5.80	3.12	40.09

2. 2007～2016 年日喀则市城市化率低于西藏更远低于全国平均水平

2007～2016 年，日喀则市城镇化率仅以年均 2.57% 的增长率自 21.07% 增长到 26.48%，增幅为 25.68%，年均增长率低于同期西藏和全国平均水平，增幅低于同期西藏水平，但高于全国平均水平；西藏城镇化率以年均 3.60% 的增长率自 21.50% 增长到 29.56%，增幅为 37.49%；全国城镇化率以年均 2.51% 的增长率自 45.89% 增长到 57.35%，增幅为 24.97%（图 3.4）。

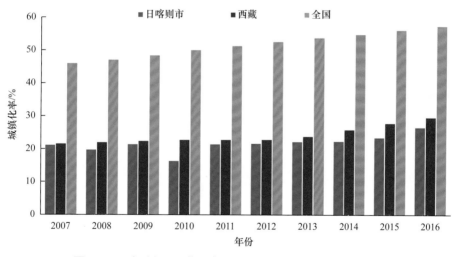

图 3.4　日喀则市、西藏及全国 2007～2016 年城镇化率变化

3. 日喀则市人口分布呈现东高西低、南北扩散的空间特征

日喀则市人口分布呈现以日喀则市区为核心，东高西低、南北扩散的空间特征。人口核心分布区为东部日喀则市辖区桑珠孜区，人口密度超过 100 人 /km²，以桑珠孜区为核心的周边圈层县域人口密度超过 10 人 /km²，东部其他县域人口密度为 5～10 人 /km²。日喀则中部地区人口密度不到 2 人 /km²，西部仲巴县为大片无人区。根据 2015 年的统计资料整理，日喀则市人口规模超过 5000 人的乡镇有 36 个，其中，桑珠孜区甲措雄乡和南木林县艾玛乡人口规模突破万人。

3.2　中尼廊道及周边地区

中尼廊道及其周边地区 2016 年人口总量为 146.39 万人，占西藏自治区人口总量的 44.29%，土地面积为 34.49 万 km²，占西藏自治区总面积的 28.07%，平均人口密度不到 5 人 /km²，但远高于西藏自治区平均人口密度（0.2 人 /km²）。为厘清中尼廊道及其周边地区 31 县人口分布的地域特征，本节以分县为基本研究单元，分析了中尼廊道及其周边地区人口的增减变化和集聚格局。

1. 2007 ~ 2016 年中尼廊道人口总量明显增加且主要集中在"一江两河"河谷地区

从人口增加绝对量上来看，相对于 2007 年，2016 年人口数绝对增量超过 1 万人的地区有日喀则市桑珠孜区、拉萨市城关区、江孜县、噶尔县、昂仁县和拉孜县，其人口分别增加了 4.78 万、3.05 万、1.66 万、1.63 万、1.11 万和 1.08 万；人口增加绝对量最少的札达县也有 1135 人。横向来看，2016 年人口总量超过 10 万的县域有拉萨市城关区和日喀则桑珠孜区，其人口数分别为 21.25 万人和 15.3 万人；人口超过 5 万的县域依次为南木林县、江孜县、林周县、拉孜县、定日县、昂仁县、墨竹工卡县、萨迦县、当雄县、堆龙德庆区和谢通门县；人口最少且不足万人的是札达县；其余各县人口集中在 1 万~ 5 万人（图 3.5）。

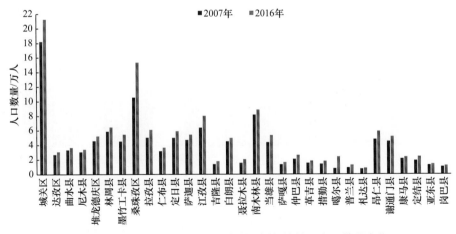

图 3.5　2007 年和 2016 年中尼廊道及其周边地区人口数量变化

2. 中尼廊道人口分布东密西疏、人口相对集聚

以 2016 年为例，中尼廊道及周边地区 31 县人口密度大致可以分为 7 个不同的等级：第一级人口密度为 0 ~ 1 人 /km²，包括位于西段的仲巴县、措勤县、革吉县、普兰县和札达县；第二级人口密度为 1 ~ 3 人 /km²，包括位于中段的吉隆县、聂拉木县、萨嘎县、亚东县、岗巴县和昂仁县，以及西段的噶尔县；第三级人口密度为 3 ~ 5 人 /km²，包

括位于中东段的谢通门县、定日县、当雄县、康马县和定结县；第四级人口密度为
5～10 人 /km²，包括萨迦县、南木林县、尼木县和墨竹工卡县；第五级人口密度为
10～20 人 /km²，包括东南部的拉孜县、白朗县、江孜县、仁布县、曲水县、达孜区和
林周县；第六级人口密度为 20～50 人 /km²，包括桑珠孜区和堆龙德庆区；第七级人
口密度为 50～500 人 /km²，只有拉萨市城关区，人口密度达到 406 人 /km²（图 3.6）。

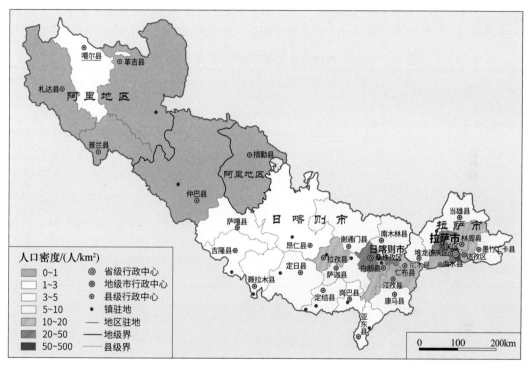

图 3.6　2016 年中尼廊道分县人口密度图

3. 中尼廊道超过七成的县域人口绝对增加且增长势头趋强

1982～1990 年，人口相对增加地区有普兰县、墨竹工卡县、尼木县、林周县、
仁布县、江孜县、曲水县、达孜区和亚东县 9 个县，其余 22 县（区）都为绝对增加地区；
1990～2000 年，人口相对减少地区是堆龙德庆区，相对增加地区有墨竹工卡县、尼木
县、林周县、仁布县、曲水县和达孜区 6 个县，其余 24 县（区）均为人口绝对增加地
区；2000～2010 年，人口相对减少地区是林周县和仁布县 2 个县，相对增加地区有尼
木县、谢通门县和江孜县 3 个县，其余 26 个县（区）均为人口绝对增加地区；2010～
2015 年，人口相对增加地区有尼木县、仁布县和江孜县 3 个县，其余 28 县（区）均为
人口绝对增加地区（表 3.3）。

4. 中尼廊道人口流出强度大于流入，且西段流入东段流出

以 2015 年为例，人口流入县域单元为 14 个，少于人口流出县域单元个数（17 个），
流入县域单元的常住人口比例略少于流出县域单元，户籍人口比例较流出县域单元少

22.58%，而人口流入县域占中尼廊道土地面积比例比流出区多31.80%（表3.4）。从空间分布看，人口净流入区有拉萨市城关区、堆龙德庆区、桑珠孜区、噶尔县、聂拉木县、仲巴县、措勤县、萨嘎县、普兰县、吉隆县、革吉县、札达县、定结县和亚东县，多在中尼廊道西段；人口净流出区有昂仁县、当雄县、定日县、达孜区、曲水县、谢通门县、白朗县、江孜县、萨迦县、尼木县、拉孜县、墨竹工卡县、仁布县、南木林县、林周县、康马县和岗巴县（图3.7），多在中尼廊道东段。需要特别强调的是城关区、堆龙德庆区和桑珠孜区，2015年其净流入人口均突破万人，是中尼廊道地区人口净流入最多的地区。

表 3.3　1982～2015年中尼廊道分县人口增减变化数据统计

时段	人口增减地区		分县数量/个	土地占比/%
	绝对分类	相对分类		
1982～1990年	人口增加地区	人口绝对增加地区	22	89.33
		人口相对增加地区	9	10.67
1990～2000年	人口增加地区	人口绝对增加地区	24	93.51
		人口相对增加地区	6	5.67
	人口减少地区	人口相对减少地区	1	0.82
2000～2010年	人口增加地区	人口绝对增加地区	26	91.54
		人口相对增加地区	3	6.44
	人口减少地区	人口相对减少地区	2	2.02
2010～2015年	人口增加地区	人口绝对增加地区	28	98.36
		人口相对增加地区	3	1.64

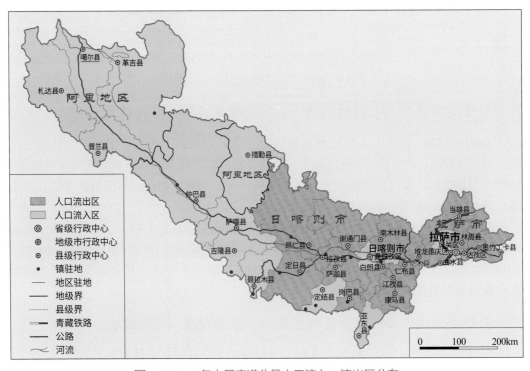

图 3.7　2015年中尼廊道分县人口流入、流出区分布

表 3.4　2015 年中尼廊道人口流动数据统计

| 年份 | 人口流动情况 | 分县数量 / 个 | 人口 | | 土地占比 /% |
			常住 /%	户籍 /%	
2015	流入区	14	47.27	38.71	65.90
	流出区	17	52.73	61.29	34.10

3.3　重点口岸地区：普兰县、吉隆县、聂拉木县、定结县、亚东县

　　口岸是对外开放的门户与最前沿，也是经贸往来的桥梁、互联互通的平台和国家安全的重要屏障。目前西藏自治区有经国务院批准的对外开放口岸 6 个。其中，拉萨空运口岸（拉萨贡嘎机场）1 个，陆路（公路）口岸 5 个，分别是普兰、吉隆、樟木、日屋 – 陈塘和亚东公路口岸，位于南亚通道境内的普兰县、吉隆县、聂拉木县、定结县和亚东县，从 LandScan 2015 年的公里格网数据来看，5 县人口密度极端稀疏，与毗邻的尼泊尔相比较，人口集聚态势差异明显（图 3.8）。科考队重点考察普兰县及普兰口岸、吉隆县及吉隆口岸、聂拉木县及樟木口岸、定结县及日屋 – 陈塘口岸和亚东县及亚东口岸五个口岸县及口岸地区进行实地调研、收集整理了相关数据资料，定量分析了五个口岸县的人口分布特征和口岸的货物量、客流量近年来的变化趋势。

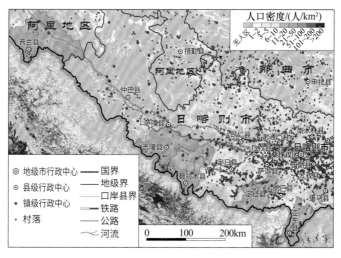

图 3.8　基于公里格网的普兰县、吉隆县和聂拉木县及周边地区人口密度图

3.3.1　普兰县与普兰口岸地区

1. 普兰县现有人口 1.26 万人，近半数聚集在普兰镇

　　普兰县人口总量不大，2016 年为 1.26 万人，人口密度不到 1 人 /km²，人口空间分

布极端稀疏，低于西藏平均人口密度。各乡镇比较来看，根据第六次全国人口普查资料统计，普兰镇人口总量最大，人口规模超过 6000 人，人口密度约 2 人 /km²，八嘎乡和霍尔乡人口总量均约为 2000 人，人口密度不到 1 人 /km²。从居民点分布来看，普兰县的村落主要分布在普兰镇南北向的中轴线一带，中南部地区较为密集，其次分布在巴噶乡的公路沿线。

2. 普兰县人口增长较快，2007 ～ 2016 年增长 3000 多人

2007 ～ 2016 年，普兰县人口增长了 3000 多人，年均增长率为 4.32%，高于阿里地区平均增长率（2.99%），2015 ～ 2016 年人口增加明显（图 3.9）。分段来看，2007 ～ 2014 年，普兰县人口呈波动缓慢增长，7 年间人口仅增长了 800 多人，2014 年仍不到万人，2014 ～ 2016 年，人口快速增长了近 3000 人。

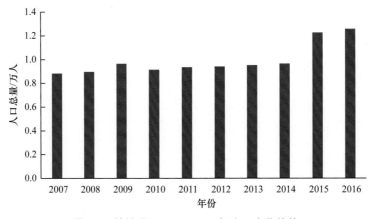

图 3.9　普兰县 2007 ～ 2016 年人口变化趋势

3. 普兰口岸出入境人员暂趋稳定，维持 3 万人次以上水平

普兰口岸位于西藏自治区阿里地区普兰县普兰镇，县域西南与印度毗邻，南与尼泊尔接壤，有 21 个通外山口，全县边境线总长 414.75km，其中，中尼边境线长 319.7km、中印边境线长 95.05km。普兰口岸与毗邻的中尼、中印边境地区及其腹地资源条件和贸易商品互补性较强，"神山""圣湖"对南亚各国信众乃至西方游客有强大吸引力，具有发展旅游服务贸易的市场潜力。

普兰口岸客流量不大，2000 ～ 2016 年来，增长不明显。根据《中国口岸统计年鉴》资料显示，2000 年出入境人员为 3.12 万人次，2016 年增长到 3.45 万人次，增长了约 11%，占西藏全区出入境人员总量的 13.34%。2000 年普兰口岸进出口贸易总值仅 0.05 亿元，2016 年增长到 0.34 亿元，仅占西藏全区进出口贸易总值的 0.76%。从数据来看，普兰口岸出入境人员全区占比明显大于进出口贸易全区占比，体现了丰富的旅游资源对境外人口有着较大的吸引。2015 年普兰公路口岸国门、联检楼、业务和备勤用房项目开工建设，包括公路硬化以及未来中尼铁路的开通等措施的实施，都为普兰口岸提

升功能创造条件，未来具有较大发展潜力。

3.3.2　吉隆县与吉隆口岸地区

1. 吉隆县现有人口 1.77 万人，半数集中在吉隆和宗嘎镇

吉隆县人口总量比普兰县略多，2016 年为 1.77 万人，人口密度接近 2 人 /km²，略低于西藏平均人口密度，人口空间分布稀疏。各乡镇比较来看，根据第六次全国人口普查资料统计，吉隆镇人口总量最大，人口规模约 5000 人，其次为宗嘎镇 4000 余人，差那乡和贡当乡为 2000 余人，折巴乡人口最少，仅为 1000 余人。从人口密度看，位于南部的吉隆镇人口密度为 3 人 /km²，西部的贡当乡和宗嘎镇为 3 人 /km²，东北部的折巴乡和差那乡人口极端集疏。从居民点分布来看，吉隆县的村落主要分布在吉隆镇中南部地区、县政府驻地周边，以及贡当乡边境线一带。

2. 吉隆县人口快速增长，2007 ～ 2016 年增长 4000 余人

2007 ～ 2016 年，吉隆县人口增长了 4000 余人，年均增长率为 2.98%，高于日喀则市平均增长率（2.29%），吉隆县 2016 年人口增加明显（图 3.10）。分段来看，2007 ～ 2012 年，吉隆县人口逐年增长 500 人左右，2013 ～ 2015 年，人口增长缓慢，每年增长仅百人，2015 ～ 2016 年，人口快速增长了约 1500 人。

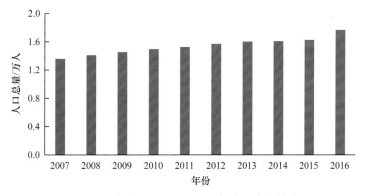

图 3.10　吉隆县 2007 ～ 2016 年人口变化趋势

3. 吉隆口岸出入境人员近年翻番增长，已达 12.49 万人次

吉隆口岸位于西藏自治区日喀则市吉隆县吉隆镇，距日喀则市 560km，距拉萨市 830km，以热索桥为界与尼泊尔隔河相望，历史上曾是我国西藏与尼泊尔最大的陆路通商口岸之一，是中尼双方政治、经济、文化交流的主要通道。2013 年以前，由于交通等基础设施建设滞后，口岸功能没有得到充分的发挥，2013 年中国连接尼泊尔的公路和中国政府援建的尼泊尔公路相继建成通车，为扩大口岸的开放奠定了基础。

2000 ～ 2014 年，虽然吉隆口岸客、货吞吐量增长显著，但客、货吞吐总量依然较小。

《中国口岸统计年鉴》资料显示，2000 年吉隆口岸出入境人员仅 0.23 万人次，2014 年增长到 1.05 万人次，增长了 3.56 倍，但仅占西藏全区出入境人员总量的 0.66%；2000 年吉隆口岸进出口贸易总值仅 0.03 亿元，2014 年增长到了 6.52 亿元，增长了 216.33 倍，占西藏全区进出口总额的 5%。

2015 年国务院已经正式批准吉隆口岸扩大开放，虽然受 2015 年尼泊尔 "4·25" 大地震影响，吉隆公路口岸受损严重，但 2016 年吉隆公路口岸灾后恢复重建工作进展顺利，口岸基础设施条件有效改善。2016 年吉隆口岸进出口贸易总值达 33.54 亿元，是 2014 年的 5.14 倍，出入境人员达到 12.49 万人次，是 2014 年的 11.90 倍。

3.3.3 聂拉木县与樟木口岸地区

1. 聂拉木县现有人口超过 2 万人，人口分布相对均衡

2016 年聂拉木县人口总量超过 2 万人，人口密度接近 3 人/km²，略高于西藏平均人口密度，人口空间分布稀疏。各乡镇比较来看，根据第六次全国人口普查资料统计，聂拉木镇和锁作乡人口规模超过 3000 人，其次为樟木镇、乃龙乡和波绒乡，人口规模超过 2000 人，亚来乡和门布乡人口最少，仅为 1000 余人。从人口密度看，7 个乡镇人口密度差异较大，吉隆镇和乃龙乡的人口密度最大，接近 9 人/km²，聂拉木镇和琐作乡人口密度仅为 3 人/km²，中部三个乡镇人口极端集疏。居民点主要分布在途经门布乡、乃龙乡、亚来乡、聂拉木镇、樟木镇的公路交通沿线。

2. 聂拉木县人口快速增长，2007～2016 年增长 5000 多人

2007～2016 年，聂拉木县人口增长了 5000 余人，年均增长率为 3.33%，高于日喀则市平均增长率（2.29%），2009 年人口增长明显，近几年人口相对稳定（图 3.11）。分段来看，2007～2008 年，聂拉木县人口仅增长百余人，总人口约 1.5 万人，2009～2011 年，人口较 2008 年增长了 3000 余人，总人口约 1.8 万人，2012～2016 年，人口继续增长，总量突破 2 万人。

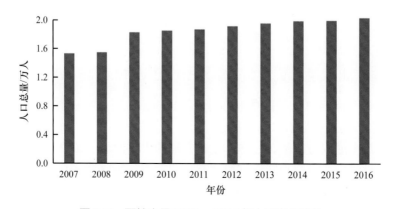

图 3.11　聂拉木县 2007～2016 年人口变化趋势

3. 樟木口岸出入境人员曾高达 142 万人次，震后中断，有待恢复

樟木口岸位于西藏自治区日喀则市聂拉木县南端的樟木镇，以友谊桥为界与尼泊尔隔河相望，与尼泊尔科达里口岸相对，距日喀则市 470km，距拉萨市 780km。樟木口岸历史上就是中国通往南亚的重要通道，距尼泊尔中心城市近，具有与尼泊尔进行经济文化往来的地缘优势。1965 年，中国连接尼泊尔的公路建成通车，迅速提高了樟木口岸对尼泊尔贸易流的吸引力，承担了西藏自治区 90% 以上的边境贸易和三分之二的对外贸易及全国一半以上的对尼贸易。

樟木口岸为西藏自治区最重要的口岸，出入境人员和口岸进出口总值占西藏的绝大部分，近 15 年，樟木口岸客、货吞吐量增长非常明显。根据《中国口岸统计年鉴》资料显示，2000 年樟木口岸出入境人员为 32.58 万人次，2014 年增长到 142.58 万人次，增长了 3.38 倍，占西藏全区出入境人员的 89.4%；2000 年樟木口岸进出口贸易总值为 7.94 亿元，2014 年增长到 126.97 亿元，增长了 15 倍，占西藏全区进出口贸易总值的 97.43%。受尼泊尔 "4·25" 大地震影响，樟木口岸被迫中断运行，地震后仅承担了部分援助尼泊尔物资的通关任务，有待恢复运行。

3.3.4　定结县与日屋–陈塘口岸地区

1. 定结县现有人口 2.41 万人，主要集中在江嘎镇、定结乡和萨尔乡

定结县 2016 年人口有 2.41 万人，人口密度不到 5 人 /km²，高于西藏平均人口密度。从各乡镇比较来看，根据第六次全国人口普查资料统计，江嘎镇人口总量最大，人口规模超 4000 人，人口规模超 2000 人的乡镇有陈塘镇、定结乡、萨尔乡和扎西岗乡，其余乡镇人口规模都不足 2000 人。从人口密度看，中部江嘎镇、定结乡和萨尔乡人口密度高于周边乡镇，其中，县政府所在地的江嘎镇人口密度最高，接近 15 人 /km²，位于南部中尼边界线的日屋镇和琼孜乡人口密度最低，不足 2 人 /km²。从居民点来看，呈现南密北稀的基本分布格局。

2. 定结县人口快速增长，2007 ～ 2016 年增长 5000 多人

2007 ～ 2016 年，定结县人口增长了 5000 余人，年均增长率为 2.93%，高于日喀则市平均增长率 (2.29%)，2009 年人口增长明显，近几年人口相对稳定（图 3.12）。分段来看，2007 ～ 2008 年，定结县人口仅增长百余人，总人口约 1.88 万人；2008 ～ 2009 年，人口较 2008 年增长了近 2000 人，总人口约 2.07 万人；2009 ～ 2016 年，人口呈现规律增长趋势。

3. 定结县日屋–陈塘口岸现以边境货物贸易为主，未来发展潜力较好

日屋口岸于 1972 年被国务院批准为国家二类陆路通商口岸，口岸位于定结县西南

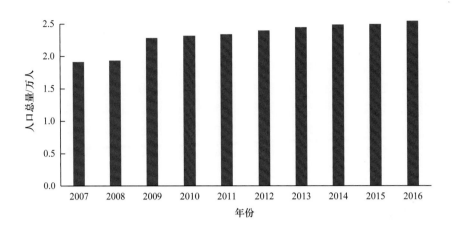

图 3.12　定结县 2007～2016 年人口变化趋势

部，距离拉萨市约 565km、日喀则市 305km、定结县城江嘎镇 75km。与尼泊尔梅吉专区塔布勒琼县毗邻，距尼泊尔对应口岸瓦隆琼果拉 57km，距塔布勒琼县县城 102km，距加德满都 623km。目前，日屋口岸到瓦隆琼果拉公路段共计 25km 道路尚未通车。日屋口岸边境线长 56km，有多条对尼通道，大多为传统的边民互市贸易点。口岸边境贸易一般在每年 5～10 月进行。

2012 年 1 月，中尼两国签订《中华人民共和国政府和尼泊尔政府关于边境口岸及其管理制度的协定》，确定陈塘与吉玛塘卡为双边性口岸，陈塘口岸位于定结县西南部，距拉萨市约 634km、日喀则市 374km、定结县城江嘎镇 144km，距中尼边境 1.2km。边境线长 120km，有多条对尼通道。

定结县日屋－陈塘口岸由日屋镇和陈塘镇两部分组成，形成了"一口岸两通道"的发展模式。随着中尼两国关系基础稳定，双方在政治上相互信任、经济上相互合作，近年来双边贸易取得了深入的发展。2018 年口岸边贸总额达 4700 万元，比 2017 年增长 11.3%。其中，进口 1693 万元，出口 3007 万元。

3.3.5　亚东县与亚东口岸地区

1. 亚东县现有人口 1.39 万人，主要集中在下司马镇、堆纳乡和帕里镇

亚东县 2016 年人口有 1.39 万人，人口密度不到 4 人 /km²，高于西藏平均人口密度。人口空间分布不均，从各乡镇比较来看，根据第六次全国人口普查资料统计，下司马镇人口规模超 3000 人，人口规模超 2000 人的乡镇有堆纳乡和帕里镇，其余乡镇人口规模均 1000 人左右。从人口密度看，位于南部县政府所在地的下司马镇人口密度最高，接近 15 人 /km²，北部的吉汝乡人口密度最小，不足 1 人 /km²。中南部地区的居民点分布较北部地区更为集中。

2. 亚东县人口增长缓慢，2007～2016 年增长不到 2000 人

2007～2016 年，亚东县人口仅增长了 1500 余人，年均增长率为 1.29%，远低于日喀则市平均增长率 (2.29%)（图 3.13）。亚东县与印度、不丹接壤，外来流入人口较少，人口增长缓慢。

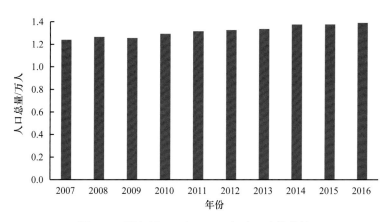

图 3.13　亚东县 2007～2016 年人口变化趋势

3. 亚东口岸近年虽有发展，但受双边政治因素影响，发展受限

亚东曾是"丝绸之路"南线的主要通道和中国与南亚诸国陆路贸易的桥头堡，是西藏对外开放的重要窗口。20 世纪初，亚东成为中印之间重要的通商口岸，边贸交易额占中印贸易总额的 80% 以上。1962 年中印边境自卫反击战爆发后曾一度关闭。80 年代，随着双边关系的逐渐缓和，民间往来不断增多，民间出现少量的边境互市贸易。

2006 年 7 月，仁青岗临时边贸市场重新投入使用后，亚东边贸业快速发展。2018年仁青岗新边贸市场正式投入使用，边贸市场发展势头强劲，2018 年边贸总额实现 1.1亿元。同时，从 2015 年开始，乃堆拉山口成为印度官方香客入藏朝拜的重要通道，截至 2018 年已累计接待 22 批次，合计 1002 名印度官方香客，中印民间文化交流不断深化。但受中印双方政治因素的影响，交易时间、人员往来和贸易货物清单都受到限制。中印双方未建立官方会晤沟通机制，双边贸易仅仅依靠民间商会和民间组织沟通协调，亚东口岸的发展受到影响。

人居环境基础考察与适宜性评价[*]

*本章执笔人：李鹏、封志明、肖池伟、林裕梅、李文君

第 4 章基于南亚通道人居环境基础考察,从地形、气候、水文、地被等地理要素出发,开展人居环境适宜性分类评价与综合评价;基于地形起伏度、温湿指数、水文指数和地被指数,由分类到综合,从南亚通道地区(拉萨市、日喀则市)、中尼廊道及其周边地区和重要口岸地区(普兰县、吉隆县、聂拉木县、定结县与亚东县)等不同空间尺度,定量评价了南亚通道不同地区的人居环境自然适宜性与限制性。

4.1 南亚通道地区:拉萨市、日喀则市

本节分别对南亚通道地区的拉萨市与日喀则市两市人居环境的地形起伏度与地形适宜性、温湿指数与气候适宜性、水文指数与水文适宜性、地被指数与地被适宜性及人居环境适宜性综合评价与分区五方面进行了定量评价。

4.1.1 拉萨市

拉萨市人居环境地形适宜地区占 1/8,相应人口占 1/5;不适宜地区占 1/2,相应人口占 2/5。人居环境气候适宜地区占 1/10,相应人口超过 1/3,不适宜地区占比超过 3/5,相应人口占 3/8。人居环境水文适宜地区占 1/3,相应人口占 1/4;临界适宜地区占 3/5,相应人口占 3/4。拉萨市地被适宜地区约占 57.81%,相应人口占 66.51%;不适宜地区占 10%,相应人口不到 3%。拉萨市人居环境适宜地区、临界适宜地区和不适宜地区的土地占比大体是 36∶60∶4,相应人口占比是 56∶42∶2。

1. 地形起伏度与地形适宜性

1)拉萨市平均海拔 4830m,平地约占 7%

基于海拔统计,拉萨市海拔介于 3547 ~ 6896m,平均海拔为 4830m。其中,4000m 以下的地区面积占比为 7.57%,在雅鲁藏布江拉萨段及拉萨河河谷地区呈带状分布;4000 ~ 5000m 的地区面积占比达 51.91%,主要分布在 G109 公路沿线、拉萨河河谷外围、纳木错周边等区域。基于平地统计(相对高差小于 30m 的区域)分析,拉萨市平地占 6.48%,主要分布在拉萨河河谷地区,并在城关区周边呈集聚分布特征(图 4.1)。

2)拉萨市平均地形起伏度为 6.02,3/5 以上地区超过 6.0

基于地形起伏度统计分析,拉萨市地形起伏度以高值为主,平均地形起伏度为 6.02,地形起伏度介于 3.70 ~ 8.92。空间上,低值沿拉萨河和拉曲河谷呈带状分布;高值主要分布在拉萨境内的念青唐古拉山南侧地区。统计表明,当地形起伏度为 5.0 时,其土地占 11.34%,主要分布在拉萨河和拉曲河谷地区;在地形起伏度介于 5.0 ~ 6.0 时,土地占 28.60%,空间上主要分布在当雄县北部、尼木县中东部及拉萨河周边地区。

3)拉萨市地形适宜地区占 1/8,相应人口占 1/5;不适宜地区占 1/2 强,相应人口占 2/5

基于地形起伏度的人居环境地形适宜性评价表明(图 4.1),拉萨市地形适宜地区

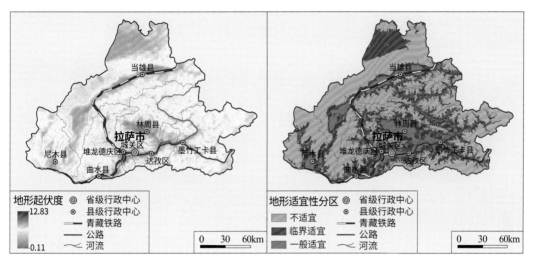

图 4.1 拉萨市地形起伏度及其人居环境地形适宜性分区

占 12.72%，以拉萨河流和拉曲沿线河谷地区为主，主要包括城关区、达孜区、曲水县和当雄县，相应人口占 20.96%；人口密度为 33.27 人 /km²，主要是一般适宜地区。地形临界适宜地区占 31.27%，相应人口占 37.48%，主要分布在一般适宜地区周边，人口密度为 24.20 人 /km²。地形不适宜地区主要分布在墨竹工卡县的东部和南部、当雄县大部、曲水县北部、尼木县西部和北部以及堆龙德庆区的西南部等地区，面积占比为56.01%，相应人口占比为 41.56%，人口密度为 14.98 人 /km²。

2. 温湿指数与气候适宜性

1) 拉萨市年均气温介于 –13 ～ 8℃，相对湿度介于 41% ～ 53%

拉萨市年均气温介于 –13 ～ 8℃，年均气温低于 –5℃的地区主要分布在当雄县境内的念青唐古拉山脉地区（图 4.2）。拉萨市有 86.38% 的地区年均气温在 –5 ～ 5℃，广泛分布于各个县区。年均气温高于 5℃的区域面积占 5.53%，主要分布在林周县、达孜区、墨竹工卡县、城关区、堆龙德庆区、曲水县境内的拉萨河及雅鲁藏布江及其支流的河谷地带。拉萨市年均相对湿度介于 41% ～ 53%，年均相对湿度低于 45% 的地区面积占到 59.98%，主要分布在林周县、城关区、达孜区、当雄县的东南部、堆龙德庆区东部以及墨竹工卡县的西部地区；年均相对湿度介于 45% ～ 50% 的地区面积占比为35.89%，主要分布在当雄县的西部、尼木县的东部、曲水县西部以及墨竹工卡县的东部地区；年均相对湿度高于 50% 的地区主要分布在尼木县的西部，该地区面积占比为4.13%。

2) 拉萨市温湿指数介于 24 ～ 50，多数地区高寒偏冷

拉萨市温湿指数介于 24 ～ 50。拉萨市温湿指数低于 40 的极冷地区面积占63.29%，该区域主要位于当雄县北部、尼木县西部和北部、曲水县北部、墨竹工卡县的东部和南部、林周县的外围地区以及堆龙德庆区的东部等高海拔山地地区；温湿指

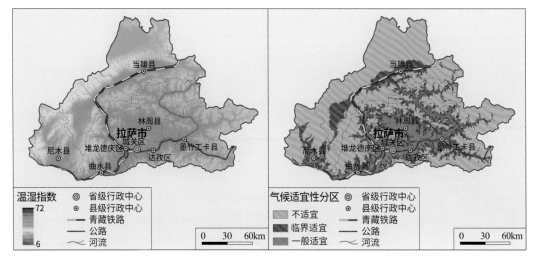

图 4.2　拉萨市温湿指数及其人居环境气候适宜性分区

数高于 45 的地区占 11.30%，该地区主要位于墨竹工卡县、林周县、达孜区、尼木县、曲水县城关区、堆龙德庆区境内的拉萨河和雅鲁藏布江以及支流的河谷地区；温湿指数介于 40 ~ 45 的地区占 25.41%，主要分布在各县区境内河谷地带的周边地区。

3）拉萨市气候适宜地区占 1/10，相应人口超过 1/3；不适宜地区占 3/5 强，相应人口占 3/8

基于温湿指数的人居环境气候适宜性评价结果（图 4.2）表明，拉萨市气候适宜地区占 11.30%，主要位于墨竹工卡县、林周县、达孜县、尼木县、曲水县城关区、堆龙德庆区境内的拉萨河和雅鲁藏布江以及支流的河谷地区；相应人口占 34.38%，人口密度为 61.43 人 /km²，以一般适宜地区为主；临界适宜地区占 25.41%，相应人口占比为 29.23%，人口密度为 23.23 人 /km²，主要分布在一般适宜地区周边；气候不适宜地区主要分布在当雄县北部、尼木县西部和北部、曲水县北部、墨竹工卡县的东部和南部、林周县的外围地区以及堆龙德庆区的东部等地区，面积占比为 63.29%，相应人口占比为 36.39%，人口密度为 11.61 人 /km²。

3. 水文指数与水文适宜性

1）拉萨市年均降水量为 413.36mm，地表水分指数均值为 0.13

拉萨市降水在南亚通道沿线地区中属于较高的区域，降水量区间为 375 ~ 496mm，降水均值在 413.36mm 左右。另外，拉萨市西北部地表水分指数值在南亚通道沿线地区中也是较高的区域，达 0.7 以上。区域统计结果显示，拉萨市地表水分指数均值为 0.13，以低值为主。

2）拉萨市水文指数均值为 0.19，干旱半干旱地区占 3/5

拉萨市水文指数介于 0.09 ~ 0.61，水文指数均值为 0.19，即以低值为主。其中，水文指数在 0.31 以下的地区占到拉萨全市面积的 3/5 以上，属于半干旱区及干旱区。水文指数高于 0.31 的地区占拉萨市面积的 3/10 以上，属于半湿润区及湿润区（图 4.3）；其中，水文指数介于 0.31～0.47 的半干旱区及半湿润区面积广阔，占拉萨面积的 1/3 以上。

　　3）拉萨市水文适宜地区占地 1/3，相应人口占 1/5；临界适宜地区占地 3/5，相应人口占 3/4

　　基于水文指数的人居环境适宜性评价（图 4.3）表明，拉萨市水文适宜地区占地 36.10%，相应人口占 21.57%，人口密度为 10.74 人 /km²。其中，一般适宜、比较适宜及高度适宜地区占比为 33.79%、1.68% 和 1.14%，相应人口占比分别为 21.24%、0.32% 和 0.01%，拉萨市水文适宜性区域较大，且人口比重较高。水文临界适宜地区占地 60.35%，相应人口占比 75.22%，是最大的水文适宜类型和人口分布最多的地区。水文不适宜地区只占 3.03%，相应人口占比达 3.21%，水文限制性不明显。

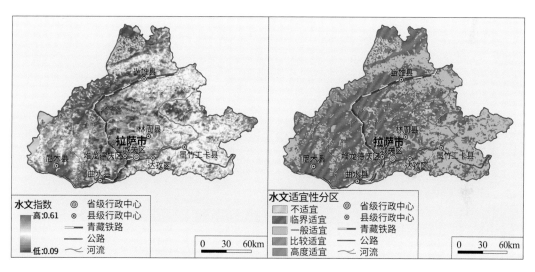

图 4.3　拉萨市水文指数及其人居环境水文适宜性分区

4. 地被指数与地被适宜性

1）拉萨市土地利用以草地为主，归一化植被指数均值为 0.31

　　基于土地利用与土地覆被数据分析，拉萨市土地覆被以草地为主，占 57.24%；其次是裸地，占 30.63%（表 4.1）。拉萨市归一化植被指数均值约 0.31，其中西南部归一化植被指数均值最高，达 0.7 以上。比较而言，拉萨市是南亚通道归一化植被指数均值较高的区域，显示其植被覆盖度相对较高。

　　2）拉萨市地被指数均值为 0.08，植被覆盖空间差异明显

　　拉萨市地被指数介于 0～0.59，空间差异较大，并以低值为主。其中地被指数高于 0.15 的地区占到拉萨市面积的近 3/5，其中地被指数主要集中于 0.15～0.40，包括温带针叶林、阔叶林等类型区域（图 4.4）；地被指数低于 0.15 的地区占到拉萨市面积

的 2/5 以上，其中地被指数主要集中于 0.05 ～ 0.15，以草地、灌丛等土地覆被类型为主。

表 4.1　拉萨市与日喀则市土地覆被面积占比　　　　　（单位：%）

地类	拉萨市	日喀则市
农田	0.60	0.11
森林	0.69	1.31
草地	57.24	15.71
灌丛	0.65	0.15
湿地	1.33	0.22
水体	4.35	2.69
不透水层	2.19	0.65
裸地	30.63	76.86
冰雪	2.32	2.30

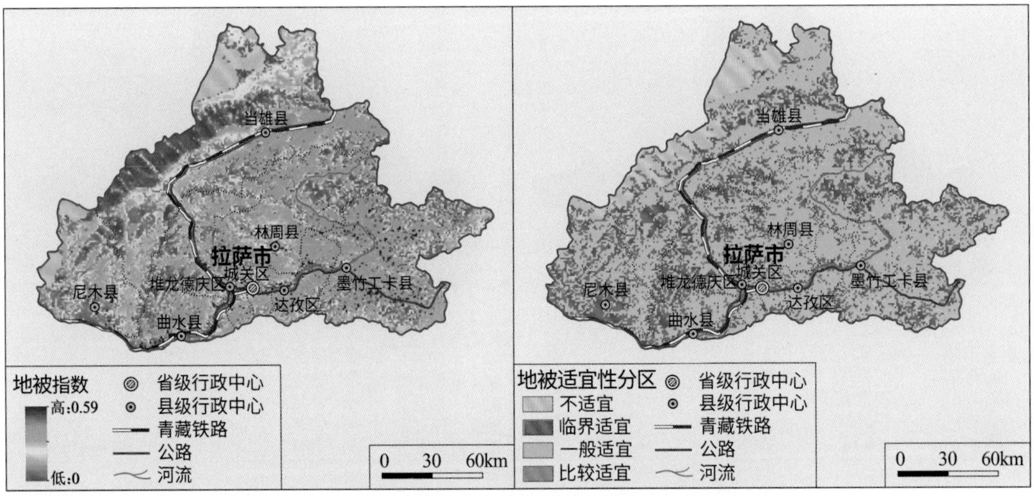

图 4.4　拉萨市地被指数及其人居环境地被适宜性分区

3）拉萨市地被适宜地区占地近 3/5，相应人口占 2/3 强；不适宜地区占地 1/10，相应人口不到 3%

基于地被指数的人居环境适宜性评价（图 4.4）表明，拉萨市地被适宜地区约占 57.81%，相应人口占到 66.51%，人口密度为 20.68 人 /km^2，其中一般适宜地区占 57.29%，相应人口达到 65.26%，是最大适宜类型；地被临界适宜地区占比约为 31.72%，相应人口约为 30.91%；地被不适宜地区占比约为 10.47%，相应人口比重仅为 2.58%，面积和人口比重均较低。

5. 人居环境适宜性综合评价与分区

人居环境适宜性综合评价表明，拉萨市人居环境适宜地区、临界适宜地区和不适宜地区的土地占比大体是 36：60：4，相应人口占比是 56：42：2（表 4.2、

图 4.5）。由此可见，拉萨市人居环境以临界适宜为主要类型，此外，人居环境不适宜地区面积较小，占地不到 4%，相应人口只占 2%。

表 4.2　拉萨市人居环境自然适宜性评价结果统计表

人居环境适宜性类型		土地面积 / 万 km²	土地占比 /%	人口数量 / 万人	人口占比 /%
适宜地区	高度适宜	—	—	—	—
	比较适宜	0.01	0.34	0.46	0.69
	一般适宜	1.05	35.6	36.88	55.44
临界适宜地区		1.78	60.34	27.86	41.87
不适宜地区		0.11	3.72	1.33	2.00
总和		2.95	100	66.53	100

图 4.5　拉萨市人居环境适宜性综合评价与分区

1）拉萨市人居环境适宜地区占近 2/5，相应人口占 1/2 强

拉萨市人居环境适宜地区面积约为 1.06 万 km²，其中比较适宜和一般适宜类型土地面积分别为 0.01 万 km² 和 1.05 万 km²，相应人口为 0.46 万人与 36.88 万人。换言之，拉萨市人居环境适宜地区土地面积占到该区的 35.94%，相应人口比重为 56.13%。其在空间上主要分布在河流沿岸的曲水县、林周县和堆龙德庆区。拉萨市人居环境适宜类型仅为一般适宜类型。

2）拉萨市人居环境临界适宜地区占 3/5 强，相应人口占 2/5

拉萨市临界适宜地区面积约为 1.78 万 km²，相应人口约为 27.86 万人，即人居环境临界适宜类型占到该区的 60.34%，相应人口比重为 41.87%。其在空间上主要分布在拉萨市中南部，具体为拉萨市区、达孜区、城关区、曲水县、墨竹工卡县，即分布在拉萨河途经县区。

3）拉萨市人居环境不适宜地区占比不到 4%，相应人口占 2%

拉萨市不适宜地区面积约为 0.11 万 km²，相应人口为 1.33 万人，即人居环境不适宜类型占到该区的 3.72%，相应人口比重为 2.00%。其在空间上零散分布于尼木县西部、当雄县北部及墨竹工卡县西南部。

4.1.2　日喀则市

日喀则市人居环境地形适宜、不适宜地区分别占 1/12、2/3。年均气温介于 –20 ～ 16℃，人居环境气候适宜地区占地不足 1/10，相应人口约 1/3，不适宜地区占地超过 9/10，相应人口占 3/5。人居环境水文适宜性以临界适宜为主，占该市面积的 3/5 左右。日喀则市人居环境适宜、临界适宜和不适宜地区面积分别占 8.45%、58.08% 和 33.47%，相应人口占比分别是 31.30%、58.15%、10.55%。

1. 地形起伏度与地形适宜性

1）日喀则市平均海拔 4985m，平地只占 8%

基于海拔统计分析，日喀则市平均海拔 4000m 以上，地势高耸。其中，4000m 以下的地区面积占比为 2.58%，在雅鲁藏布江日喀则段沿线河谷呈带状分布，在吉隆沟、樟木沟、嘎玛沟、陈塘沟与亚东沟也有一定分布；4000 ～ 5000m 的地区面积占比达 48.96%，比重较大，主要分布在 G219 公路沿线及其南北两侧等区域。基于平地统计分析，日喀则市平地占 8.31%，主要沿雅鲁藏布江呈带状分布，主要分布在仲巴县、桑珠孜区等。

2）日喀则市平均地形起伏度为 5.97，1/2 以上地区超过 6.0

基于地形起伏度统计分析，日喀则市地形起伏度介于 3.77 ～ 10.16，平均地形起伏度为 5.97，明显偏高。空间上，高地形起伏度在日喀则市广泛分布，尤其集中在北部地区及喜马拉雅山南侧。统计表明，当地形起伏度为 5.0 时，其土地占 9.95%，主要分布在年楚河河谷地区以及 G318 公路沿线的仲巴县中部、拉孜县中部等地区；当地形起伏度介于 5.0 ～ 6.0 时，其土地占 40.37%，空间上主要分布在仲巴县大部、亚东县大部、岗巴县大部、萨迦县中北部等广大地区。

3）日喀则市地形适宜地区占地 1/12，相应人口占 3/10；不适宜地区占 2/3，相应人口占 2/5

基于地形起伏度的人居环境地形适宜性评价表明（图 4.6），日喀则市地形适宜地区占地 8.31%，主要分布在雅鲁藏布江和年楚河及其支流的河谷地带，相应人口占 27.79%；人口密度为 13.74 人 /km²，主要是一般适宜地区；地形临界适宜地区占 26.34%，相应人口占 31.23%，人口密度为 4.87 人 /km²，主要分布在一般适宜地区的周边；地形不适宜地区主要分布在昂仁县、谢通门县中北部、仲巴县大部、聂拉木县大部、定日县中西部等地区，面积占比为 65.35%，相应人口占比为 40.98%，人口密度为 2.58 人 /km²。

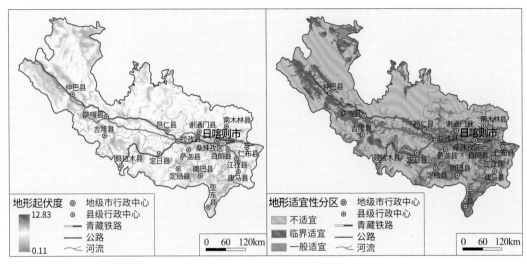

图 4.6　日喀则市地形起伏度及其人居环境地形适宜性分区

2. 温湿指数与气候适宜性

1）日喀则市年均气温介于 –20 ~ 16℃，相对湿度介于 55% ~ 65%

日喀则市年均气温介于 –20 ~ 16℃。年均气温低于 –5℃的地区占 16.42%，该部分地区主要分布在冈底斯山脉区以及喜马拉雅山脉贯穿的地区（图 4.7），其他地区有零星分布。日喀则市有约 82.68% 的地区年均气温在 –5 ~ 5℃，在各县区内均有广泛分布。年均气温高于 5℃的区域面积占 0.09%，主要分布在南木林县、桑珠孜区、吉隆县、聂拉木县、定结县和亚东县南端的河谷地区。日喀则市年均相对湿度低于 55% 的地区面积占 4.85%，主要分布在谢通门县、南木林县、仁布县和江孜县 4 个县的东部地区。年均相对湿度介于 55% ~ 65% 的地区面积占比为 55.30%，主要分布在仲巴县和萨嘎县的北部地区，昂仁县、谢通门县、拉孜县、萨迦县、白朗县、康马县和江孜县的大

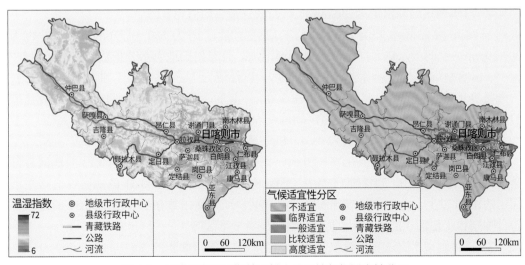

图 4.7　日喀则市温湿指数及其人居环境气候适宜性分区

部分地区，南木林县的西南部地区以及桑珠孜区。年均相对湿度高于 65% 的地区主要分布在日喀则市南部的各县域内。

2）日喀则市温湿指数介于 5 ～ 60，多数地区高寒偏冷

根据温湿指数模型计算结果，日喀则市温湿指数介于 5 ～ 60。温湿指数低于 40 的极冷地区面积占 91.14%，广泛分布于市内各区县境内，其中仲巴县、萨嘎县、昂仁县和白朗县完全处于该区域内。温湿指数高于 45 的地区占 1.13%，该地区主要分布于南木林县、桑珠孜区、白朗县和仁布县内的雅鲁藏布江和年楚河流域地区，吉隆县、聂拉木县、定结县和亚东县南部河谷地带。温湿指数介于 40 ～ 45 的地区占 7.73%，主要分布在昂仁县、拉孜县、谢通门县、萨迦县、白朗县、江孜县、南木林县、桑珠孜区、仁布县、吉隆县、聂拉木县、定日县、定结县和亚东县境内的流域河谷地带的周边地区（图 4.7）。

3）日喀则市气候适宜地区占地不足 1/10，相应人口约占 1/3；不适宜地区占地超过 9/10，相应人口约占 3/5

基于温湿指数的人居环境气候适宜性评价（图 4.7）结果表明，日喀则市气候适宜性地区占地 7.73%，主要分布在南木林县、桑珠孜区、白朗县和仁布县内的雅鲁藏布江和年楚河流域地区，吉隆县、聂拉木县、定结县和亚东县南部河谷地带周边地区，吉隆县、聂拉木县和亚东县南端的河流口岸地区也有零星分布；相应人口占 31.39%，人口密度为 16.68 人 /km²，主要是一般适宜地区。临界适宜地区仅占 1.13%，相应人口占比为 6.83%，人口密度为 24.83 人 /km²，主要分布在雅鲁藏布江和年楚河及其支流的河谷地带以及南部县区的河流沟谷地带。气候不适宜地区占地面积为 91.14%，人口占比为 61.78%，人口密度为 2.79 人 /km²，广泛分布于各个县域内。其中，仲巴县和岗巴县 2 个县域完全属于气候不适宜区。

3. 水文指数与水文适宜性

1）日喀则年均降水量为 392mm，地表水分指数均值为 0.07

日喀则境内降水差异性较大，年均降水量区间为 100 ～ 556mm，均值约为 392.29mm。空间上，自西向东降水量逐渐增加，且东南部地表水分指数值较高，达 0.7 以上。日喀则市地表水分指数均值仅为 0.07，以低值为主。于空间上，仲巴县、萨嘎县、吉隆县等地降水量较少，年均降水量在 300mm 上下；而定日县、谢通门县、江孜县等日喀则市东南县区年均降水量较高，均值在 500mm 左右。

2）日喀则市水文指数均值为 0.14，以干旱区、半干旱区为主

日喀则市水文指数介于 0.03 ～ 0.64，均值为 0.14。水文指数低于 0.13 的地区占日喀则市面积的近 3/10，以干旱区为主（图 4.8）；水文指数高于 0.31 的地区占日喀则市面积的 1/10 以上，主要包括半湿润区、湿润区；而水文指数介于 0.13 ～ 0.31 的地区则占日喀则市土地面积的近 3/5，包括干旱区与半干旱区等。

3）日喀则市水文适宜性以临界适宜为主，约占该市面积的 3/5

日喀则市水文一般适宜、比较适宜及高度适宜地区分别占 9.95%、2.25% 和

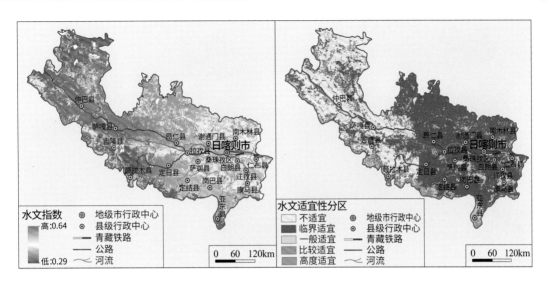

图 4.8　日喀则市水文指数及其人居环境适宜性分区

1.35%，相应人口占比为 12.75%、0.82% 和 0.22%，可见，日喀则市水文适宜性区域较小（图 4.8），且人口比重较低；而水文不适宜和临界适宜地区占到本市的 29.17% 和 57.28%，相应人口比重分别为 6.37% 和 79.84%。

4. 地被指数与地被适宜性

1）日喀则市归一化植被指数均值为 0.17，裸地占到全区 76.88%

日喀则市境内归一化植被指数变化较为明显，均值为 0.17。其中，西北部地区归一化植被指数均值约为 0.4，南部边境地区归一化植被指数骤增，达 0.7 以上。就土地覆被类型而言，日喀则市裸地面积广阔，占市区面积的 76.88%，其次为草地（15.71%）和水体（2.69%），而农田面积占比仅为 0.11%（表 4.1）。

2）日喀则市地被指数均值为 0.03，以草地、灌丛为主

日喀则市地被指数介于 0 ~ 0.97，均值为 0.03，全区以低值为主（图 4.9）。地被指数低于 0.05 的地区占日喀则市面积的 3/10 以上，包括广大高山、冻原等区域；地被指数介于 0.05 ~ 0.15 的地区也占日喀则市面积的 1/2 以上，主要包括草地、灌丛等类型；而地被指数大于 0.15 以上的地区占日喀则市面积的 1/10 以上，比重较小。

3）日喀则市地被适宜、临界适宜和不适宜地区分别占 11.34%、54.28%、34.38%

就地被适宜性而言，日喀则市地被一般适宜、比较适宜和高度适宜地区分别占本市土地面积的 10.79%、0.53% 和 0.02%，相应人口比重达 19.21%、0.65% 和 0.01%，适宜地区中以一般适宜为主（图 4.9）。地被临界适宜地区占全市面积的 54.28%，相应人口比重达 63.57%。日喀则市地被不适宜地区占全市面积的 34.38%，相应人口比重达 16.56%。

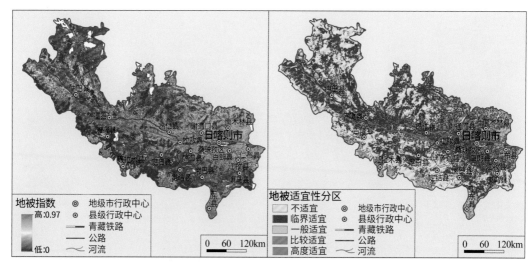

图 4.9　日喀则市地被指数及其人居环境地被适宜性分区

5. 人居环境适宜性综合评价与分区

日喀则市人居环境适宜、临界适宜和不适宜地区面积分别占 8.45%、58.08%、33.47%，相应人口比重分别为 31.30%、58.15%、10.55%（表 4.3）。可见，日喀则市土地以临界适宜类型为主，不适宜类型为次；相应地，人口主要分布在人居环境临界适宜地区与适宜地区（图 4.10）。

表 4.3　日喀则市人居环境自然适宜性评价结果统计表

人居环境适宜性类型		土地面积 / 万 km^2	土地占比 /%	人口数量 / 万人	人口占比 /%
适宜地区	高度适宜	—	—	—	—
	比较适宜	0.05	0.29	0.38	0.5
	一般适宜	1.49	8.16	23.37	30.8
临界适宜地区		10.57	58.08	44.13	58.15
不适宜地区		6.09	33.47	8.01	10.55
总和		18.20	100	75.89	100

1）日喀则市适宜地区面积占到该市面积的 8.45%，人口占比 31.30%

日喀则市人居环境适宜地区面积约为 1.54 万 km^2，相应人口为 23.75 万人，即占该市面积的 8.45%，相应人口比重为 31.30%。其中，日喀则市人居环境适宜地区以一般适宜类型为主，面积约为 1.49 万 km^2，相应人口为 23.37 万人，在空间上主要分布于日喀则市东南部的拉孜县、白朗县、江孜县与亚东县。

2）日喀则市临界适宜地区面积占到该市面积的 58.08%，人口占比 58.15%

日喀则市临界适宜地区面积约为 10.57 万 km^2，相应人口为 44.13 万人。即人居环境临界适宜类型占该市面积的 58.08%，相应人口比重占比为 58.15%，在空间上主要分布于日喀则市东部的谢通门县、南木林县、岗巴县和定结县。

图 4.10　日喀则市人居环境适宜性综合评价与分区

3）日喀则市不适宜地区面积占到该市面积的 33.47%，人口占比 10.55%

日喀则市不适宜地区面积为 6.09 万 km²，相应人口达 8.01 万人。即人居环境不适宜类型占该市面积的 33.47%，相应人口占比为 10.55%，在空间上主要分布于日喀则市西部、西北部的仲巴县、昂仁县、萨嘎县和聂拉木县。

4.2　中尼廊道及其周边地区

本节从地形起伏度与地形适宜性、温湿指数与气候适宜性、水文指数与水文适宜性、地被指数与地被适宜性以及人居环境适宜性综合评价与分区五个方面，先分后总定量评价了中尼廊道及其周边地区人居环境适宜性与限制性。

4.2.1　地形起伏度与地形适宜性

1. 中尼廊道及其周边地区平均海拔 4971m，近半数在 5000m 以上

基于海拔统计分析，中尼廊道及其周边地区平均海拔为 4971m。其中，4000m 以下的地区面积占比为 2.55%，人口占到 16.49%，主要分布在雅鲁藏布江日喀则 – 拉萨段及其支流河谷地区；4000 ～ 5000m 的地区面积占比达 50.75%，相应人口占 56.13%，空间上沿雅鲁藏布江呈带状分布，主要集聚在日喀则市区、拉萨市区等地区。

2. 中尼廊道及其周边地区平地不足 1/10，发展空间有限

基于平地统计分析，中尼廊道及其周边地区平地比例为 8.96%，主要分布在噶尔县、仲巴县、昂仁县、聂拉木县北部及雅鲁藏布江日喀则 – 拉萨段等区域。特别地，中尼

廊道及其周边地区平地及其周边地区占到西藏自治区层面的 18.53%。

3. 中尼廊道及其周边地区平均地形起伏度为 5.91，6.0 以上地区占一半

基于地形起伏度统计分析，中尼廊道及其周边地区平均地形起伏度为 5.91，地形起伏度介于 3.71～11.98，地域差异较大（图 4.11）。中尼廊道及其周边地区地形起伏度整体沿雅鲁藏布江向两侧递减，低地形起伏度在空间上集聚在雅鲁藏布江日喀则–拉萨段，相对高值集中在冈底斯山两侧和喜马拉雅山南侧。统计表明，在地形起伏度介于 3.0～4.0 时，其土地仅占 0.12%，相应人口占 1.08%。在地形起伏度为 6.5 时，其土地占 77.72%，相应人口达到 76.92%。

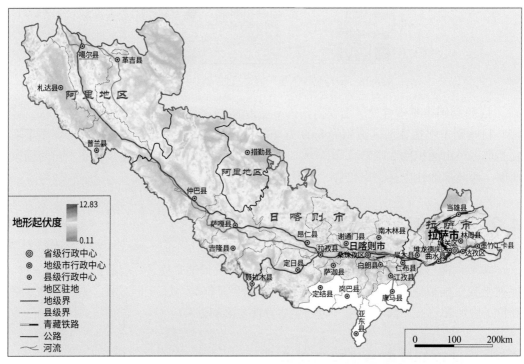

图 4.11　基于 ASTER GDEM 计算的中尼廊道及其周边地区地形起伏度

4. 中尼廊道及其周边地区地形适宜地区不到 1/10，相应人口占 1/4；不适宜地区超过 3/5，相应人口占 2/5

基于地形起伏度的人居环境适宜性评价表明，中尼廊道及其周边地区地形适宜地区占 9.08%，相应人口占 24.66%，主要集中在拉萨河与年楚河的河谷地区，在吉隆沟、樟木沟、与亚东沟也有一定面积分布；地形临界适宜地区占 27.15%，相应人口占 34.06%，主要沿雅鲁藏布江呈带状分布；地形不适宜地区是中尼廊道及其周边地区最大的类型，土地面积占 63.76%，相应人口占 41.28%。

基于分县统计分析（表 4.4），地形不适宜性在中尼廊道及其周边地区广泛分布，主要分布在昂仁县、仲巴县中北部、措勤县南部、革吉县南部、谢通门县北部、噶尔县局部和康马县中北部等（图 4.12）。

表 4.4　中尼廊道及其周边地区各县／区地形适宜性分区面积占比　（单位：%）

地市	区县	不适宜	临界适宜	一般适宜
拉萨市	城关区	29.50	34.18	36.32
	林周县	46.52	36.85	16.63
	当雄县	60.79	28.64	10.57
	尼木县	66.71	24.58	8.71
	曲水县	41.83	34.12	24.05
	堆龙德庆区	58.25	30.14	11.61
	达孜区	26.24	43.92	29.84
	墨竹工卡县	61.61	31.81	6.58
日喀则市	桑珠孜区	18.76	26.07	55.17
	南木林县	67.86	23.55	8.59
	江孜县	39.74	38.64	21.62
	定日县	65.05	24.37	10.58
	萨迦县	47.53	30.72	21.75
	拉孜县	71.79	26.52	1.69
	昂仁县	32.58	33.92	33.50
	谢通门县	80.64	17.16	2.20
	白朗县	82.48	14.40	3.12
	仁布县	40.48	36.08	23.44
	仲巴县	45.61	42.35	12.04
	吉隆县	68.63	28.93	2.44
	聂拉木县	64.52	30.79	4.69
	萨嘎县	67.57	26.70	5.73
	定结县	49.11	28.87	22.02
	岗巴县	59.49	30.22	10.29
	亚东县	20.62	45.37	34.01
	康马县	58.55	32.87	8.58
阿里地区	普兰县	65.04	31.15	3.81
	札达县	45.61	33.16	21.23
	噶尔县	61.95	25.40	12.65
	革吉县	68.16	24.26	7.58
	措勤县	72.98	26.62	0.40

4.2.2　温湿指数与气候适宜性

1. 中尼廊道及其周边地区年均气温介于 –20～16℃，–5～5℃占比 4/5 强

中尼廊道及其周边地区年均气温介于 –20～16℃，年均气温低于 –5℃的地区占整个区域的 12.44%，分别占到西藏自治区的 28.24% 和 14.19%，并主要分布在冈底斯山

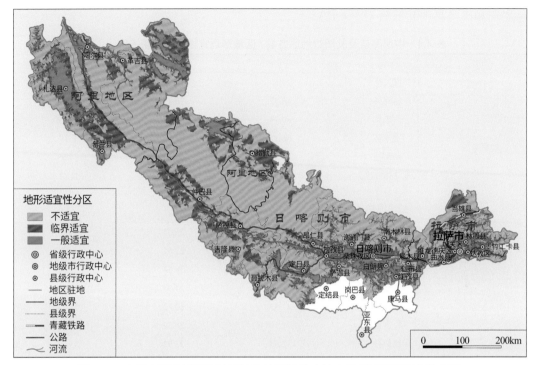

图 4.12　中尼廊道及其周边地区基于地形起伏度的人居环境地形适宜性分区

脉、喜马拉雅山脉以及念青唐古拉山沿线的高海拔地区；年均气温介于 –5 ～ 5℃的地区占整个区域的 86.50%，广泛分布于中尼走廊的各县市地区；年均气温高于 5℃的区域面积占比为 1.06%，人口占比为 12.62%，主要分布于"一江两河"河谷地区、吉隆县、聂拉木县、定日县、定结县和亚东县南端以及札达县境内的朗钦藏布流域地区。

2. 中尼廊道及其周边地区年均相对湿度介于 41% ～ 75%，55% ～ 65% 区域占比 3/5 强

中尼廊道及其周边地区年均相对湿度介于 41% ～ 75%，整体上呈现出西南高东北低的空间分布状况。相对湿度低于 55% 的地区面积占比为 11.83%，主要分布在拉萨市各区县及南木林县的东部地区；温湿指数介于 55% ～ 65% 的地区面积占 64.14%，主要分布在噶尔县、革吉县、仲巴县、措勤县、昂仁县、谢通门县、白朗县、拉孜县、江孜县和桑珠孜区等地区；相对湿度高于 65% 的地区面积占比为 24.03%，主要沿喜马拉雅山脉呈条带状分布。

3. 中尼廊道及其周边地区温湿指数低于 40 的地区面积占比 9/10 强，气候高寒偏冷

中尼廊道及其周边地区温湿指数介于 6 ～ 72，空间差异显著，总体呈现出明显的高海拔地区低，低海拔地区高的空间分布态势（图 4.13）。温湿指数低于 40 的地区面积占比为 93.37%，广泛分布于中尼廊道及其周边地区的中部县域地区；温湿指数介于

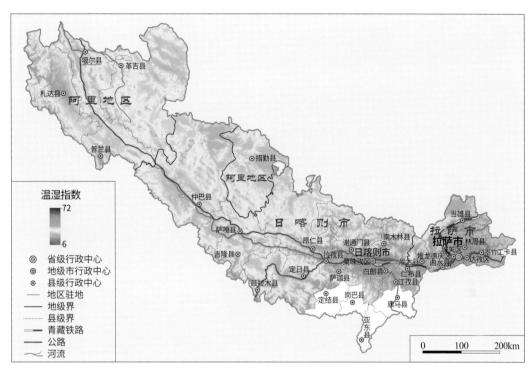

图 4.13　基于温度与湿度计算的中尼廊道及其周边地区温湿指数

40 ～ 50 的地区占 6.59%，集中分布于雅鲁藏布江、年楚河、拉萨河、朗钦藏布等流域地区，普兰县、吉隆县、聂拉木县以及定日县的河谷地带也有分布；温湿指数高于 50 的地区零星分布于拉萨河河谷区以及吉隆县、聂拉木县、定结县和亚东县的口岸地区，面积占比仅为 0.04%。

4. 中尼廊道及其周边地区气候不适宜地区占地 9/10 强，相应人口近 1/2，气候不适宜是主要特征

基于温湿指数的人居环境气候适宜性评价表明，中尼廊道及其周边地区气候不适宜区是主要特征。气候不适宜地区占地 91.33%，相应人口占比为 49.47%，广泛分布于中尼廊道及其周边地区的中部及西部县域内。气候适宜地区仅占地 1.68%，相应人口占比高达 20.65%；其中，高度适宜区面积占比不足 0.01%，仅分布于樟木口岸、吉隆口岸和亚东口岸地区；比较适宜地区面积占比为 0.03%，主要分布在高度适宜区周边地区以及堆龙德庆区；主要是一般适宜区占地 1.64%，人口占比为 20.63%，主要分布于"一江两河"地区以及吉隆县、聂拉木县、定结县和亚东县的河流谷地。气候临界适宜区占地 6.99%，相应人口占比 29.87%，主要分布于"一江两河"地区、当雄县山谷地区、札达县的朗钦藏布流域以及普兰县、吉隆县、聂拉木县、定日县、定结县和亚东县境内的河谷地区（图 4.14）。

从分县统计结果（表 4.5）分析，阿里地区的噶尔县和革吉县、日喀则市的仲巴县和岗巴县完全属于气候不适宜区，阿里地区的措勤县、普兰县和札达县以及日喀则市

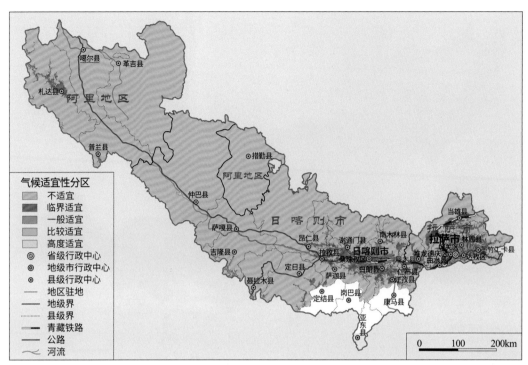

图 4.14　中尼廊道及其周边地区基于温湿指数的人居环境气候适宜性分区

的聂拉木县、昂仁县、萨嘎县、吉隆县、定结县和定日县有 90% 以上的地区属于人居环境气候不适宜地区。

表 4.5　中尼廊道及其周边地区各区县气候适宜性分区面积占比　（单位：%）

地市	区县	不适宜	临界适宜	一般适宜	比较适宜	高度适宜
拉萨市	城关区	25.49	33.25	41.26	0.00	0.00
	林周县	57.23	42.77	0.00	0.00	0.00
	当雄县	80.35	19.65	0.00	0.00	0.00
	尼木县	75.02	24.98	0.00	0.00	0.00
	曲水县	32.96	22.12	44.82	0.10	0.00
	堆龙德庆区	56.53	26.54	16.46	0.47	0.00
	达孜区	23.98	37.43	38.59	0.00	0.00
	墨竹工卡县	72.56	27.44	0.00	0.00	0.00
日喀则市	桑珠孜区	32.86	58.08	9.06	0.00	0.00
	南木林县	77.46	17.72	4.82	0.00	0.00
	江孜县	64.95	33.80	1.25	0.00	0.00
	定日县	94.60	5.03	0.37	0.00	0.00
	萨迦县	73.70	22.83	3.47	0.00	0.00
	拉孜县	54.34	45.02	0.64	0.00	0.00
	昂仁县	96.45	3.55	0.00	0.00	0.00
	谢通门县	88.26	6.01	5.73	0.00	0.00
	白朗县	61.50	32.47	6.03	0.00	0.00

续表

地市	区县	不适宜	临界适宜	一般适宜	比较适宜	高度适宜
	仁布县	44.97	33.24	21.79	0.00	0.00
	仲巴县	100.00	0.00	0.00	0.00	0.00
	吉隆县	95.24	4.32	0.00	0.38	0.06
	聂拉木县	97.82	1.56	0.33	0.18	0.11
日喀则市	萨嘎县	95.93	0.00	4.07	0.00	0.00
	定结县	93.53	4.53	1.52	0.42	0.00
	岗巴县	100.00	0.00	0.00	0.00	0.00
	亚东县	88.61	8.12	2.37	0.75	0.15
	康马县	93.79	6.21	0.00	0.00	0.00
	普兰县	98.39	1.61	0.00	0.00	0.00
	札达县	92.34	7.66	0.00	0.00	0.00
阿里地区	噶尔县	100.00	0.00	0.00	0.00	0.00
	革吉县	100.00	0.00	0.00	0.00	0.00
	措勤县	99.30	0.00	0.70	0.00	0.00

4.2.3　水文指数与水文适宜性

1. 中尼廊道及其周边地区降水量介于 100 ～ 614mm，降水量均值约为 350mm

降水量最大（均值 >517mm）区域为桑珠孜区、萨迦县、岗巴县和定结县；其次，当雄县、谢通门县、曲水县、南木县、尼木县、定日县、拉孜县和昂仁县降水量在 400 ～ 497mm；中尼廊道及其周边地区其他县区降水量均值在 211 ～ 387mm，聂拉木县、吉隆县区域降水量差异较大，降水量极差达 228mm 以上，空间差异较大。

2. 中尼廊道及其周边地区地表水分指数均值为 0.07，地域差异明显

中尼廊道及其周边地区大部分地区地表水分指数在 0.4 以下。其中，札达县、当雄县、林周县、墨竹工卡县、达孜区、亚东县、吉隆县和定日县地表水分指数均值较高，区域均值达 0.11 以上；谢通门县、桑珠孜区、白朗县、江孜县、拉孜县和昂仁县地表水分指数均值在 0.05 以下；其余各县地表水分指数均值在 0.05 ～ 0.1，且区域地表水分指数差异明显。

3. 中尼廊道及其周边地区水文指数均值为 0.14，多数干旱半干旱区

中尼廊道及其周边地区水文指数介于 0.03 ～ 0.65，均值为 0.14。其中，水文指数低于 0.13 的地区占中尼廊道及其周边地区面积的 2/5 以上，集中在干旱区（图 4.15）；水文指数介于 0.13 ～ 0.31 的地区占中尼廊道及其周边地区的近 2/5，主要包括干旱区、半干旱区；水文指数高于 0.31 的地区占中尼廊道及其周边地区的近 1/5，主要包括半湿润区、湿润区类型。

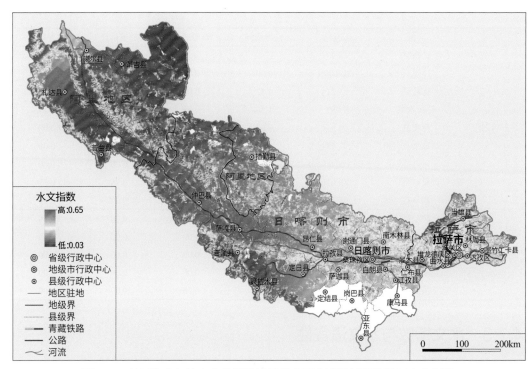

图 4.15　基于降水与地表水分指数计算的中尼廊道及其周边地区水文指数

4. 中尼廊道及其周边地区水文适宜、临界适宜与不适宜地区土地占比约为 15∶46∶39，相应人口占比约为 18∶76∶6

基于水文指数的人居环境水文适宜性评价表明，中尼廊道及其周边地区水文适宜地区占 14.81%，相应人口占 18.24%。水文适宜主要表现为一般适宜，相应土地到 11.55%。比较适宜和高度适宜分别占 2.13% 和 1.13%。水文临界适宜与不适宜地区是人居环境水文适宜性的两种主要类型，相应土地分别占 46.22% 与 38.97%，人口分别占 76.14% 与 5.62%。

分县统计表明（表 4.6）：中尼廊道及其周边地区各县水文高度适宜地区占比较少。其中，昂仁县、当雄县和定日县水文高度适宜地区占比较大（图 4.16），分别占各县面积的 9.76%、3.01% 和 4.81%。水文比较适宜地区除昂仁县与亚东县首屈一指，县内面积占比分别为 23.43% 与 16.26%，大部分县区水文比较适宜地区均在 1% ~ 6%。水文一般适宜地区，以达孜区、当雄县、墨竹工卡县和仁布县占比较高，分别占各县面积的 47.66%、30.03%、66.25% 和 34.94%，其余县域均在 30% 以下。

中尼廊道及其周边地区水文临界适宜是各县区的主要类型。其中，白朗县、堆龙德庆区、江孜县、拉孜县、南木林县、桑珠孜区、谢通门县和岗巴县的水文临界适宜地区占县区面积的 80% 以上（图 4.16）。其余各县水文临界适宜地区均在 17.36%（革吉县）以上。而水文不适宜主要分布在措勤县、噶尔县、革吉县、聂拉木县、普兰县、萨嘎县和仲巴县，占比超过 50%。

表 4.6　中尼廊道及其周边地区人居环境水文适宜性分县统计　（单位：%）

地市	区县	不适宜	临界适宜	一般适宜	比较适宜	高度适宜
拉萨市	城关区	1.52	82.48	15.81	0.19	0.00
	林周县	4.31	69.06	26.59	0.04	0.00
	当雄县	2.88	60.75	30.03	3.33	3.01
	尼木县	0.00	72.26	26.32	0.71	0.71
	曲水县	7.69	75.71	16.60	0.00	0.00
	堆龙德庆区	9.34	80.80	9.79	0.07	0.00
	达孜区	1.17	51.17	47.66	0.00	0.00
	墨竹工卡县	0.04	31.30	66.25	2.41	0.00
日喀则市	桑珠孜区	0.00	86.78	13.03	0.19	0.00
	南木林县	0.00	83.30	16.48	0.17	0.05
	江孜县	0.00	83.67	14.92	0.52	0.89
	定日县	21.24	60.09	7.95	5.91	4.81
	萨迦县	0.00	77.67	22.02	0.31	0.00
	拉孜县	0.00	87.16	12.53	0.20	0.11
	昂仁县	9.14	55.09	2.58	23.43	9.76
	谢通门县	0.00	90.75	8.97	0.16	0.12
	白朗县	0.00	82.76	16.85	0.39	0.00
	仁布县	0.00	64.35	34.94	0.24	0.47
	仲巴县	66.23	24.52	6.42	1.81	1.02
	吉隆县	38.84	38.61	15.21	5.47	1.87
	聂拉木县	60.56	25.75	8.12	3.60	1.97
	萨嘎县	67.79	26.69	3.57	1.11	0.84
	亚东县	0.26	49.57	29.40	16.26	4.51
	康马县	0.08	72.11	22.08	2.64	3.09
	岗巴县	0.00	89.73	8.17	1.20	0.90
	定结县	0.24	72.77	14.24	7.00	5.75
阿里地区	普兰县	70.06	19.46	7.40	1.93	1.15
	札达县	43.76	27.88	20.38	5.81	2.17
	噶尔县	53.65	33.23	10.46	2.17	0.49
	革吉县	77.50	17.36	4.02	0.73	0.39
	措勤县	50.79	44.20	4.13	0.60	0.28

4.2.4　地被指数与地被适宜性

1. 中尼廊道及其周边地区土地覆被以裸地为主、草地为辅

中尼廊道及其周边地区各县土地覆被类型占比见表 4.7。就农田而言，曲水县占比最大（3.84%），大部分县区农田面积在 1% 以下。就森林而言，亚东县占比最大（20.73%），而定日县、吉隆县、墨竹工卡县、定结县和聂拉木县森林面积占比介于 2% ~ 5%，其余县区森林面积占比在 1% 以下。就草地而言，拉萨市境内县域普遍占比较高，其中以达孜区

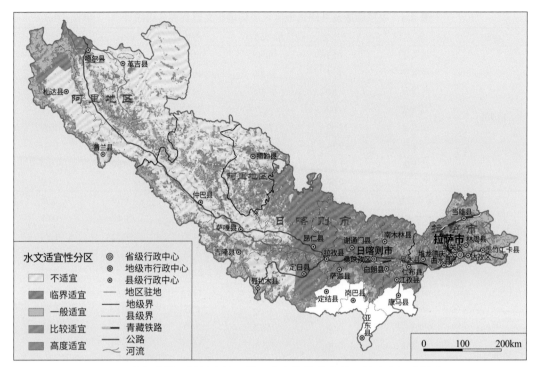

图 4.16　中尼廊道及其周边地区基于水文指数的人居环境水文适宜性分区

表 4.7　中尼廊道及其周边地区土地覆被分县域面积占比　　（单位：%）

地市	区县	农田	森林	草地	灌丛	湿地	水体	不透水层	裸地	冰雪
拉萨市	城关区	1.57	0.29	49.86	0.00	1.99	1.28	16.52	28.49	0.00
	林周县	0.45	0.42	66.81	1.09	1.90	1.97	1.49	25.84	0.03
	当雄县	0.01	0.05	54.99	0.44	0.43	9.06	0.13	28.31	6.58
	尼木县	0.67	0.25	48.38	0.12	0.32	0.81	1.50	46.33	1.62
	曲水县	3.84	1.00	46.40	0.77	1.00	2.04	6.42	38.53	0.00
	堆龙德庆区	0.95	0.36	50.67	0.14	1.12	1.95	6.34	38.27	0.20
	达孜区	2.19	0.88	67.43	0.66	1.31	0.82	4.21	22.5	0.00
	墨竹工卡县	0.04	2.36	63.48	1.26	3.10	2.51	1.61	25.42	0.22
日喀则市	桑珠孜区	1.12	0.08	22.20	0.00	0.24	0.97	4.06	71.33	0.00
	南木林县	0.23	0.39	41.40	0.14	0.06	0.50	0.33	56.65	0.30
	江孜县	0.32	0.00	27.28	0.02	0.30	1.06	2.62	67.71	0.69
	定日县	0.14	3.07	10.50	0.51	0.49	2.57	0.22	75.72	6.78
	萨迦县	0.14	0.05	9.39	0.00	0.00	0.41	2.01	87.84	0.07
	拉孜县	0.25	0.08	17.33	0.00	0.03	0.40	3.85	77.79	0.27
	昂仁县	0.03	0.05	14.02	0.00	0.07	3.12	0.37	82.05	0.29
	谢通门县	0.06	0.02	23.43	0.03	0.08	0.36	0.18	75.51	0.33
	白朗县	0.51	0.05	11.98	0.00	0.21	0.25	2.92	84.08	0.00
	仁布县	0.28	1.17	39.43	0.07	0.71	1.67	3.83	52.48	0.36
	仲巴县	0.01	0.18	15.63	0.00	0.10	4.70	0.05	76.72	2.61

续表

地市	区县	农田	森林	草地	灌丛	湿地	水体	不透水层	裸地	冰雪
	吉隆县	0.30	3.91	11.97	0.84	0.54	5.96	0.41	70.51	5.56
	聂拉木县	0.06	2.45	9.94	0.35	0.42	3.10	0.09	78.18	5.41
	萨嘎县	0.01	0.05	10.15	0.01	0.13	0.98	0.77	86.61	1.29
日喀则市	康马县	0.01	0.05	7.66	0.07	0.18	1.39	1.22	86.16	3.26
	亚东县	0.05	20.73	20.83	1.18	1.19	1.75	0.16	51.99	2.12
	岗巴县	0.02	0.31	4.64	0.00	0.04	0.42	0.48	92.75	1.34
	定结县	0.06	4.94	7.12	0.39	0.54	3.32	0.23	78.14	5.26
	普兰县	0.01	0.01	18.01	0.01	0.03	6.49	0.02	72.67	2.75
	札达县	0.12	0.06	7.09	0.01	0.11	0.77	0.04	88.71	3.09
阿里地区	噶尔县	0.24	0.00	6.85	0.00	0.05	0.60	0.15	90.59	1.52
	革吉县	0.00	0.00	6.30	0.00	0.06	1.40	0.02	91.51	0.71
	措勤县	0.00	0.00	11.32	0.00	0.06	6.33	0.04	81.69	0.56

为最，其草地覆盖面积达 67.43%；相比之下，阿里地区境内县域草地占比相对偏低，在 20% 以下。就灌丛而言，除林周县、亚东县、墨竹工卡县灌丛覆盖面积达 1% 以上，其余各县覆盖面积在 1% 以下。就湿地而言，城关区、达孜区、堆龙德庆区、林周县、墨竹工卡县和亚东县的湿地覆盖面积在 1% 以上。就水体而言，当雄县水体覆盖面积最大，达 9.06%，而日喀则市与阿里地区分别以吉隆县（5.96%）与普兰县（6.49%）占比最大。就不透水层而言，除拉萨市城关区占比高达 16.52% 外，大部分县区不透水层面积占比在 10% 以下，甚至更低。而裸地是中尼廊道及其周边地区部分县区的主要土地覆被类型，阿里地区县域裸地占比普遍偏大，以革吉县为最（91.51%）。

2. 中尼廊道及其周边地区归一化植被指数均值为 0.16，地域差异大

中尼廊道及其周边地区归一化植被指数均值在 0.4 以下。其中，林周县、墨竹工卡县、堆龙德庆区、达孜区、城关区和曲水县归一化植被指数均值在 0.44 ~ 0.50，是中尼廊道及其周边地区植被覆盖程度最高的县；革吉县、噶尔县、札达县、措勤县、普兰县、仲巴县、谢通门县、萨嘎县、萨迦县、吉隆县、聂拉木县、定日县和昂仁县归一化植被指数均值在 0.2 以下，而定日县和聂拉木县归一化植被指数最大值为 0.75 以上，两县植被覆盖于中尼边界地区较高，以相应南北纵向沟谷最为突出；其余各县归一化植被指数均值在 0.2 ~ 0.4，且区域归一化植被指数差异较小。

3. 中尼廊道及其周边地区地被指数均值为 0.03，地被盖度偏低

基于人居环境地被适宜性评价结果显示，中尼廊道及其周边地区地被指数介于 0 ~ 0.97，均值为 0.03，其中地被指数低于 0.05 的地区占中尼廊道及其周边地区面积的 2/5 以上，以高寒荒漠等类型为主（图 4.17）；地被指数介于 0.05 ~ 0.15 的地区占该区域面积的 2/5 以上，主要包括草原、灌丛等类型；地被指数高于 0.15 的地区占该区

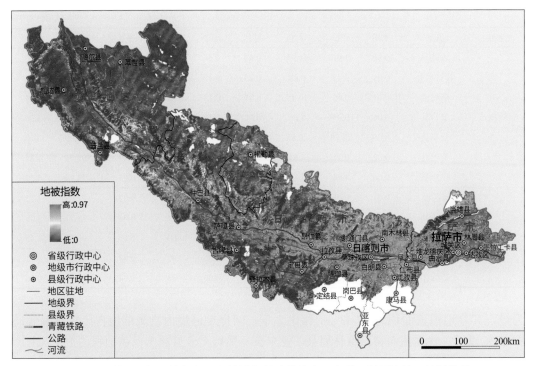

图 4.17　基于土地覆被与归一化植被指数计算的中尼廊道及其周边地区地被指数

域的 1/10 以上。

4. 中尼廊道及其周边地区人居环境地被适宜地区约占 1/9，相应人口占 2/5 强；不适宜地区占 2/5 强，相应人口约占 1/10

基于地被指数的人居环境适宜性评价表明，中尼廊道及其周边地区地被适宜地区占地 11.74%，相应人口占比 43.81%。主要是一般适宜类型，相应土地占到 11.40%，主要分布在"一江两河"地区（图 4.18）。比较适宜区域仅占 0.34%，而高度适宜区域分布极为有限。临界适宜与不适宜则是中尼廊道及其周边地区人居环境地被适宜性的两种主要类型，相应土地分别占 44.24% 与 44.02%，相应人口分别占 45.96% 与 10.23%。

分县统计结果表明（表 4.8）：仅定日县和吉隆县地被适宜性存在极少数高度适宜区，但也仅占到相应县域面积的 0.04% 和 0.28%；就地被比较适宜性而言，仅曲水县和达孜区占比达 2.00% 及以上。地被一般适宜地区，拉萨市内县域普遍占比偏大，达孜区、当雄县、堆龙德庆区、城关区、林周县、墨竹工卡县和曲水县地被一般适宜性地区分别达各县土地面积的 50% 以上，其中以达孜区为最，地被一般适宜地区占比高达 72.37%。就地被临界适宜地区而言，日喀则市内县域相应占比偏大，昂仁县、白朗县、江孜县、拉孜县、萨嘎县、萨迦县、桑珠孜区和谢通门县，分别占比各县面积的 61% 以上；其余各县地被临界适宜地区占各县面积的 21.31% 以上。就地被不适宜地区而言，中尼廊道及其周边地区差异性明显，达孜区、堆龙德庆区、江孜县、城关区、林周县、墨竹工卡县、南木林县、尼木县、曲水县、仁布县和桑珠孜区分别占比县内

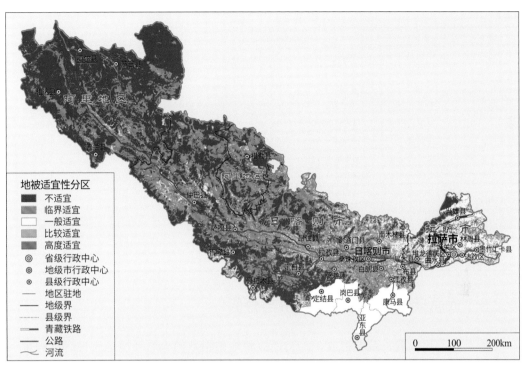

图 4.18　中尼廊道及其周边地区基于地被指数的人居环境地被适宜性分区

面积的 10% 以下；而阿里地区县域占比较大，噶尔县、革吉县和札达县的地被不适宜地区在各县分别占到 77.65%、72.23% 和 77.45%。

表 4.8　中尼廊道及其周边地区人居环境地被适宜性分县统计　　（单位：%）

地市	区县	不适宜	临界适宜	一般适宜	比较适宜	高度适宜
拉萨市	城关区	2.86	29.96	65.46	1.72	0.00
	林周县	3.53	29.46	66.63	0.38	0.00
	当雄县	21.61	27.45	50.93	0.01	0.00
	尼木县	7.11	45.93	46.27	0.69	0.00
	曲水县	3.64	41.20	52.00	3.16	0.00
	堆龙德庆区	4.35	38.86	55.93	0.86	0.00
	达孜区	2.05	23.54	72.37	2.04	0.00
	墨竹工卡县	5.03	29.32	65.60	0.05	0.00
日喀则市	桑珠孜区	9.37	68.91	20.99	0.73	0.00
	南木林县	9.88	52.24	37.70	0.18	0.00
	江孜县	7.13	68.13	24.48	0.26	0.00
	定日县	51.27	39.47	8.67	0.55	0.04
	萨迦县	26.34	65.51	8.06	0.09	0.00
	拉孜县	10.19	72.87	16.77	0.17	0.00
	昂仁县	28.40	63.10	8.48	0.02	0.00
	谢通门县	19.77	61.95	18.24	0.04	0.00
	白朗县	12.04	76.28	11.32	0.36	0.00
	仁布县	4.28	53.16	42.42	0.14	0.00

续表

地市	区县	不适宜	临界适宜	一般适宜	比较适宜	高度适宜
日喀则市	仲巴县	43.98	51.24	4.78	0.00	0.00
	吉隆县	49.26	38.94	9.65	1.87	0.28
	聂拉木县	45.58	47.43	6.36	0.63	0.00
	萨嘎县	30.72	63.95	5.32	0.01	0.00
	亚东县	19.56	46.31	34.13	0.00	0.00
	康马县	45.64	50.92	3.44	0.00	0.00
	岗巴县	49.26	49.11	1.63	0.00	0.00
	定结县	63.84	29.64	6.52	0.00	0.00
阿里地区	普兰县	52.09	44.71	3.20	0.00	0.00
	札达县	77.45	22.08	0.46	0.01	0.00
	噶尔县	77.65	21.31	0.98	0.06	0.00
	革吉县	72.23	27.20	0.57	0.00	0.00
	措勤县	39.22	57.83	2.95	0.00	0.00

4.2.5　人居环境适宜性综合评价与分区

基于地形起伏度、温湿指数、水文指数和地被指数的人居环境适宜性综合评价表明（表 4.9），中尼廊道及其周边地区适宜地区、临界适宜地区和不适宜地区的土地占比是 3∶47∶50，相应人口占比是 52∶40∶8。由此可见，中尼廊道及其周边地区人居环境以不适宜和临界适宜为主要特征，土地占比超过 96%。92% 的人口则集中分布在占地不到半数的人居环境适宜和临界适宜地区，其中一半以上人口集中在占地 3% 的人居环境适宜地区。

表 4.9　中尼廊道及其周边地区人居环境自然适宜性评价结果统计表

人居环境适宜性类型		土地面积 / 万 km²	土地占比 /%	人口数量 / 万人	人口占比 /%
适宜地区	高度适宜	0.00	0.00	0.00	0.00
	比较适宜	0.02	0.06	0.32	0.22
	一般适宜	1.11	3.23	75.63	51.66
临界适宜地区		16.20	46.97	58.72	40.11
不适宜地区		17.16	49.74	11.72	8.01
总和		34.49	100	146.39	100

1. 人居环境适宜地区占地 3%，相应人口占比过半

中尼廊道及其周边地区人居环境适宜地区面积达 1.13 万 km²，占该区面积的 3.29%，相应人口达 75.95 万人，相应人口占比 51.66%。中尼廊道及其周边地区人居环境适宜性以一般适宜类型为主。其中，一般适宜地区土地面积为 1.11 万 km²，占该区面积的 3.23%，相应人口达 75.63 万人，主要分布在中尼廊道及其周边地区东部县域；比较适宜地区零星分布在吉隆县、曲水县、聂拉木县、桑珠孜区等县域（图 4.19）。

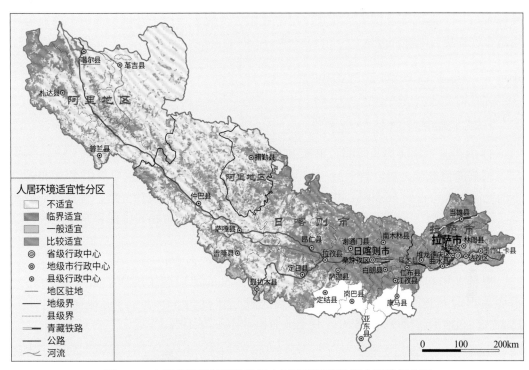

图 4.19　中尼廊道及其周边地区人居环境适宜性综合评价与分区

2. 人居环境临界适宜地区占地 46.97%，相应人口占 40.11%

人居环境临界适宜地区是中尼廊道及其周边地区人居环境适宜性占绝对比重的类型，相应土地面积为 16.20 万 km²，临界适宜地区相应人口达 58.72 万人，即该区土地面积占比为 46.97%，相应人口占 40.11%；主要分布在昂仁县、札达县、仲巴县、谢通门县、革吉县等，相应面积均在 1.0 万 km² 以上。

3. 人居环境不适宜地区占地近 1/2，相应人口略超 8%

人居环境不适宜地区是中尼廊道及其周边地区人居环境适宜性占最大比重的类型，相应土地面积达 17.16 万 km²，但该区域相应人口达 11.72 万人，即人居环境不适宜地区占中尼廊道及其周边地区总面积的 49.74%，相应人口占 8.01%，以阿里地区的革吉县分布最多。

4.3 重点口岸地区：普兰县、吉隆县、聂拉木县、定结县、亚东县

本节在中尼廊道及其周边地区人居环境适宜性评价的基础上，重点对中尼廊道及其周边地区的普兰县、吉隆县、聂拉木县、定结县与亚东县五个口岸县进行了人居环境进行了分类与综合评价，完成了普兰县及普兰口岸、吉隆县及吉隆口岸、聂拉木县

及樟木口岸、定结县及日屋 – 陈塘口岸与亚东县及亚东口岸（乃堆拉通道）的人居环境适宜性评价与限制性分区。

4.3.1 普兰县与普兰口岸地区

1. 地形起伏度与地形适宜性

1）普兰县平均海拔 5029m，平地占比不到 12%

根据海拔统计分析，普兰县平均海拔为 5029m。普兰县人口主要集中在 5000m 以下的地区，人口占到 66.59%，相应土地占 52.09%。根据平地统计分析，普兰县平地较少，仅占 11.68%，平地面积占比居五个口岸之首，主要分布在其中部和东部地区，以孔雀河（马甲藏布）沿线河谷地区为主。

2）普兰县地形起伏度均值为 5.87，5.0 以下地区约占 1/6

根据地形起伏度研究结果（图 4.20），普兰县的地形起伏度介于 4.34 ～ 10.15，平均地形起伏度为 5.87。统计表明，当地形起伏度为 5.0 时，其土地面积累计占 16.88%；当地形起伏度为 6.5 时，其土地面积累计占 76.19%。

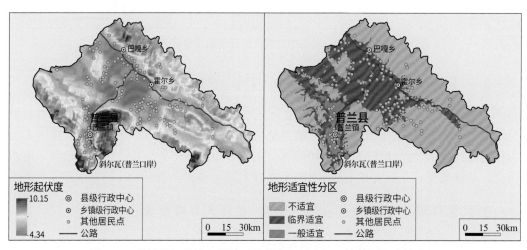

图 4.20　普兰县与普兰口岸地形起伏度及其人居环境地形适宜性分区

3）普兰县地形不适宜地区和临界适宜地区分别占 65.04% 和 31.15%

基于地形起伏度的人居环境适宜性评价表明，普兰县以地形不适宜地区为主（图 4.20），地形不适宜地区占地 65.04%；临界适宜和一般适宜地区分别占 31.15%、3.81%。其中，临界适宜主要分布在以霍尔乡为中心的北部地区，而一般适宜沿孔雀河（马甲藏布）普兰段河谷分布，以普兰镇为中心高度集聚。

4）普兰口岸属地形临界适宜或一般适宜地区

普兰口岸傍依孔雀河（马甲藏布），西通强拉山口入印度、丁嘎山口入尼泊尔，处于孔雀河（马甲藏布）–卡尔拉力河河谷地带。就地形适宜性分区来看，普兰口岸（斜尔瓦口岸）及其所在的普兰镇大部分属临界适宜和一般适宜地区，普兰镇人口占到全县的 3/5 以上。此外，中、印、尼三国贸易中转站的强拉山口地形高耸，海拔在 5330m 以上，海拔落差近 1500m，地形阻隔效应极强，人烟稀少。

2. 温湿指数与气候适宜性

1）普兰县年平均气温介于 –17 ～ 5℃，相对湿度在 63% ～ 71%

普兰县年平均气温介于 –17 ～ 5℃，全县 80.81% 的人口聚集在温度高于 –5℃的地区，该地区主要分布在孔雀河（马甲藏布）河谷地带以及县域中部的低海拔地区。普兰县年平均相对湿度介于 63% ～ 71%，东北部温湿指数相对较低，中部和南部的温湿指数相对较高。

2）普兰县温湿指数介于 10 ～ 44，高于 40 地区不到 2%

普兰县温湿指数在 10 ～ 44。温湿指数低于 40，面积占比为 98.38%。可见普兰县的大部分地区属于极冷地区。温湿指数高于 40 的地区面积占比为 1.62%，分布在普兰县南端口岸河谷地带（图 4.21）。

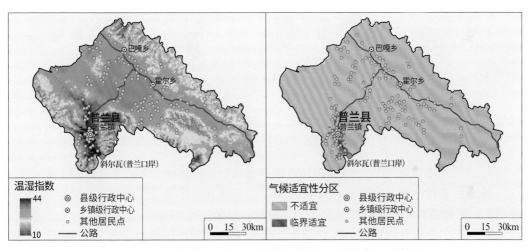

图 4.21　普兰县与普兰口岸温湿指数及其人居环境气候适宜性分区

3）普兰县以气候不适宜为主要特征，占地超过 98%

基于温湿指数的人居环境气候适宜性评价表明，普兰县人居环境气候不适宜与气候临界适宜两种类型占主导，面积占比分别为 98.39% 和 1.61%，以气候不适宜为主要特征。气候临界适宜区主要位于县域南端孔雀河（马甲藏布）河谷地带，其他地区均为气候不适宜区。

4）普兰口岸属气候临界适宜地区

普兰口岸（斜尔瓦口岸）傍依孔雀河（马甲藏布），海拔相对较低，年平均气温高于 3℃，年均相对湿度高于 65%，温湿指数高于 40，属于气候临界适宜区。此外，强拉山口气候恶劣，强风持续时间长，冬季严寒。

3. 水文指数与水文适宜性

1）普兰县年均降水量为 211.72mm，地表水分指数均值为 0.08

普兰县降水量较少，介于 194 ～ 246mm，降水量均值为 211.72mm，降水量在

200mm 以上地区主要分布在普兰县霍尔乡。地表水分指数介于 0 ～ 0.87，均值约为 0.08，地表水分指数在 0.7 以上地区主要分布于普兰镇边境地区。

2）普兰县水文指数均值达 0.10，空间差异极大

普兰县水文指数介于 0.05 ～ 0.56，水文指数均值达 0.10，空间差异极大（图 4.22），巴嘎乡及霍尔乡大部分区域水文指数在 0.06 以下，而普兰镇县界线附近水文指数较高，达 0.5 以上，地表水资源较为丰富。

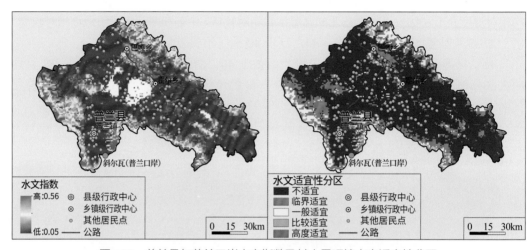

图 4.22　普兰县与普兰口岸水文指数及其人居环境水文适宜性分区

3）普兰县水文不适宜地区占 7/10，临界适宜和适宜地区分别占 17% 和 13%

基于水文指数的水文适宜性评价表明，水文适宜地区占普兰县的 13.11%，其中一般适宜、比较适宜和高度适宜地区各占 7.40%、1.93% 和 1.15%，于空间上，高度适宜、比较适宜及一般适宜地区连片带状分布，集中于普兰镇西部县界、霍尔乡南部及巴嘎乡北部县界。水文临界适宜与不适宜地区占比为 19.46% 与 70.06%（图 4.22），于空间上，临界适宜地区零星分布于适宜地区外围，不适宜地区分布于普兰县广阔县域中部地区。

4）普兰口岸属水文临界适宜或一般适宜地区

普兰口岸降水量较低，于中尼国界处地表水分指数较高，普兰口岸水文指数均值约为 0.06，于口岸东北部出现较大值，达 0.56。此外，普兰口岸以水文不适宜类型为主，另于口岸东北部分布有水文临界适宜类型，于水文临界适宜类型外围还分布有一般适宜、比较适宜类型。此外，强拉山口降水丰富、水文指数在 0.4 以上，水文适宜性以一般适宜类型为主。

4. 地被指数与地被适宜性

1）普兰县土地利用以裸地为主、草地为辅，植被盖度偏低

普兰县归一化植被指数均在 0.38 以下，其中普兰中部归一化植被指数较高，由中心向外，归一化植被指数逐渐降低；普兰县主要土地覆被类型为裸地和草地，分别占全县面积的 72.67% 和 18.01%，其次为水体和冰雪，土地覆盖面积占比 6.49% 和

2.75%，森林与农田土地覆盖面积占比均在 0.05% 以下。

2）普兰县地被指数均值为 0.02，空间差异大

普兰县地被指数介于 0 ~ 0.24，地被指数均值达 0.02，且植被覆盖状况空间差异较大（图 4.23），于普兰镇南部地区、巴嘎乡东北部地区地被指数在 0.01 以下，于普兰镇西北部及霍尔乡中东部，地被指数较高，部分地区地被指数在 0.2 以上。

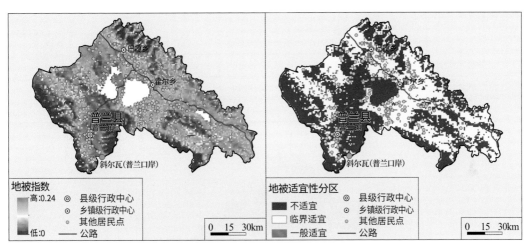

图 4.23　普兰县与普兰口岸地被指数及其人居环境地被适宜性分区

3）普兰县以地被不适宜为主要特征，占地 1/2 强

基于地被指数的人居环境适宜性评价表明，普兰县地被适宜地区不及 4%，且不存在地被比较适宜及高度适宜地区，而一般适宜地区集中分布于巴嘎乡驻地周边区域、霍尔乡驻地东北部；普兰县地被以不适宜和临界适宜类型空间分布最为广泛，相应土地占比分别为 52.09% 和 44.71%，主要分布在普兰镇和巴嘎乡；霍尔乡以地被临界适宜类型为主。

4）普兰口岸属临界适宜或不适宜地区

普兰口岸归一化植被指数在 0.2 以下，土地覆被类型以裸地为主，零星分布有草地。普兰口岸地被指数在 0.14 左右，其中大部分地区地被指数低于 0.01。地被适宜类型以不适宜为主，在边境地区分布有地被临界适宜类型。此外，强拉山口植被覆盖度较低，气候恶劣、地被适宜性为不适宜类型。

5. 人居环境适宜性综合评价与分区

基于地形起伏度、温湿指数、水文指数和地被指数的人居环境适宜性综合评价表明，普兰县人居环境以不适宜地区为主，临界适宜地区为辅，分别占 73.29% 和 26.51%，人居环境适宜地区仅占 0.20%，人口则主要集中在人居环境不适宜地区和临界适宜地区（表 4.10）。

1）普兰县人居环境适宜地区占 0.20%

普兰县人居环境适宜地区占普兰县面积的 0.20%，适宜类型中仅存在一般适宜类

型，相应土地面积达25.08km², 人口不足40人（口岸县人口均采用2016年数据，下同），人口比重仅为0.30%。一般适宜类型主要分布在巴嘎乡公路沿线附近（图4.24）。

表4.10 普兰县人居环境自然适宜性评价结果统计表

人居环境适宜性类型		土地面积/km²	土地占比/%	人口数量/人	人口占比/%
适宜地区	高度适宜	—	—	—	—
	比较适宜	—	—	—	—
	一般适宜	25.08	0.20	38	0.30
临界适宜地区		3324.09	26.51	3470	27.54
不适宜地区		9189.83	73.29	9092	72.16
总和		12539.00	100	12600	100

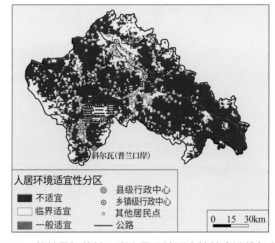

图4.24 普兰县与普兰口岸人居环境适宜性综合评价与分区

2）普兰县人居环境临界适宜地区占1/4强

普兰县人居环境临界适宜地区占普兰县面积的26.51%，临界适宜类型土地面积达3324.09km²，相应人口约为0.35万人，人口比重占到27.54%，临界适宜类型主要分布在普兰镇、巴嘎乡北部及霍尔乡中部。

3）普兰县人居环境不适宜地区占7/10强，连片分布

普兰县人居环境不适宜地区占全县的73.29%，不适宜类型土地面积达9189.83km²，相应人口略超过9000人，人口比重占到72.16%，不适宜类型主要分布在霍尔乡全境、连片分布在巴嘎乡和普兰镇交界处。

4）普兰口岸人居环境以临界适宜为主

普兰口岸傍依孔雀河（马甲藏布），人居环境以临界适宜为主，在口岸地区占到近1/2，并分布有较少一般适宜类型。此外，中印强拉山口地势高耸、气候冷峻、盖度较低，人居环境适宜性表现为不适宜类型。

4.3.2　吉隆县与吉隆口岸地区

1. 地形起伏度与地形适宜性

1）吉隆县平均海拔 4906m，平地占比不到 5%

根据海拔统计分析，吉隆县平均海拔为 4906m。吉隆县人口主要集中在 5000m 以下的地区，人口占到 56.97%，相应土地占 56.46%。根据平地统计分析，吉隆县平地极为匮乏，仅占 4.60%，主要分布在吉隆县中南部地区，以吉隆藏布沿线河谷地区为主。

2）吉隆县地形起伏度均值为 6.31，5.0 以下地区不足 6%

根据地形起伏度研究结果（图 4.25），吉隆县的地形起伏度介于 3.90 ～ 12.03，平均地形起伏度为 6.31，明显偏高。统计表明，当地形起伏度为 5.0 时，其土地面积累计仅占 5.56%；当地形起伏度为 6.5 时，吉隆县土地面积累计占 60.48%。

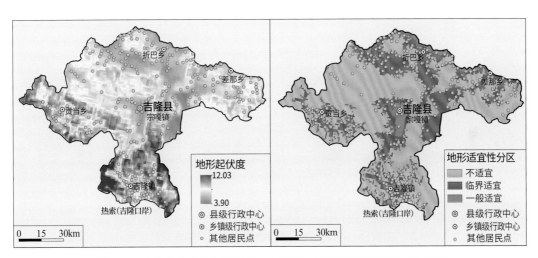

图 4.25　吉隆县与吉隆口岸地形起伏度及其人居环境地形适宜性分区

3）吉隆县地形不适宜地区和临界适宜地区分别占 68.63% 和 28.93%

基于地形起伏度的人居环境适宜性评价表明，吉隆县以地形不适宜地区为主（图 4.25），地形不适宜地区占地 68.63%；临界适宜和一般适宜地区分别占 28.93%、2.44%。其中，一般适宜地区主要集聚在贡嘎镇和吉隆镇及北部雅鲁藏布江河谷地区，临界适宜主要分布在一般适宜地区的外围区域，以吉隆藏布沿线河谷地带为主。

4）吉隆口岸属地形临界适宜或一般适宜地区

吉隆口岸位于喜马拉雅山南麓吉隆藏布下游河谷地区，地处吉隆沟和吉隆盆地。就地形适宜性分区来看，吉隆口岸及其所在的吉隆镇大部分为一般适宜区和临界适宜区，吉隆镇人口占全县的 1/3 左右。

2. 温湿指数与气候适宜性

1）吉隆县年平均气温介于 –12 ～ 14℃，相对湿度在 65% ～ 70%

吉隆县年平均气温介于 –12 ～ 14℃，年平均气温高于 –5℃的地区面积占 84.63%，该地区承载了全县 87.18% 的人口。年平均相对湿度介于 65% ～ 70%，主要呈现出南高北低的空间分布特点。

2）吉隆县温湿指数介于 18 ～ 57，高于 40 地区不足 6%

就温湿指数而言，吉隆县温湿指数介于 18 ～ 57。温湿指数低于 40，面积占比为 94.71%。由此可见吉隆县的大部分地区也属于极冷地区。温湿指数介于 40 ～ 50 的地区面积占比为 5.11%，主要分布在县域南部的吉隆藏布河谷地区以及县域西部的贡当乡附近的河流谷地地区。温湿指数高于 50 的地区主要位于吉隆口岸附近（图 4.26）。

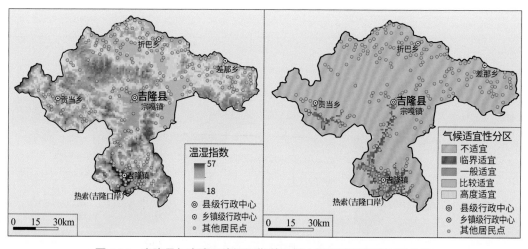

图 4.26　吉隆县与吉隆口岸温湿指数及其人居环境气候适宜性分区

3）吉隆县以气候不适宜为主要特征，土地占比 95% 强

就气候适宜性分区而言，吉隆县包含 5 种气候适宜性分区类型，其中气候适宜区（包括高度适宜区、比较适宜区和一般适宜区）占地 0.44%，主要位于县域南部的吉隆藏布河谷地区。临界适宜区面积占比为 4.32%，主要分布在吉隆藏布的河谷周边地带以及县域西部的贡当乡附近的河流谷地地区。全县 95.24% 的地区属于气候不适宜区，广泛分布于县域内的北部及东部地区（图 4.26）。

4）吉隆口岸属气候临界适宜地区

吉隆口岸位于喜马拉雅山中段南麓吉隆藏布下游河谷地区，海拔低，年平均气温高于 10℃，年均相对湿度高于 65%，温湿指数高于 50。吉隆镇及其南部处于吉隆藏布流域的河谷地区均处于气候适宜区。

3. 水文指数与水文适宜性

1) 吉隆县降水量均值为 235.01mm，地表水分指数均值为 0.15

吉隆县降水量介于 100 ~ 329mm，降水量均值为 235.01mm，由南至北降水量逐渐增加，折巴乡与差那乡降水量较高，在 250mm 以上。地表水分指数介于 0 ~ 0.92，均值约为 0.15，且由北至南地表水分指数值逐渐增加，由此可知吉隆降水和地表水储积较普兰县状况好。

2) 吉隆县 3/10 以上地区水文指数低于 0.23

吉隆县水文指数介于 0.03 ~ 0.57，水文指数均值达 0.16，且 3/10 以上地区水文指数低于 0.23。吉隆县水文指数空间差异较大（图 4.27），于贡当乡、折巴乡与差那乡水文指数在 0.07 左右；宗嘎镇镇驻地周边水文指数在 0.3 上下，此外，吉隆镇大部分地区水文指数在 0.30 以上。

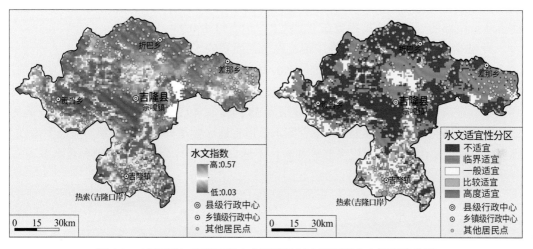

图 4.27　吉隆县与吉隆口岸水文指数及其人居环境水文适宜性分区

3) 吉隆县水文适宜类型占比较高，占全县面积的 1/5 强

吉隆县水文适宜性评价结果如下（图 4.27）：水文适宜地区占吉隆县面积的 22.55%；其中，一般适宜地区占吉隆县面积的 15.21%，于空间上零星分布在吉隆镇、贡当乡西南部及宗嘎镇中部；比较适宜地区占吉隆县面积的 5.47%，于空间上主要分布在高度比较适宜地区周围，如吉隆镇南部；高度适宜地区占吉隆县面积的 1.87%。水文临界适宜与不适宜是吉隆县人居环境地被适宜性的主要类型，两种类型分别占全县面积的 38.61% 与 38.84%。于空间上，临界适宜地区集中分布在差那乡东部、折巴乡，而不适宜地区连片分布于贡当乡、宗嘎镇。

4) 吉隆口岸属水文比较适宜地区

吉隆口岸降水量在 200mm 左右，而地表水分指数极高，达 0.7 以上，就水文指数而言，吉隆口岸水文指数均值在 0.4 以上。吉隆口岸以水文适宜类型为主，其中口岸 50% 以上的地区属于水文比较适宜类型，仅极个别地区存在临界适宜类型。

4. 地被指数与地被适宜性

1）吉隆县土地覆被类型以裸地为主，草地为辅

吉隆县除南部与尼泊尔毗邻地区归一化植被指数达 0.7 以上，全境其他地区归一化植被指数均在 0.1 左右，总体偏低，相差悬殊；吉隆县主要土地覆被类型为裸地和草地，分别占全县面积的 70.51% 和 11.97%，其次为水体和冰雪，土地覆盖面积占比 5.96% 和 5.56%，森林与农田面积占比是五个口岸县中最大的，为 3.91% 和 0.30%，土地利用潜力较大。

2）吉隆县地被指数均值为 0.03，空间差异较大

吉隆县地被指数介于 0 ~ 0.93，地被指数均值为 0.03。此外，全县有 2/5 以上地区其地被指数介于 0.05 以下，主要分布于吉隆县北部（图 4.27）。就全县而言，地被指数由北至南逐渐增加，北部的贡当乡、宗嘎镇、折巴乡与差那乡地被指数在 0.01 以下；而吉隆县南部的吉隆镇地被指数在 0.3 以上，最大值达 0.93。

3）吉隆县地被适宜类型较为广阔，占全县面积的 12%

吉隆县地被适宜地区约占全县的 12%，且以一般适宜类型为主（图 4.28）。类似地，中尼廊道及其周边地区中仅占 0.01% 的高度适宜地区，有 80.65% 分布在吉隆县。吉隆县临界适宜或不适宜土地在全县比重分别为 38.94% 与 49.26%，分别占中尼廊道及其周边地区总面积的 2.54% 与 3.25%。于空间上，适宜地区零星分布在吉隆镇、贡当乡南部，临界适宜地区集中分布在折巴乡和差那乡，不适宜地区连片分布在宗嘎镇和贡当乡。

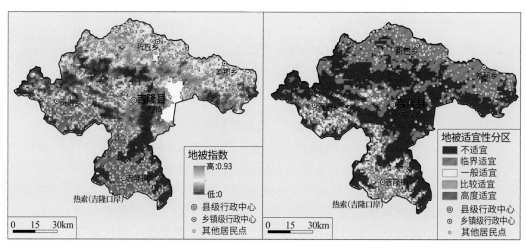

图 4.28　吉隆县与吉隆口岸地被指数及其人居环境地被适宜性分区

4）吉隆口岸地被适宜类型占 9/10 强

吉隆口岸归一化植被指数较高，达 0.7 以上，且土地覆被类型以森林为主，裸地

几乎不存在。吉隆口岸地被指数在 0.3 以上，就地被适宜性评价结果而言，地被类型以比较适宜为主，占口岸地区面积的 50% 左右，其次还分布有地被临界适宜和一般适宜类型。

5. 人居环境适宜性综合评价与分区

1) 吉隆县人居环境适宜地区占全县面积的 4% 以上

吉隆县人居环境适宜地区比重较大，达 402.69km²，相应人口为 0.06 万人，面积与人口分别约占全县的 4.33% 与 3.42%；比较适宜仅占到吉隆县土地面积的 0.43%，而一般适宜类型占全县面积的 3.90%、相应人口比例达 3.15%（表 4.11）。于空间上主要分布在吉隆镇南部、吉隆沟等（图 4.29）。

表 4.11　吉隆县人居环境自然适宜性评价结果统计表

人居环境适宜性类型		土地面积 /km²	土地占比 /%	人口数量 / 人	人口占比 /%
适宜地区	高度适宜	–	–	–	–
	比较适宜	39.99	0.43	48	0.27
	一般适宜	362.70	3.90	558	3.15
临界适宜地区		4077.12	43.84	7464	42.17
不适宜地区		4820.19	51.83	9630	54.41
总和		9300.00	100	17700	100

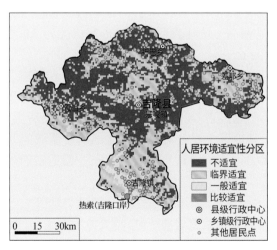

图 4.29　吉隆县与吉隆口岸人居环境适宜性综合评价与分区

2) 吉隆县人居环境临界适宜类型比重大，占 2/5 强

从临界适宜类型来看，其土地面积占到全县的 43.84%，土地面积达 4077.12km²，相应人口为 7464 人，人口比重为 42.17%；而其在中尼廊道及其周边地区占比均不及 3%，在西藏自治区则不及 1%。于空间上主要分布在吉隆县宗嘎镇中部及东部、吉隆镇东北部。

3）吉隆县人居环境不适宜类型占全县面积的 1/2 强

不适宜类型占到全县的 51.83%，土地面积为 4820.19km²，相应人口为 9630 人，人口比重为 54.41%。吉隆县不适宜类型占中尼廊道及其周边地区总面积的 3% 左右，在西藏自治区的占比不及 1%。于空间上主要分布在贡当乡中部及宗嘎镇东南部。

4）吉隆口岸人居环境以一般适宜类型为主

吉隆口岸是吉隆县内人居环境适宜程度较高的区域，气候舒适、植被覆盖度高且地表水资源丰富，人居环境以一般适宜类型为主，占吉隆口岸面积的 3/5 强，而比较适宜地区占口岸面积的 1/5 左右，另还分布有部分临界适宜类型。

4.3.3 聂拉木县与樟木口岸地区

1. 地形起伏度与地形适宜性

1）聂拉木县平均海拔 5016m，平地占比不到 8%

根据海拔统计分析，聂拉木县平均海拔为 5016m。聂拉木县人口主要集中在 5000m 以下的地区，人口占到 54.91%，相应土地占 49.35%。根据平地统计分析，聂拉木县平地严重不足，仅占 7.57%，主要分布在东北地区的朋曲流域及与中南部的樟木沟。

2）聂拉木县地形起伏度均值为 6.08，5.0 以下地区占比近 1/10

根据地形起伏度研究结果，聂拉木县的地形起伏度介于 4.02 ～ 10.62，平均地形起伏度为 6.08，明显偏高。统计表明，当地形起伏度为 5.0 时，其土地面积累计占 9.69%；当地形起伏度为 6.5 时，其土地面积累计占 73.33%。

3）聂拉木县地形不适宜地区和临界适宜地区分别占 64.52% 和 30.79%

基于地形起伏度的人居环境适宜性评价表明，聂拉木县以地形不适宜地区为主（图 4.30），地形不适宜地区占 64.52%；临界适宜和一般适宜地区分别占 30.79%、4.69%，其中，一般适宜地区主要分布在其东北部朋曲流域的乃龙乡、琐作乡和中南部的樟木沟（樟木口岸），而临界适宜主要分布在一般适宜的外围区域，以聂拉木镇为主。

4）樟木口岸及樟木镇多属地形临界适宜或一般适宜地区

樟木口岸位于喜马拉雅山南麓波曲下游，地处樟木沟底部。就地形适宜性分区来看，樟木口岸及其所在的樟木镇大部分属一般适宜区和临界适宜区，樟木镇人口占全县的近 1/5。

2. 温湿指数与气候适宜性

1）聂拉木县年平均气温介于 –15 ～ 16℃，相对湿度在 65% ～ 71%

聂拉木县年平均气温介于 –15 ～ 16℃，全县 83.74% 的地区年平均气温高于 –5℃，分布着 88.95% 的人口。年平均相对湿度在 65% ～ 71%，相对湿度高值区位于

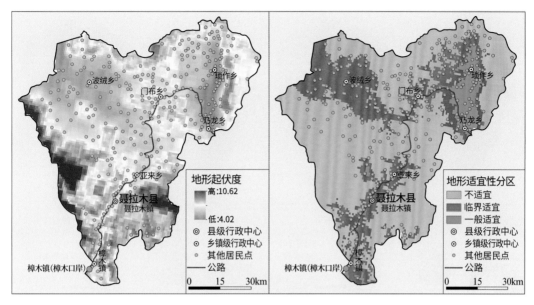

图 4.30　聂拉木县与樟木口岸地形起伏度及其人居环境地形适宜性分区

县域的东北部地区，低值区位于南部樟木口岸地区。

2）聂拉木县温湿指数介于 13 ～ 60，高于 40 地区占 2.08%

就温湿指数而言，聂拉木县温湿指数介于 13 ～ 60。温湿指数低于 40，面积占比为 97.73%。温湿指数介于 40 ～ 50 的地区面积占比为 2.08%，主要分布在县域南部的朋曲流域地区。温湿指数高于 50 的地区主要位于樟木口岸附近（图 4.31）。

3）聂拉木县以气候不适宜为主要特征，占 97% 强

就气候适宜性分区而言，聂拉木县包含 5 种气候适宜性分区类型。气候适宜区共占 0.62%，主要位于南部的河谷低洼地区。其中高度适宜区主要位于樟木口岸附近（图 4.30）。气候临界适宜区主要沿朋曲分布，占地 1.56%。气候不适宜区广泛分布于县域内，占地 97.82%。

4）樟木口岸地处河谷属气候临界适宜地区

樟木口岸位于喜马拉雅山南麓的中尼边境聂拉木县樟木镇的樟木沟底部，处于朋曲河畔，海拔低，年平均气温高于 10℃，相对湿度高于 67%，具有亚热带海洋性气候特点，气候温暖湿润，四季如春，温湿指数高于 45，属于气候适宜区。

3. 水文指数与水文适宜性

1）聂拉木县降水量均值为 250.27mm，降雨较多

聂拉木县降水量均值为 250.27mm，由西南至东北降水量逐渐增加，聂拉木县北部的琐作乡、门布乡及乃定乡降水量达 300mm 以上。聂拉木县地表水分指数均值约为 0.10，聂拉木县在五个重点口岸中降水量较多，但是地表水分储备情况较吉隆县差。

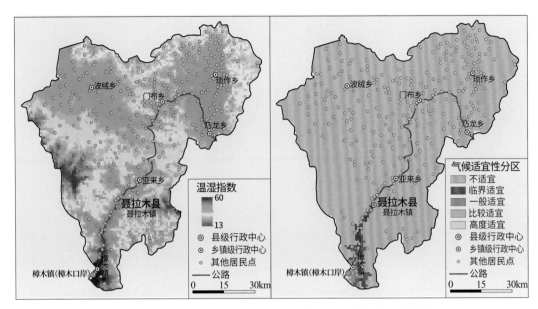

图 4.31　聂拉木县与樟木口岸温湿指数及其人居环境气候适宜性分区

2）水文指数均值为 0.13，3/5 强区域水文指数在平均值以下

聂拉木县水文指数介于 0.03～0.57，水文指数均值达 0.13，且由北至南水文指数逐渐增大，聂拉木北部的琐作乡、波绒乡、门布乡、乃龙乡及亚来乡大部分地区水文指数较低，水文指数在 0.1 以下；而聂拉木县南部的聂拉木镇、樟木镇及亚来乡西部（图 4.32），水文指数在 0.2 以上。

3）聂拉木县以水文不适宜类型为主，占比达 3/5

聂拉木县水文适宜地区占 13.69%。其中，一般适宜地区、比较适宜地区与高度适宜地区分别占到聂拉木县面积的 8.12%、3.60% 和 1.97%。水文不适宜是聂拉木县主要类型（图 4.32），相应土地占比 60.56%，此外，临界适宜类型占全县面积的 25.75%。于空间上，水文适宜地区主要分布在樟木镇、聂拉木镇和波绒乡西部，临界适宜地区集中分布在琐作乡东北部，而不适宜地区分布在亚来乡、波绒乡与门布乡大部分地区。

4）樟木口岸水文适宜性较高，土地占比约 1/2

樟木口岸降水量较少，降水量均值在 130mm 左右，但其地表水分指数较高，均值在 0.5 以上。就水文指数而言，樟木口岸水文指数均值在 0.4 以上。樟木口岸水文适宜性以一般适宜和比较适宜类型为主，占比达 50% 以上，其次还分布有部分临界适宜类型。

4. 地被指数与地被适宜性

1）聂拉木县归一化植被指数较低，土地覆被类型以裸地和草地为主

聂拉木县归一化植被指数分布情况类似于吉隆县，除南部与尼泊尔毗邻地区归一化植被指数均值达 0.7 以上，其他地区归一化植被指数均在 0.1 上下波动；聂拉木

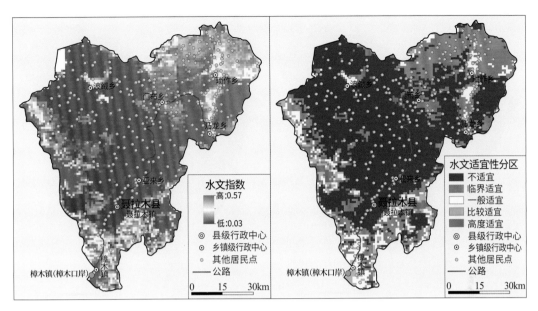

图 4.32　聂拉木县与樟木口岸水文指数及其人居环境水文适宜性分区

县主要土地覆被类型为裸地和草地，分别占全县面积的 78.18% 和 9.94%，其次为水体和冰雪，相应土地覆盖面积占比 3.10% 和 5.41%，森林与农田面积占比为 2.45% 和0.06%。

2) 聂拉木县地被指数介于 0 ~ 0.37，均值为 0.02

聂拉木县地被指数均值为 0.02，且地被指数自北至南逐渐增加，聂拉木县北部的琐作乡、波绒乡、门布乡、乃龙乡及亚来乡，地被指数偏低，介于 0 ~ 0.1。而聂拉木县南部的聂拉木镇和樟木镇（图 4.33），地被指数较高，大部分区域地被指数介于0.1 ~ 0.3。

3) 聂拉木县以地被临界适宜类型为主，占全县域面积的近 1/2

聂拉木县人居环境地被适宜地区约占到全县的 7%。就中尼廊道及其周边地区全境 0.20% 的比较适宜地区而言，聂拉木县占到 7.89%，高度适宜地区极少（图 4.33）。聂拉木县地被临界适宜与不适宜是其人居环境地被适宜性主要类型，分别占全县的47.43% 与 45.58%，临界适宜或不适宜土地占中尼全境面积的 2.69% 与 2.61%。于空间上，地被适宜地区集中分布在樟木镇和聂拉木镇，临界适宜地区分布于波绒乡、门布乡、乃龙乡和琐作乡，不适宜地区分布在临界适宜外围，亚来乡西部、琐作乡东北部等。

4) 樟木口岸 1/2 以上土地属于地被适宜区

樟木口岸是聂拉木县全境归一化植被指数较高区域，大部分区域归一化植被指数在 0.7 以上，且樟木口岸土地覆被类型以森林为主，就地被指数而言，其计算结果达0.3 以上；就地被指数而言，樟木口岸地被适宜性以一般适宜和比较适宜类型为主，占到口岸地区面积的 50% 以上。

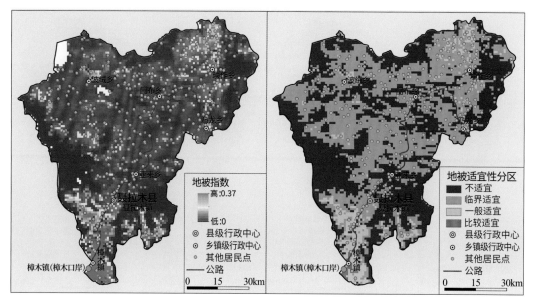

图 4.33　聂拉木县与樟木口岸地被指数及其人居环境地被适宜性分区

5. 人居环境适宜性综合评价与分区

1）聂拉木县人居环境适宜地区占比接近 2%

聂拉木县人居环境一般适宜地区占全县的 1.75%（表 4.12），土地面积为 134.75km²，相应人口数量约为 479 人；比较适宜类型约占聂拉木县土地面积的 0.19%，土地面积为 14.63km²，相应人口为 65 人，于空间上主要分布在樟木镇公路沿线（图 4.34）。

表 4.12　聂拉木县人居环境自然适宜性评价结果统计表

人居环境适宜性类型		土地面积 /km²	土地占比 /%	人口数量 / 人	人口占比 /%
适宜地区	高度适宜	–	–	–	–
	比较适宜	14.63	0.19	65	0.32
	一般适宜	134.75	1.75	479	2.35
临界适宜地区		2412.41	31.33	5292	25.94
不适宜地区		5138.21	66.73	14564	71.39
总和		7700	100	20400	100

2）聂拉木县临界适宜土地面积近占 1/3

从人居环境临界适宜类型来看，其土地面积占到全县的 31.33%，土地面积为 2412.41km²，相应临界适宜区人口为 5292 人，人口比重为 25.94%。而其在中尼廊道及其周边地区占比均不及 3%，而在西藏自治区不及 1%，于空间上主要分布在聂拉木镇和琐作乡。

3）聂拉木县不适宜地区占比约为 2/3

不适宜类型土地占到全县的 66.73%，相应土地面积为 5138.21km²，相应县内人口

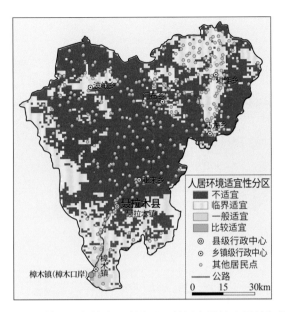

图 4.34　聂拉木县与樟木口岸人居环境适宜性综合评价与分区

为 14564 人，人口比重为 71.39%，聂拉木县不适宜类型占中尼廊道及其周边地区总面积的 3% 左右，在西藏自治区的占比不及 1%。于空间上主要分布在波绒乡、门布乡、乃龙乡和亚来乡。

4）樟木口岸人居环境以适宜类型为主

樟木口岸人居环境以适宜类型为主，约占口岸面积的 3/5，其中一般适宜、比较适宜类型分别约占口岸面积的 1/5，于空间上集中分布在公路两侧，且聂拉木县一般适宜类型集中分布于樟木口岸。此外，樟木口岸东侧分布有部分临界适宜和不适宜类型。樟木口岸地形限制性较强，且受到较强的地质灾害胁迫。

4.3.4　定结县与日屋 – 陈塘口岸地区

1. 地形起伏度与地形适宜性

1）定结县平均海拔 4847m，平地占比不到 12%

根据海拔统计分析，定结县平均海拔为 4847m。定结县人口主要集中在 5000m 以下的地区，土地占到 63.63%，相应人口占到 76.69%。根据平地统计分析，定结县平地较少，仅占 11.95%，主要分布在其东北部地区，以叶如藏布沿线河谷地区为主。

2）定结县地形起伏度均值为 6.01，5.0 以下地区约占 1/6

根据地形起伏度研究结果（图 4.35），定结县的地形起伏度介于 4.27 ~ 9.01，平均地形起伏度为 6.01。统计表明，当地形起伏度为 5.0 时，其土地面积累计占 15.71%；当地形起伏度为 6.5 时，其土地面积累计占 69.13%。

图 4.35 定结县与日屋 – 陈塘口岸地形起伏度及其人居环境地形适宜性分区

3) 定结县地形不适宜地区和临界适宜地区各占近 50% 和 30%

基于地形起伏度的人居环境适宜性评价表明，定结县以地形不适宜地区为主（图 4.35），地形不适宜地区占地约为 49.11%；临界适宜和一般适宜地区分别占 28.87% 与 22.02%。其中，一般适宜沿叶如藏布定结段河谷分布，以江嘎镇为中心高度集聚，在朋曲定结段也有一定分布，而临界适宜主要分布在一般适宜的外围区域。

4) 日屋 – 陈塘口岸属地形临界适宜或一般适宜地区

陈塘口岸傍依朋曲，与尼泊尔隔河相望，地处嘎玛沟。就地形适宜性分区来看，陈塘口岸及其所在的陈塘镇大部分属临界适宜和一般适宜地区，陈塘镇人口总量占到全县的 1/5 左右，其人口绝大部分为夏尔巴人，是中国境内夏尔巴人口数最多的乡镇。此外，中尼日屋口岸地形高耸，交通不便，大部分属于地形不适宜地区。特别地，日屋口岸冬季约有 3 个月时间因大雪封山，人烟稀少，不足全县人口的 1/20。

2. 温湿指数与气候适宜性

1) 定结县年平均气温介于 –12 ～ 12℃，相对湿度在 64% ～ 71%

定结县年平均气温介于 –12 ～ 12℃，全县 98.48% 的人口聚集在温度高于 –5℃ 的地区，该地区主要分布在叶如藏布、朋曲河谷地带以及县域中南部的低海拔地区。定结县年平均相对湿度介于 64% ～ 71%，东北部温湿指数相对较低，中部和南部的温湿指数相对较高。

2) 定结县温湿指数介于 18 ～ 54，高于 40 地区不足 2%

定结县温湿指数介于 18 ～ 54。温湿指数低于 40，面积占比为 98.38%。可见定结县的大部分地区属于极冷地区。温湿指数高于 40 的地区面积占比为 1.62%，分布在位于定结县南端朋曲河谷地区及西北部叶如藏布河谷地带（图 4.36）。

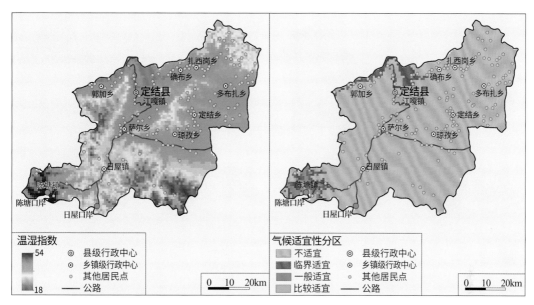

图 4.36　定结县与日屋–陈塘口岸温湿指数及其人居环境气候适宜性分区

3）定结县以气候不适宜为主要特征，占地 93% 强

基于温湿指数的人居环境气候适宜性评价表明，定结县包含 4 种气候适宜性分区类型，其中气候适宜区（包括比较适宜区和一般适宜区）占地 1.94%，主要位于县域南部沿麻曲河谷分布。临界适宜区面积占比为 4.53%，主要分布在西北部的叶如藏布河谷地区和南部陈塘镇周边。全县 93.53% 的地区属于气候不适宜区，广泛分布于县域内的北部和东部地区（图 4.36）。

4）日屋–陈塘口岸属气候临界适宜地区

陈塘口岸傍依朋曲，与尼泊尔隔河相望，地处嘎玛沟。就气候适宜性分区来看，陈塘口岸及其所在的陈塘镇大部分属临界适宜和一般适宜地区。陈塘口岸是历史上中尼双方交流往来的主要通道，也是中尼间的传统边贸市场。另外，得益于嘎玛沟良好的自然生态环境，陈塘口岸原始森林茂密。中尼日屋口岸气候条件恶劣，冬季严寒。

3. 水文指数与水文适宜性

1）定结县降水量均值为 522.43mm，降水较多

定结县降水量介于 478～556mm，降水量均值为 522.43mm，由西至东降水量逐渐增加，定结乡与琼孜乡降水量较高，在 522mm 以上。地表水分指数介于 0～0.91，均值约为 0.11，且由南至北地表水分指数值逐渐减小，高值主要集中在南部，加之定结县多湿地，降水和地表水储积状况比较好。

2）定结县 1/2 以上地区水文指数高于 0.20

定结县水文指数介于 0.12～0.64，水文指数均值达 0.20，且 6/10 以上地区水文指数高于均值。定结县水文指数空间差异较大（图 4.37），陈塘镇、日屋镇水文指数均在 0.55 左右；萨尔乡、扎西岗乡、多布扎乡以及江嘎镇驻地周边水文指数则在 0.20 上下。

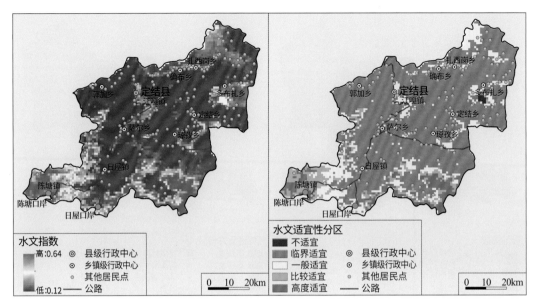

图 4.37　定结县与日屋 – 陈塘口岸水文指数及其人居环境水文适宜性分区

此外，定结县大部分地区水文指数在 0.30 以上。

3）定结县水文临界适宜类型占比很高，占全县面积的七成以上

水文适宜性评价结果显示定结县以临界适宜类型为主（图 4.37），土地占比 72.77%，此外，定结县一般适宜地区占全县面积的 14.24%。前者分布在定结乡、江嘎镇、萨尔乡、琼孜乡、扎西岗乡、多布扎乡、郭加乡、确布乡南部、日屋镇西南部，而后者则零星分布于确布乡、多布扎乡、琼孜乡、萨尔乡、日屋镇和陈塘镇部分地区。比较适宜地区仅占定结县面积的 7%，主要分布在陈塘镇；高度适宜地区和不适宜地区分别占定结县面积的 5.75% 和 0.24%，高度适宜地区连片分布在日屋镇东南部、陈塘镇西部，而不适宜地区集中分布于定结乡。

4）日屋 – 陈塘口岸水文适宜性以比较适宜类型为主

陈塘口岸降水量在 478mm 左右，而地表水分指数在 0.40 以上，相应水文指数均值在 0.30 以上。陈塘口岸以水文适宜类型为主，其中 50% 以上的口岸地区属于水文比较适宜类型。日屋口岸降水量在 500mm 左右，地表水分指数仅为 0.05 左右，相应水文指数均值在 0.20 以上。日屋口岸以水文适宜类型为主，其中 50% 以上的口岸地区属于水文一般适宜类型，仅极个别地区存在临界适宜类型。

4. 地被指数与地被适宜性

1）定结县归一化植被指数较高，土地覆被类型以裸地和草地为主

定结县南部地区和北部部分地区的归一化植被指数在 0.29 以上，其他地区归一化植被指数均在 0.15 上下波动。定结县主要土地覆被类型为裸地和草地，分别占全县面积的 78.14% 和 7.12%，其次为冰雪和森林，土地覆盖面积占比 5.26% 和 4.94%，水体与农田面积占比为 3.32% 和 0.06%。

2）定结县地被指数介于 0 ～ 0.95，均值为 0.03

定结县地被指数均值为 0.03，且地被指数自南至北逐渐增加。其中以陈塘镇地被指数较高，介于 0.28 ～ 0.95，而日屋口岸地被指数较低。相比而言，定结其他乡镇，尤其是其北部乡镇（图 4.38），地被指数都较低，大部分区域地被指数在 0.03 以下。

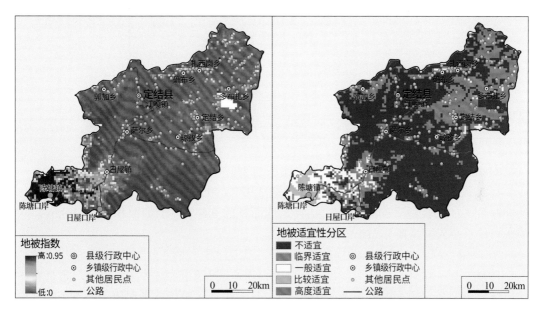

图 4.38　定结县与日屋 – 陈塘口岸地被指数及其人居环境地被适宜性分区

3）定结县以地被不适宜类型为主，占比县域面积的 3/5 强

定结县人居环境地被适宜性以不适宜为主要类型，相应土地面积占到全县的 63.84%（图 4.38），此外，地被临界适宜类型占全县面积的 29.64%。其中，一般适宜地区占 6.5%。于空间上，地被适宜地区集中分布在陈塘镇，临界适宜地区分布于陈塘镇、定结乡、萨尔乡、多布扎乡、琼孜乡、郭加乡和确布乡，不适宜地区则分布在除陈塘镇以外的大部分区域。

4）陈塘口岸 1/2 强土地属于地被适宜区，日屋口岸约 2/5 土地属于地被适宜区

日屋口岸和陈塘口岸是定结县全境归一化植被指数较高的区域，其中陈塘口岸大部分区域归一化植被指数在 0.53 以上，且土地覆被类型以森林为主，陈塘口岸地被适宜性以一般适宜和比较适宜类型为主，占口岸面积的 50% 以上。相比之下，日屋口岸的大部分区域归一化植被指数在 0.15 以上，土地覆被类型以森林为主，日屋口岸地被适宜性以临界适宜类型为主，约占口岸面积的 2/5，在边界地区存在不适宜类型。

5. 人居环境适宜性综合评价与分区

1）定结县临界适宜和不适宜地区超过 95%

定结县人居环境临界适宜地区占全县的 56.89%，土地面积为 3015.27km²，相应县内人口约为 13587 人（2016 年）；不适宜地区占全县的 38.68%，土地面积为

2050.21km²，相应县内人口为 9565 人（表 4.13）。临界适宜地区和不适宜地区为定结县主要类型，主要分布在多布扎乡、定结乡、确布乡、江嘎镇、日屋镇、萨尔乡、琼孜乡、扎西岗乡。

表 4.13 定结县人居环境自然适宜性评价结果统计表

人居环境适宜性类型		土地面积 /km²	土地占比 /%	人口数量 / 人	人口占比 /%
适宜地区	高度适宜	—	—	—	—
	比较适宜	24.20	0.46	139	0.58
	一般适宜	210.32	3.97	810	3.36
临界适宜地区		3015.27	56.89	13587	56.37
不适宜地区		2050.21	38.68	9565	39.69
总和		5300	100	24101	100

2）定结县人居环境适宜土地面积占比不到 5%，人口占比不足 4%

定结县人居环境一般适宜地区占全县的 3.97%，土地面积为 210.32km²，相应人口约 800 余人；比较适宜类型约占定结县土地面积的 0.46%，土地面积为 24.20km²，相应人口仅百余人，主要分布于陈塘镇。

3）陈塘口岸人居环境以适宜类型为主，占比达 3/5

陈塘口岸人居环境以适宜类型为主，占口岸地区面积的 3/5 左右，其中一般适宜、比较适宜类型分别约占口岸地区面积的 1/5，且定结县一般适宜类型集中分布于陈塘口岸（图 4.39）。此外，陈塘口岸东侧分布有部分临界适宜类型。

4）日屋口岸人居环境以适宜类型为主，占比达 2/5

日屋口岸人居环境以适宜类型为主，占口岸面积的 2/5 左右，其中临界适宜类型

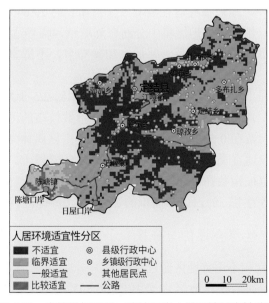

图 4.39 定结县与日屋 – 陈塘口岸人居环境适宜性分区

约占口岸面积的 1/5，此外，日屋口岸东侧分布有部分不适宜类型。

4.3.5　亚东县与亚东口岸地区

1. 地形起伏度与地形适宜性

1）亚东县平均海拔 4554m，平地占比近 1/10

根据海拔统计分析，亚东县平均海拔为 4554m。亚东县人口主要集中在 5000m 以下的地区，土地占到 87.15%，相应人口占到 83.01%。根据平地统计分析，亚东县平地较少，仅占到 8.73%，主要分布在该县东北部局部地区，以麻曲沿线河谷地区为主。

2）亚东县地形起伏度均值为 5.64，5.0 以下地区约占 1/6

根据地形起伏度研究结果（图 4.40），亚东县的地形起伏度介于 3.99 ~ 8.92，平均地形起伏度约为 5.64。统计表明，当地形起伏度为 5.0 时，其土地面积累计占 15.47%；当地形起伏度为 6.5 时，其土地面积累计占 93.39%。

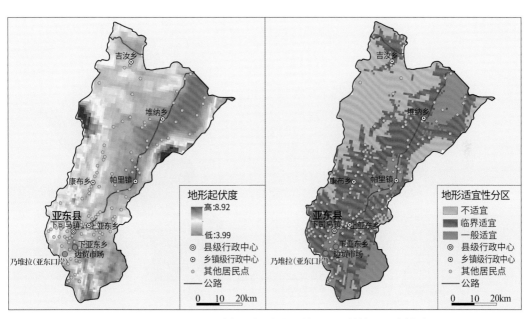

图 4.40　亚东县与亚东口岸地形起伏度及其人居环境地形适宜性分区

3）亚东县地形临界适宜地区和不适宜地区分别占 45.37% 和 20.62%

基于地形起伏度的人居环境适宜性评价表明，亚东县以临界适宜地区为主（图 4.40），地形临界适宜地区占地 45.37%；一般适宜和不适宜地区分别占到 34.01% 与 20.62%。其中，临界适宜主要沿麻曲河谷分布，以康布乡高度集聚，而一般适宜分布在以亚东县城（下司马镇）和下亚东乡为中心的南部地区。

4）亚东口岸属地形临界适宜或一般适宜地区

亚东口岸（中印乃堆拉边贸互市通道）西通乃堆拉山口入印度，是喜马拉雅山脉

101

的东南面山口,海拔 4730m。就地形适宜性分区来看,亚东口岸及其所在的下亚东乡大部分属临界适宜,下亚东乡人口不足全县人口的 1/10 以上。此外,中、印、不三国的新国际边贸市场位于下亚东乡切玛村,均属于地形临界适宜地区。

2. 温湿指数与气候适宜性

1)亚东县年平均气温介于 –11 ~ 14℃,相对湿度占比在 66% ~ 75%

亚东县年平均气温介于 –11 ~ 14℃,全县 93.93% 的人口聚集在温度高于 –5℃的地区,该地区主要分布在麻曲河谷地带以及县域中南部的低海拔地区。亚东县年平均相对湿度介于 66% ~ 75%,东北部温湿指数相对较低,中部和南部的温湿指数相对较高。

2)亚东县温湿指数介于 19 ~ 57,高于 40 的地区约占 9%

亚东县温湿指数集中分布在 19 ~ 57。温湿指数低于 40,土地面积占比为 91.41%。可见,亚东县的大部分地区属于极冷地区。温湿指数高于 40 的地区面积占比为 8.59%,分布在位于亚东南部(含口岸)的亚热带河谷地带(图 4.41)。

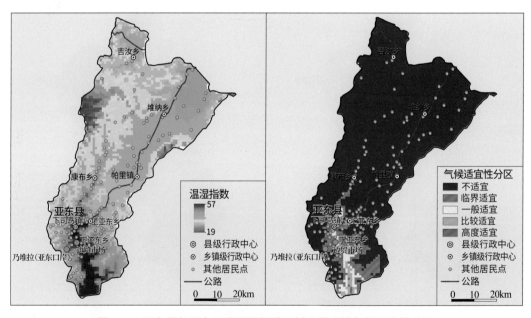

图 4.41 亚东县与亚东口岸温湿指数及其人居环境气候适宜性分区

3)亚东县以气候不适宜为主要特征,占地 4/5 强

基于温湿指数的人居环境气候适宜性评价表明,亚东县包含 5 种气候适宜性分区类型,其中气候适宜区(包括高度适宜区、比较适宜区和一般适宜区)占地仅为3.27%,主要位于县域南部沿麻曲河谷分布。临界适宜区面积占比为 8.12%,主要分布在适宜区周边地区,以下亚东乡为主。全县 88.61% 的地区属于气候不适宜区,广泛分布于全县北部地区。

4）亚东口岸属气候临界适宜地区

亚东口岸（中印乃堆拉边贸通道）西通乃堆拉山口入印度，是喜马拉雅山脉的东南面山口，暖湿气流丰富，但冬季严寒。就气候适宜性分区来看，亚东口岸和中、印、不三国的新国际边贸市场（切玛村）及其所在的下亚东乡以临界适宜和适宜为主。此外，亚东口岸曾是中印之间重要的通商口岸，也是"茶马古道"的主要通道。

3. 水文指数与水文适宜性

1）亚东县降水量均值为 502.72mm，降水充沛

亚东县降水量介于 453～534mm，降水量均值为 502.72mm，由西至东降水量逐渐减小，吉汝乡与康布乡降水量较高，在 502mm 以上。地表水分指数介于 0～0.84，均值约为 0.18，且由南至北地表水分指数值逐渐减小，高值主要集中在南部及中部。由此，可知亚东县的降水和地表水储积状况较好。

2）亚东县 1/2 以上地区水文指数高于 0.24

亚东县水文指数介于 0.12～0.63，水文指数均值达 0.24，且 1/2 以上地区水文指数高于 0.24。亚东县水文指数空间差异较大（图 4.42），其中下亚东乡、下司马镇水文指数在 0.40 左右；吉汝乡与堆纳乡周边水文指数在 0.20 上下。此外，康布乡、帕里镇大部分地区水文指数在 0.30 左右。

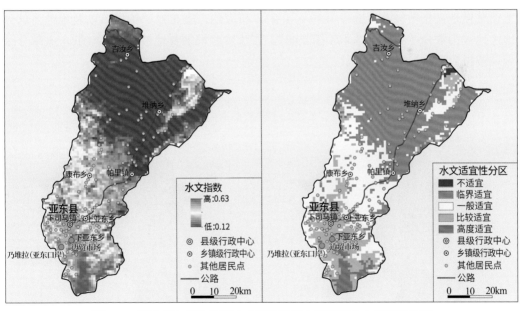

图 4.42　亚东县与亚东口岸水文指数及其人居环境水文适宜性分区

3）亚东县水文临界适宜类型占比很高，占全县面积的 1/2

亚东县人居环境水文适宜性以临界适宜类型为主（图 4.42），土地面积占到全县的 49.57%，于空间上主要分布在吉汝乡、堆纳乡、帕里镇北部；此外，一般适宜地区占亚东县面积的 29.40%，于空间上则分布于康布乡、帕里镇南部地区。相应地，比较适

宜地区占亚东县面积的 16.26%，主要分布在下司马镇、下亚东乡；而高度适宜与不适宜地区分别占亚东县面积的 4.51% 和 0.26%。于空间上，高度适宜地区分布在下亚东乡南部部分地区及堆纳乡部分地区，而不适宜地区分布于堆纳乡。

4）亚东口岸水文适宜性以比较适宜类型为主

亚东口岸（中印乃堆拉边贸通道）降水量在 492mm 左右，而地表水分指数较高，达 0.52 以上，相应水文指数均值约为 0.46。亚东口岸（中印乃堆拉边贸通道）以水文适宜类型为主，其中 70% 以上的口岸地区属于水文高度适宜类型，仅极个别地区存在比较适宜类型。

4. 地被指数与地被适宜性

1）亚东县归一化植被指数很高，土地覆被类型以裸地、草地和森林为主

亚东县中、南部地区归一化植被指数在 0.30 以上，其中南部高达 0.60 以上，北部地区归一化植被指数均在 0.19 上下波动。亚东县主要土地覆被类型为裸地、草地和森林，分别占全县面积的 51.99%、20.83% 和 20.73%，其次为冰雪和水体，土地覆盖面积占比 2.12% 和 1.75%，湿地与灌丛面积占比为 1.19% 和 1.18%。

2）亚东县地被指数介于 0 ～ 0.97，均值为 0.10

亚东县地被指数均值为 0.10，且地被指数自北至南逐渐增加。其中，以下亚东乡、下司马镇地被指数较高，介于 0.29 ～ 0.97。相应地，康布乡、帕里镇以及堆纳乡部分地区地被指数介于 0.10 ～ 0.19（图 4.43），吉汝乡和堆纳乡地被指数都较低，大部分区域地被指数不及 0.05。

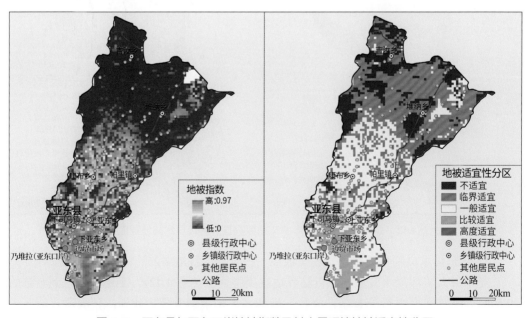

图 4.43 亚东县与亚东口岸地被指数及其人居环境地被适宜性分区

3）亚东县以地被适宜与临界适宜类型为主，占比接近全县面积的八成

亚东县人居环境地被适宜性以适宜与临界适宜为主要类型，两者相应土地面积分别占到全县的 34.13% 与 46.31%。对适宜类型而言，一般适宜类型土地占比 34.13%，而地被比较适宜和高度适宜类型鲜有分布。其次，临界适宜作为第二大适宜性类型，其土地面积占到 46.31%，而不适宜地区仍占到全县 19.56%（图 4.43）。于空间上，地被适宜地区集中分布在下亚东乡、下司马镇、康布乡、帕里镇，临界适宜地区分布于堆纳乡、吉汝乡，不适宜地区则零星分布在吉汝乡和堆纳乡。

4）亚东口岸地被适宜区土地占比 1/2 强

亚东口岸（中印乃堆拉边贸通道）是亚东县全境归一化植被指数较高区域，大部分区域归一化植被指数在 0.62 以上，且亚东口岸土地覆被类型以森林为主。就地被指数而言，亚东口岸人居环境地被适宜性占主导，并以一般适宜和比较适宜类型为主，占口岸面积的 50% 以上。

5. 人居环境适宜性综合评价与分区

1）亚东县临界适宜地区占地 7/10，相应人口占到六成

亚东县人居环境临界适宜地区是其主要类型，土地面积约为 3598.39km^2 占全县的 70.56%（表 4.14），相应县内人口为 8453 人。临界适宜地区为亚东县主要类型。从空间分布看主要分布在吉汝乡、堆纳乡、康布乡、帕里镇及下司马镇一部分地区。

表 4.14　亚东县人居环境自然适宜性评价结果统计表

人居环境适宜性类型		土地面积 /km^2	土地占比 /%	人口数量 / 人	人口占比 /%
适宜地区	高度适宜	–	–	–	–
	比较适宜	129.04	2.53	273	1.96
	一般适宜	846.98	16.61	3087	22.18
临界适宜地区		3598.39	70.56	8453	60.72
不适宜地区		525.59	10.30	2107	15.14
总和		5100	100	13920	100

2）亚东县人居环境不适宜地区占地 1/10，相应人口占到 15.14%

亚东县人居环境不适宜地区占全县面积的 10.30%，土地面积为 525.59km^2，相应人口比重达 15.14%，相应人口为 2107 人。不适宜地区在亚东县内占比较小，从空间分布看主要集中分布在吉汝乡，零星分布在堆纳乡和帕里镇。

3）亚东县人居环境适宜地区占比为 1/6

亚东县人居环境一般适宜地区占全县的 16.61%，土地面积为 846.98km^2，相应人口为 3087 人；比较适宜地区约占亚东县土地面积的 2.53%，土地面积为 129.04km^2，相应县内人口为 273 人，主要分布于下亚东乡和下司马镇（图 4.44）。

4）亚东口岸人居环境以适宜类型为主

亚东口岸人居环境以适宜类型为主，相应土地面积占口岸的 3/5 左右，其中高度

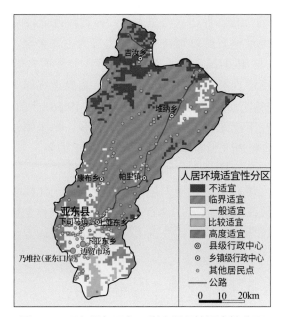

图 4.44　亚东县与亚东口岸人居环境适宜性分区

适宜、比较适宜类型分别约占口岸面积的 2/5，于空间上集中分布在公路两侧，且亚东县比较适宜类型集中分布于亚东口岸地区。

第5章

土地资源承载力基础考察与综合评价 [*]

* 本章执笔人：杨艳昭、何永涛、张超、梁玉斌、曹亚楠、汤峰

第 5 章基于南亚通道土地资源承载力基础考察，从食物生产端与消费端的平衡关系出发，开展土地资源承载力综合评价；立足人粮平衡、草畜平衡与当量平衡，从南亚通道地区（拉萨市、日喀则市）、中尼廊道及其周边地区和重要口岸地区（普兰县、吉隆县、聂拉木县、定结县、亚东县）等不同空间尺度，定量评价南亚通道不同地区的土地资源承载力及其承载状态。

5.1   南亚通道地区：拉萨市、日喀则市

"南亚通道资源环境基础与承载能力考察研究"科考分队重点对南亚通道地区的拉萨市和日喀则市进行了土地资源承载力基础考察，基于野外考察、实地调研和室内分析，定量评价了拉萨市和日喀则市的土地资源承载力与承载状态。

5.1.1   拉萨市

2018 年科考分队采取点线面结合的方式，对拉萨市进行了土地资源承载力基础考察，基于野外考察、入户调研与机构访谈，定量分析了拉萨市土地资源利用与农牧业生产的基本特征，探讨了拉萨市城乡居民的食物消费结构与膳食营养水平。在此基础上，定量分析了拉萨市 1988 ~ 2016 年土地资源承载力与承载状态。

1. 土地资源利用与农牧业生产

拉萨市位于雅鲁藏布江支流拉萨河北岸，土地资源类型多样，以草地资源为主，林地次之，耕地面积占比较小。

耕地面积先增后减，人均耕地大幅减少。1988 ~ 2016 年，拉萨市耕地面积先增后减，从 1988 年的 3.84 万 hm² 增至 1995 年的 3.98 万 hm²，随后波动下降到 2016 年的 3.68 万 hm²（图 5.1）。从人均耕地占有水平来看，1988 ~ 2016 年，拉萨市人均耕地由 1.64 亩下降到 0.82 亩，降幅达到了 50%。作为西藏主要的人口聚集地，人口快速增加是造成拉萨市人均耕地大幅下降的主要原因之一。

粮食总产先升后降并趋于平稳，单产波动中上升。1988 ~ 2016 年，拉萨市粮食作物播种面积整体呈下降态势，占农作物播种面积比例也从 92.97% 下降到 70.56%（图 5.2）。从粮食总产量来看，1988 ~ 2016 年，拉萨市粮食产量由 8.18 万 t 增加到 2004 年的 20.95 万 t，随后降至 2016 年的 17.76 万 t（图 5.3）。从粮食作物单产来看，拉萨市粮食单产从 2323.12kg/hm² 增加到 6172.27kg/hm²，2016 年较 1988 年增加了 1.66 倍，粮食生产能力显著提升。

草地生产力高，牲畜规模得到有效控制。拉萨市现有天然草地约 199.80 万 hm²，仅占西藏草地总面积的 2.35%。其中，高寒草甸面积为 168.23 万 hm²，高寒草原面积为 31.57 万 hm²。虽然拉萨市草地面积较小，但是草地的地上生物量较高，2016 年约为 132.90g/m²（图 5.4）。从牲畜的饲养状况来看，拉萨市牲畜总量呈减少趋势，至 2016

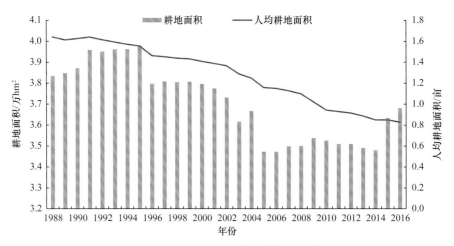

图 5.1　1988 ～ 2016 年拉萨市耕地资源利用特征

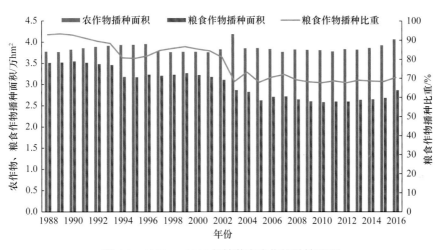

图 5.2　1988 ～ 2016 年拉萨市农作物种植面积

年拉萨市共饲养牛羊等牲畜 171.88 万头，约占全区牲畜总数量的 7.45%。2012 年之前，拉萨市的牲畜以绵羊、山羊为主，之后则以牛、马等大牲畜为主。绵羊、山羊数量 2005 年最高，为 153.32 万头，随后开始下降，2016 年仅为 70.71 万头；牛、马等大牲畜数量则呈不断增加趋势，由 2000 年的 78 万头增加到 2016 年 101.71 万头。

2. 食物消费结构与膳食营养水平

拉萨市居民食物消费以粮食为主，城乡消费结构相似，消费量有所差异。现阶段，拉萨市城镇居民食物消费以粮食为主，年人均消费量约为 133kg，其次为蔬菜和肉类，年人均消费量分别为 50kg 和 21kg；农村居民食物消费以粮食为主，年人均消费量为 168kg，其次为蔬菜和肉类，分别为 62kg 和 36kg（图 5.5）。

拉萨市居民热量摄入量约为 2383.6kcal，蛋白质摄入量约为 55.14g。动物性蛋白占 22% 左右，植物性脂肪占 70% 左右，植物性食物是其主要热量来源。其中，城

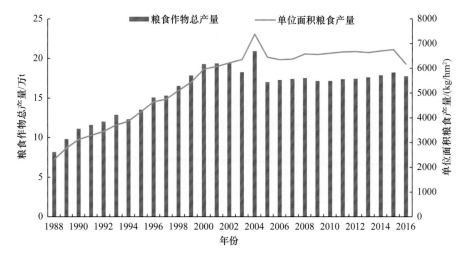

图 5.3　1988～2016 年拉萨市粮食生产能力

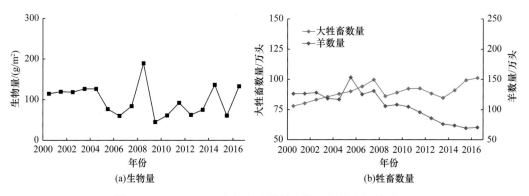

图 5.4　2000～2016 年拉萨市草地生物量与牲畜饲养数量

镇居民日均热量摄入为 2177.08kcal，蛋白质摄入量为 46g；农村居民日均热量摄入 2432.02kcal，蛋白质 57.29g。从热量和营养素来源看（图 5.6），热量摄入主要来源于粮食、食用油、肉类；蛋白质摄入主要来源于粮食与肉类。

3. 土地资源承载力与承载状态

拉萨市耕地资源承载力明显增加，耕地资源承载力多在临界超载乃至超载状态。基于人粮平衡的拉萨市耕地资源承载力研究表明，1988～2016 年，拉萨市耕地资源承载力从 20.44 万人增加到 44.39 万人，2016 年较 1988 年增加了 1.17 倍，土地资源承载力明显增加（图 5.7）。就承载状态而言，1988～2016 年，拉萨市耕地承载指数呈现明显的"U"形变化特征，除少数年份外都在 1.0 以上，耕地资源承载力多在临界超载乃至超载状态，由于城区人口相对集聚，多数年份都是通过跨区调用解决粮食供给问题。

拉萨市草地资源承载力年际波动较大，草地多处于临界超载或超载状态。基于草畜平衡的拉萨市草地资源承载力研究表明，2000～2016 年拉萨市草地资源承载力

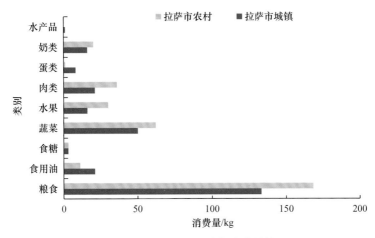

图 5.5　拉萨市居民食物消费结构

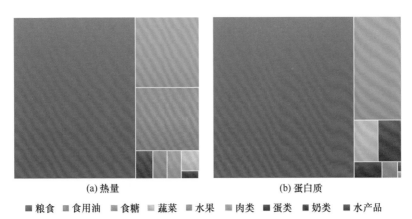

(a) 热量　　　　　　　　　　(b) 蛋白质

■粮食　■食用油　■食糖　■蔬菜　■水果　■肉类　■蛋类　■奶类　■水产品

图 5.6　拉萨市居民热量和蛋白质摄入主要来源

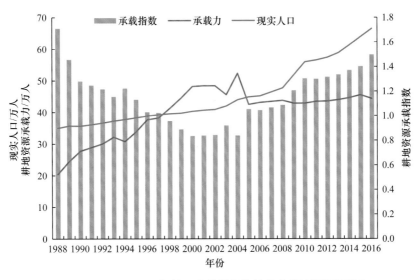

图 5.7　1988 ～ 2016 年基于人粮平衡的拉萨市耕地资源承载力

平均为 184.30 羊单位 /km²，但草地承载力年际波动较大，2016 年为 482.30 万羊单位（图 5.8）。从草畜平衡状态来看，2000 ~ 2016 年，受气候影响，拉萨市大部分年份的草地承载指数都在 1.0 以上，草地多处于临界超载或超载状态，仅在气候条件趋好的情况下，草畜关系处于平衡状态。

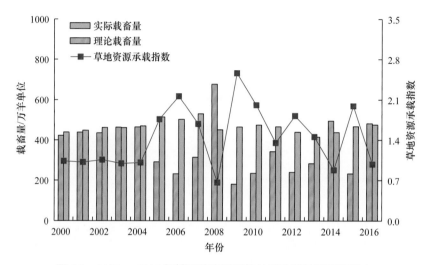

图 5.8　2000 ~ 2016 年基于草畜平衡的拉萨市草地资源承载力

基于当量平衡的拉萨市土地资源承载力在增强，土地资源承载力多处于盈余状态。1988 ~ 2016 年，以热量平衡计，拉萨市土地资源承载力从 28.41 万人增加到 54.57 万人，2016 年较 1988 年增加了近 1 倍；以蛋白质平衡计，拉萨市土地资源承载力从 31.68 万人增加到 82.09 万人，2016 年较 1988 年增加 50.41 万人，增加了 1.59 倍（图 5.9）。就土地资源承载状态而言，1988 ~ 2016 年，拉萨市基于热量当量的土地承载指数较多年份介于 0.6 ~ 0.8，处于超载与富余之间变化，当前处于超载状态；基于蛋白质当量的土地承载指数较多年份介于 0.52 ~ 1.10，处于富裕与临界超载之间，当前处于盈余状态。

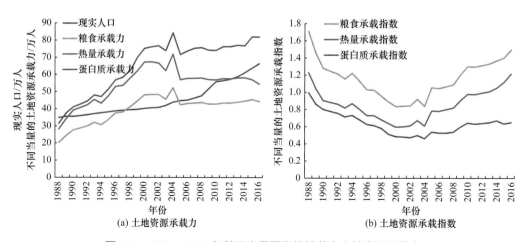

(a) 土地资源承载力　　　　　　　　(b) 土地资源承载指数

图 5.9　1988 ~ 2016 年基于当量平衡的拉萨市土地资源承载力

5.1.2　日喀则市

2018 年科考分队采取点线面结合的方式，对日喀则市进行了土地资源承载力基础考察，基于野外考察、入户调研与机构访谈，定量分析了日喀则市土地资源利用与农牧业生产的基本特征，探讨了日喀则市城乡居民的食物消费结构与膳食营养水平，在此基础上，定量分析了 1988 ～ 2016 年日喀则市土地资源承载力与承载状态。

1. 土地资源利用与农牧业生产

日喀则市地处青藏高原西南部，中部地区为藏南高原和雅鲁藏布江河谷，土地类型多样，以草地资源为主，林地次之，耕地面积较小。

耕地面积逐渐增加，人均耕地面积下降。1988 ～ 2016 年，日喀则市耕地面积由 7.72 万 hm² 增加到 9.43 万 hm²，增加了 22.15%。同期受人口增长影响，人均耕地面积从 1988 年的 2.16 亩下降到 2016 年的 1.89 亩，下降了 0.27 亩（图 5.10）。

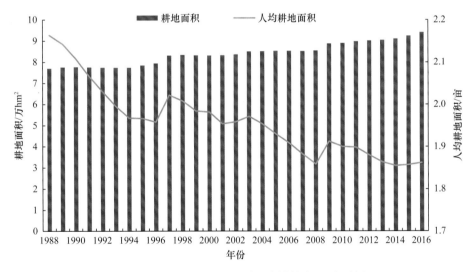

图 5.10　1988 ～ 2016 年日喀则市耕地资源利用特征

粮食总产波动中上升，单产显著增加。1988 ～ 2016 年，日喀则市粮食作物播种面积从 6.40 万 hm² 减少到 6.08 万 hm²，占农作物播种面积比重由 91.80% 下降到 67.62%（图 5.11）。从粮食总产量来看，1988 ～ 2016 年，日喀则市粮食产量由 20.38 万 t 增加到 40.41 万 t，增加了 98.28%，增长幅度较大（图 5.12）。从单产来看，单位面积粮食产量由 1988 年的 3184.86kg/hm² 增加到 2016 年的 6645.83kg/hm²，2016 年较 1988 年增长了 1.09 倍之多，粮食生产能力显著提升。

草地资源丰富，牲畜数量稳中有降。日喀则市天然草地约 1199.19 万 hm²，占

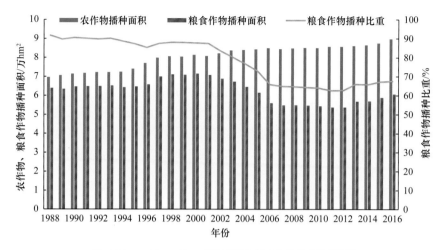

图 5.11　1988 ～ 2016 年日喀则市粮食作物播种面积

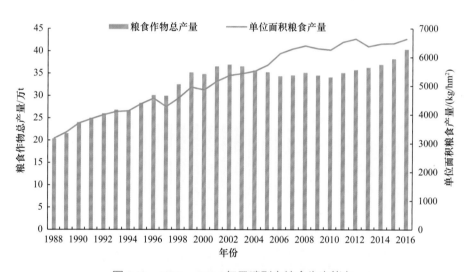

图 5.12　1988 ～ 2016 年日喀则市粮食生产能力

西藏草地总面积的 14.13%，其中，高寒草甸面积约 560.62 万 hm²，高寒草原面积为 638.57 万 hm²。日喀则市草地地上生物量略低于西藏地区的平均水平，2000 ～ 2016 年平均值为 47.63g/m²，2016 年约为 56.80g/m²。从牲畜的饲养状况来看，日喀则牲畜数量呈平稳略有下降的态势，2016 年共饲养牲畜 602.15 万头，约占全区牲畜总数量的 26.09%。日喀则市牲畜结构以山羊、绵羊等为主，其数量自 2008 年以后呈显著下降趋势，由 2008 年的 617.52 万头下降至 2016 年的 496.44 万头；大牲畜数量则相对稳定，除 2010 年外，其他年份维持在 105 万～ 130 万头，近年略呈下降的趋势（图 5.13）。

2. 食物消费结构与膳食营养水平

日喀则市居民食物消费以粮食为主，城乡略有差异。日喀则市城镇居民的粮食消费量最大，年人均消费量达到 156kg，其次为蔬菜和肉类，年人均消费量分别为 76kg

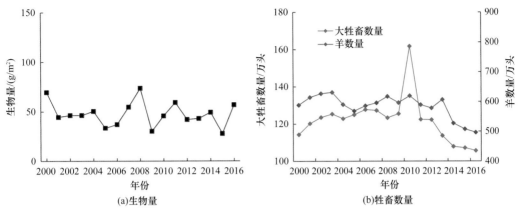

图 5.13 2000 ～ 2016 年日喀则市草地生物量与牲畜饲养数量

和61kg，其余各类食物消费量较低（图5.14）。日喀则市农村居民年人均粮食消费量最大，为123kg，其次是蔬菜，达到71kg，肉类消费位居第三，约40kg，奶类消费量也较多，为20kg。

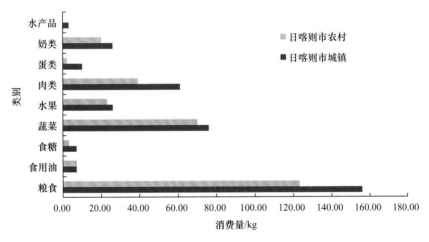

图 5.14 日喀则市居民食物消费结构

日喀则市城乡居民热量摄入量约为2399.60kcal，蛋白质摄入量约为59.73g，热量和蛋白质主要源于植物性食物（图5.15）。其中，城镇居民日均热量摄入量为2582.18kcal，蛋白质摄入量为66.09g；农村居民日均摄入热量2371.02kcal，摄入蛋白质58.73g。从来源看，粮食、肉类和食用油是热量的主要来源；蛋白质的主要来源为粮食和肉类。

3. 土地资源承载力与承载状态

日喀则市耕地资源承载力明显增加，耕地资源承载力多在耕地盈余状态。基于人粮平衡的日喀则市耕地资源承载力研究表明，1988 ～ 2016 年，耕地资源承载力波动

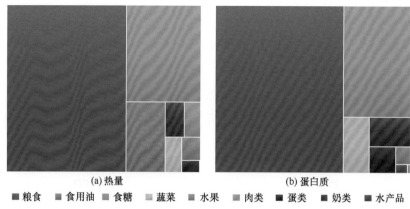

(a) 热量　　　　　　　　　　　　　　(b) 蛋白质

■粮食　■食用油　■食糖　■蔬菜　■水果　■肉类　■蛋类　■奶类　■水产品

图 5.15　日喀则地区居民摄入营养主要来源

升高，承载的人口从 50.94 万人增加到 101.02 万人，增加了 50.08 万人，较 1988 年增加了近 1 倍（图 5.16）。就耕地资源承载状态而言，日喀则市人粮关系整体较好，1988～2016 年整体处于耕地盈余状态，2016 年处于耕地富裕水平，耕地资源仍有较大承载空间。

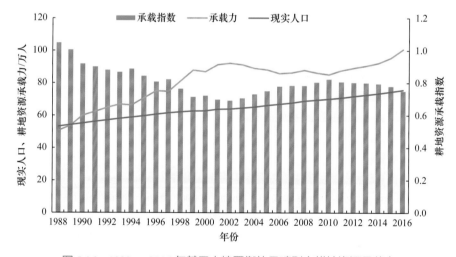

图 5.16　1988～2016 年基于人粮平衡的日喀则市耕地资源承载力

日喀则市草地资源承载力年际波动较大，草地多处于临界超载或盈余状态。基于草畜平衡的日喀则市草地资源承载力研究表明，2000～2016 年日喀则市的草地资源承载力平均为 43.26 羊单位 /km²，2016 年，草地理论载畜量为 1245.48 万羊单位（图 5.17）。从草畜平衡状态来看，2000～2016 年，日喀则市实际牲畜规模在多数年份略大于理论载畜量，草畜关系整体表现为临界超载状态，部分年份为盈余状态，反映出了较强的波动性。

基于当量平衡的日喀则市土地资源承载力在增强，土地资源承载力多处于盈余状态。以热量平衡计，1988～2016 年，日喀则市土地资源承载力从 71.78 万人增加

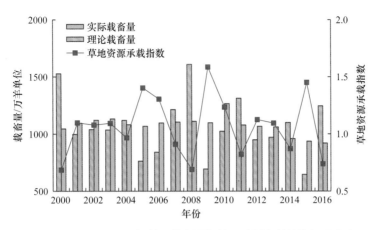

图 5.17　2000～2016 年基于草畜平衡的日喀则市草地资源承载力

到 139.86 万人，2016 年承载力较 1988 年增长了 94.85%；以蛋白质平衡计，日喀则市土地资源承载力从 78.19 万人增加到 154.72 万人，2016 年较 1988 年增长了 97.88%（图 5.18）。从土地资源承载状态看，1988～2016 年，日喀则市基于热量当量的土地承载指数多在 0.5～0.8，处于富富有余或富裕状态；基于蛋白质当量的土地资源承载指数多在 0.4～0.8，也基本处于富富有余或富裕状态，当前处于富富有余状态。

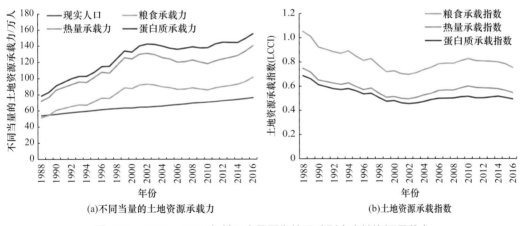

(a)不同当量的土地资源承载力

(b)土地资源承载指数

图 5.18　1988～2016 年基于当量平衡的日喀则市土地资源承载力

5.2　中尼廊道及其周边地区

　　"南亚通道资源环境基础与承载能力考察研究"科考分队重点对中尼廊道及其周边地区进行了土地资源承载力基础考察。以此为基础，分析了廊道 31 个县（区）土地资源利用与农牧业生产和食物消费结构与膳食营养水平，定量评价了中尼廊道地区的土地资源承载力与承载状态。

5.2.1　土地资源承载力基础考察

1. 土地利用状况考察

中尼廊道地区土地资源利用考察发现，土地资源以草地为主，零星分布有耕地与水域，林地分布较为集中。中尼廊道地区草地面积广阔，草地东西差异较为明显，位于墨竹工卡县、林周县、当雄县、尼木县、仁布县、桑珠孜区、白朗县等海拔较低的东部县域水热条件较好，草场长势较好，而札达县、噶尔县、革吉县、普兰县、萨嘎县、仲巴县、措勤县、昂仁县等海拔较高的西部县域由于整体水热条件欠佳，草场长势相对较差，部分草地出现荒漠化与沙漠化现象。

中尼廊道地区耕地零星分布在墨竹工卡县、林周县、堆龙德庆区、城关区、江孜县、白朗县、桑珠孜区等东部县域的低海拔地区，多位于河谷之中，地形较为平坦，水热条件较好，海拔高度基本不超过 4000m。中尼廊道地区林地主要分布于东部低海拔地区，此外，在定日县、聂拉木县和吉隆县南部低海拔地区，也有部分集中连片森林分布。

根据考察过程中对农牧户的调研发现：近年来中尼廊道地区耕地主要种植青稞、油菜、马铃薯等作物，由于优质化肥的使用和耕作模式的改进，农作物单产有所增加，但在城市扩张以及水土等自然条件的限制下，耕地面积难以大幅增加。中尼廊道地区主要养殖牛、羊、马等牲畜，草地近年来没有出现明显的退化现象，草畜平衡政策实施效果显著。

2. 居民消费情况调查

中尼廊道地区居民消费情况考察主要包括粮食、蔬菜、肉类、水果、奶制品等食物消费情况的调查，调研结果显示：中尼廊道地区粮食消费中的糌粑、青稞多为自产，面粉、大米则需要购买。农户自产的粮食一般能够满足大部分粮食消费，牧户的粮食消费大部分需要购买。中尼廊道地区蔬菜消费除农户能满足部分需求外，大部分仍以购买为主。受传统习俗影响，中尼廊道地区奶制品消费以酥油为主，且消费量较高，牧户奶制品消费高于农户，且多为自产。中尼廊道地区肉类消费以牛羊肉为主。由于中尼廊道地区水果自产量有限，基本以购买为主且价格较高，中尼廊道地区水果消费量普遍较低。

随着历史的变迁、时代的进步和经济发展水平的不断提高，中尼廊道地区居民消费结构发生了巨大的改变。民主改革以前居民食物消费以糌粑、面疙瘩和清茶为主，肉食和蔬菜极少，生活处于温饱线以下；改革开放初期居民消费实现早餐有酥油茶、天天有蔬菜、经常有肉吃，生活水平大幅提高；现在居民消费内容更加丰富，日常生活所需的肉蛋奶及蔬菜、酥油茶、大米、面粉等基本食物需求均可得到满足，膳食营养水平显著提升。

5.2.2 土地资源利用与农牧业生产

耕地面积波动上升,人均耕地在下降。中尼廊道地区耕地总面积 13 万 hm² 左右,集中分布在农业县,半农半牧县分布较少,牧业县极少。2000～2016 年,中尼廊道地区耕地面积总体呈波动上升趋势,2016 年达 13.15 万 hm²,其中农业县耕地面积总体上升,半农半牧县总体稳定变化幅度较小,牧业县较稳定但维持在极低水平(图 5.19)。中尼廊道地区人均耕地面积约为 1.53 亩,其中农业县水平最高,约 1.70 亩,半农半牧县居中,约 1.52 亩,牧业县最低,约 0.07 亩。2000～2016 年,人均耕地面积总体呈下降趋势,2016 年为 1.40 亩,较 2000 年减少 0.30 亩,其中农业县和半农半牧县人均耕地面积总体下降,牧业县较稳定但维持在极低水平。

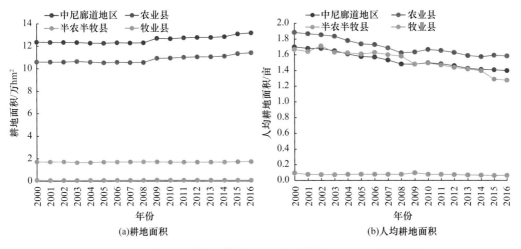

图 5.19 中尼廊道地区耕地面积和人均耕地面积空间分布格局

粮食播种面积先降后升,占农作物播种面积比例持续降低。中尼廊道地区粮食播种面积在 9 万 hm² 左右,约占农作物播种面积的 70%,集中分布在农业县,半农半牧县分布较少,牧业县极少。2000～2016 年,中尼廊道地区粮食播种面积先降后升(图 5.20),2016 年为 9.06 万 hm²,较 2000 年减少 1.48 万 hm²,粮食播种占农作物播种面积比例从 87.19% 下降至 65.56%。其中,农业县粮食播种面积占农作物播种面积比例均有所下降;半农半牧县粮食播种面积和占农作物播种面积比例均呈下降趋势;牧业县粮食播种面积和占农作物播种面积比例基本稳定。

粮食单产水平和粮食总产量均有所提升。2016 年,中尼廊道地区粮食单产约为 6.1t/hm²,其中农业县最高,约 6.4t/hm²,是半农半牧县的 1.5 倍、牧业县的 2 倍;粮食总产量 54 万 t 左右,约 90% 来源于农业县。2000～2016 年,中尼廊道地区粮食单产和粮食总产量整体均有所提升(图 5.21),2016 年分别为 6.42t/hm² 和 58.10 万 t,较 2000 年增加 1.24t/hm² 和 3.48 万 t。其中,农业县和半农半牧县粮食单产和粮食总产量

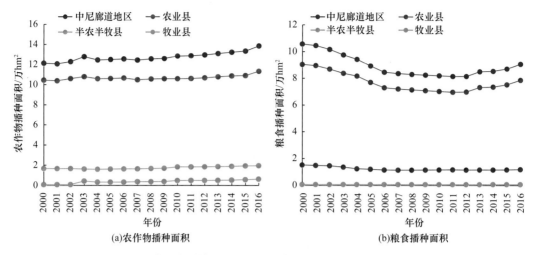

图 5.20　中尼廊道地区农作物和粮食作物播种面积空间分布格局

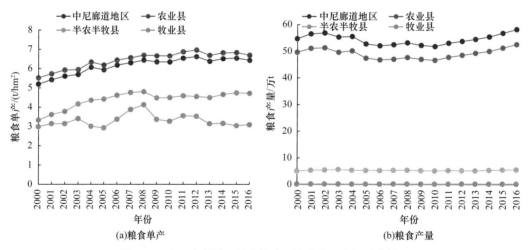

图 5.21　中尼廊道地区粮食单产和粮食产量空间分布格局

均有所上升，牧业县粮食单产年际之间波动较大，粮食产量处在较低水平。

　　草地资源相对充足，现状草地面积约 2277.36 万 hm²，占西藏自治区草地总面积的
26.84%。中尼廊道地区草地类型主要包括高寒草甸、高寒草原和高寒荒漠草原。其中，
高寒草原的面积最大，约为 1250.30 万 hm²，占草地总面积的 54.90%。其次是高寒草
甸面积为 860.65 万 hm²，占草地总面积的 37.79%。高寒荒漠草原面积最小，主要分布
在西部，面积为 166.41 万 hm²，占草地总面积的 7.31%。

　　草地资源生产力整体偏低，近年来波动中下降。2000 ～ 2016 年，中尼廊道地区
草地资源的平均生产力约为 39.73g/m²，低于西藏平均水平。就变化趋势来看，2000 ～
2006 年，中尼廊道地区草地生产力呈显著下降（图 5.22）。2006 年之后，草地的生产
力仍呈下降趋势，但是年际波动较大，下降趋势不显著。2016 年中尼走廊地区草地地
上生物量为 48.52g/m²。

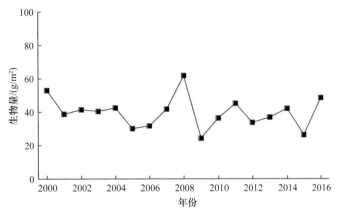

图 5.22　中尼廊道地区草地生产力年际变化

5.2.3　食物消费结构与膳食营养水平

1. 食物消费结构

居民食物消费以粮食为主，蔬菜、肉类和奶类食物为辅。食物消费结构调查研究表明（图 5.23），现阶段，中尼廊道地区年人均粮食消费量约 140kg，蔬菜约 60kg，肉类约 40kg，奶类约 20kg。其中，农业、牧业和半农半牧三种类型区食物消费结构存在一定差异，农业县居民蔬菜和水果消费量略高于其他两类地区，牧业县居民肉类消费相对较高，半农半牧县居民粮食消费量相对较高。

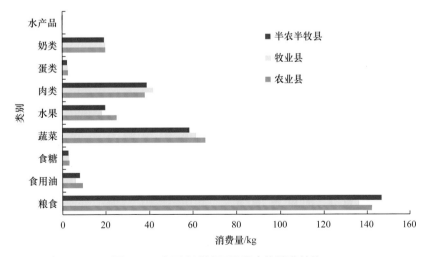

图 5.23　中尼廊道地区居民食物消费结构

2. 膳食营养水平

中尼廊道地区居民日均热量摄入量约为 2200kcal，蛋白质摄入量约为 52g，热量

121

和蛋白质摄入主要源于植物性食物。中尼廊道地区不同地区膳食营养水平匡算表明（图 5.24 和图 5.25），半农半牧县和农业县居民日均热量摄入量较高，分别为 2179.40kcal 和 2177.36kcal，牧业县相对较低，约为 2062.43kcal。三类地区蛋白质摄入量相差不大，农业县、牧业县和半农半牧县分别约为 52.08g、53.02g 和 51.34g。从来源看，粮食、肉类和食用油是热量摄入的主要来源；粮食和肉类是蛋白质摄入的主要来源。

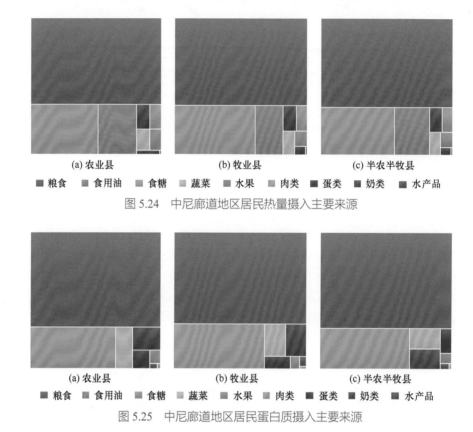

(a) 农业县　　　　　　　　(b) 牧业县　　　　　　　　(c) 半农半牧县

■ 粮食　■ 食用油　■ 食糖　■ 蔬菜　■ 水果　■ 肉类　■ 蛋类　■ 奶类　■ 水产品

图 5.24　中尼廊道地区居民热量摄入主要来源

(a) 农业县　　　　　　　　(b) 牧业县　　　　　　　　(c) 半农半牧县

■ 粮食　■ 食用油　■ 食糖　■ 蔬菜　■ 水果　■ 肉类　■ 蛋类　■ 奶类　■ 水产品

图 5.25　中尼廊道地区居民蛋白质摄入主要来源

5.2.4　土地资源承载力与承载状态

1. 基于人粮平衡的耕地资源承载力与承载状态

耕地资源承载力呈现波动上升态势，耕地资源承载力多处于平衡有余状态。2000～2016 年，中尼廊道地区耕地资源承载力由 2000 年的 136.25 万人上升到 2016 年的 144.91 万人，增加了 8.66 万人，较 2000 年增加了 6.36%；耕地资源承载指数介于 0.78～0.99，人粮关系整体处于平衡有余状态（图 5.26 和图 5.27）。

从 18 个农业县来看，2000～2016 年耕地资源承载力呈现波动上升态势，承载人口从 2000 年的 123.84 万人上升到 2016 年的 131.15 万人，增加了 7.31 万人；承载指数介于 0.67～0.85，虽有波动但总体稳定，人粮关系始终处于平衡有余状态。

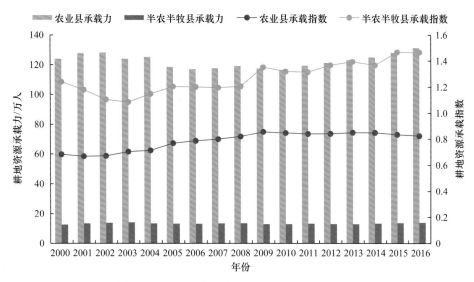

图 5.26　基于人粮平衡的中尼廊道地区不同类型县耕地资源承载力

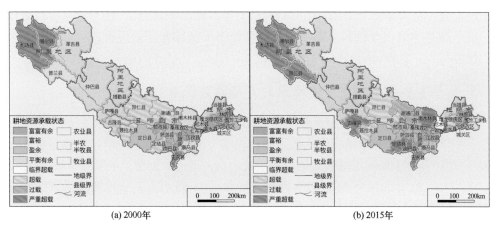

(a) 2000年　　　　　　　　　　　　　　(b) 2015年

图 5.27　基于人粮平衡的中尼廊道地区分县耕地资源承载力

从 8 个半农半牧县来看，2000～2016 年耕地资源承载力总体较稳定，呈现小幅波动上升态势，承载人口从 2000 年的 12.41 万人上升到 2016 年的 13.76 万人，增加了 1.35 万人；半农半牧县耕地资源相对较少，粮食产量较低，承载指数介于 1.08～1.46，人粮关系多处于过载或严重超载。

2. 基于草畜平衡的草地资源承载力与承载状态

草地资源承载力波动显著，整体处于临界平衡状态。基于草畜平衡的中尼廊道地区草地资源承载力研究表明（图 5.28），2000～2016 年中尼廊道地区草地承载力年际波动显著，草地资源承载力均值约 51.97 羊单位/km²，草地理论载畜量均值为 1782.01 万羊单位。中尼廊道地区草地资源承载指数多年平均为 1.05，2000～2006 年呈显著上升的状态，2006 年之后开始下降，整体上草地处于临界超载状态。

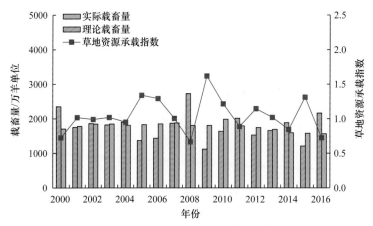

图 5.28　2000 ～ 2016 年基于草畜平衡的中尼廊道地区草地资源承载力

草地理论载畜量呈现中北部高东南部低的特征。牧业县总体最高，草地理论载畜量大体介于 63.11 万～ 167.07 万羊单位，平均为 122.27 万羊单位；半农半牧县较高，草地理论载畜量大体介于 29.02 万～ 179.07 万羊单位，平均为 77.43 万羊单位；总体来看，中尼廊道地区牧业县和半农半牧县则多处于平衡或者是盈余状态，有利于天然草地的保育和生态屏障功能的提升。

3. 基于当量平衡的土地资源承载力与承载状态

以热量平衡计，土地资源承载力呈波动上升态势，土地资源承载力整体处于盈余状态。基于当量平衡的土地资源承载力研究表明（图 5.29 和图 5.30），从热当量来看，2000 ～ 2016 年，中尼廊道地区土地资源承载力呈波动上升态势，承载人口从 2000 年的 204.74 万人增加到 2016 年的 216.59 万人，增加了 11.85 万人；土地资源承载指数介于 0.53 ～ 0.65，基于热量平衡的土地资源承载力整体处于盈余状态。

从农业县来看，2000 ～ 2016 年土地资源承载力呈波动上升态势，承载力人口 2000 年的 179.85 万人增加到 2016 年的 185.40 万人，增加了 5.55 万人；土地资源承载指数介于 0.46 ～ 0.59，虽然总体呈小幅波动上升，但年际变化较小，土地资源承载力整体处于盈余状态。

从半农半牧县来看，2000 ～ 2016 年土地资源承载力呈波动上升态势，承载人口从 2000 年的 21.05 万人增加到 2016 年的 24.51 万人，增加了 3.46 万人；土地资源承载指数介于 0.63 ～ 0.82，虽然总体小幅波动上升，但土地资源承载力整体处于盈余状态。

从牧业县来看，2000 ～ 2016 年土地资源承载力呈波动上升态势，承载人口从 2000 年的 3.84 万人增加到 2016 年的 6.68 万人，增加了 2.84 万人；土地资源承载指数从 2.44 下降到 1.95，虽然总体呈现波动下降趋势，但土地资源承载力整体处于超载状态。

以蛋白质当量计，土地资源承载力呈波动上升态势，土地资源承载力整体处于盈

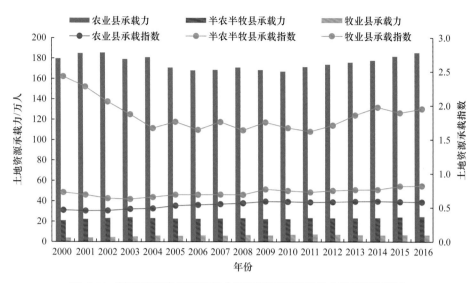

图 5.29　基于热量当量平衡的中尼廊道不同类型县土地资源承载力

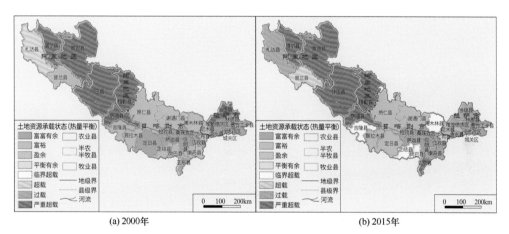

图 5.30　基于热量当量平衡的中尼廊道分县土地资源承载力

余状态。2000～2016 年，中尼廊道地区土地资源承载力呈波动上升态势，承载人口从 2000 年的 217.89 万人增加到 2016 年的 251.72 万人，增加了 33.83 万人；土地资源承载指数介于 0.48～0.57，土地资源承载力整体处于盈余状态（图 5.31 和图 5.32）。

从农业县来看，2000～2016 年土地资源承载力呈波动上升态势，承载人口从 2000 年的 183.01 万人增加到 2016 年的 203.09 万人，增加了 20.08 万人；土地资源承载指数介于 0.45～0.55，年际之间变化较小，土地资源承载力整体处于盈余状态。

从半农半牧县来看，2000～2016 年土地资源承载力呈波动上升态势，承载人口从 2000 年的 24.43 万人增加到 2016 年的 30.44 万人，增加了 6.01 万人；土地资源承载指数介于 0.53～0.66，年际变化较小，土地资源承载力整体处于盈余状态。

从牧业县来看，土地资源承载力呈波动上升态势，承载人口从 2000 年的 10.45 万人增加到 2016 年的 18.19 万人，增加了 7.74 万人；土地资源承载指数总体呈现波动

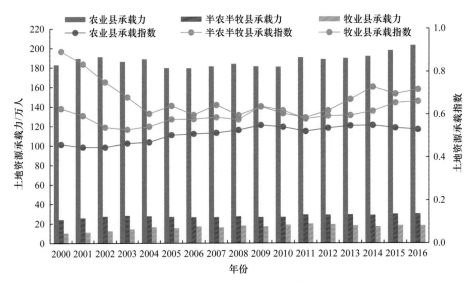

图 5.31　基于蛋白质当量平衡的中尼廊道不同类型县土地资源承载力

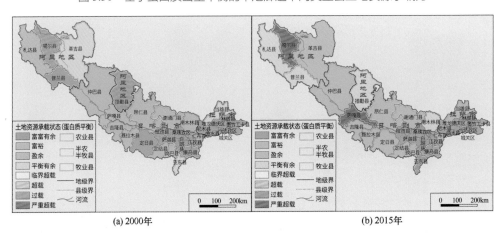

图 5.32　基于蛋白质当量平衡的中尼廊道分县土地资源承载力

下降趋势，从 2000 年的 0.90 下降到 2016 年的 0.72，土地资源承载力整体处于盈余状态。

5.3　重点口岸地区：普兰县、吉隆县、聂拉木县、定结县、亚东县

"南亚通道资源环境基础与承载能力考察研究"科考分队重点对中尼廊道地区的普兰县、吉隆县、聂拉木县、定结县和亚东县五个口岸县进行了土地资源承载力基础考察。基于野外考察、实地调研和室内分析，定量评价了普兰县及普兰口岸、吉隆县及吉隆口岸、聂拉木县及樟木口岸、定结县及日屋－陈塘口岸、亚东县及亚东口岸和地区的土地资源承载力与承载状态。

5.3.1　普兰县与普兰口岸地区

1. 土地资源承载力基础考察

2018 年普兰县部门访谈与实地考察发现，普兰县属于半农半牧县，辖普兰镇、巴噶乡和霍尔乡三个乡（镇），四个牧业村、六个农业村。普兰县土地资源以草地为主，草地的主要类型是高寒草原和高寒草甸。普兰县畜牧业整体规模较小，以牛为主。一般在 11 月到第 2 年 5 月圈养，其余时间以放养为主。由于 2010 年以来草畜平衡政策的实施，牲畜数量和种类均较之前有不同程度的减少，普兰县 80% 地区草畜牧基本平衡，但霍尔乡草畜不平衡现象突出。目前野生动物藏野驴多，减畜工作仍在进行。普兰目前拥有耕地 13.9 万亩，永久性基本农田约 7086 亩，城市建设用地主要源于耕地占用，占用耕地后无可补耕地。耕地质量没有较完备的分等定级规范。

2018 年，普兰县入户调研与部门访谈了解到：普兰县耕地以种植青稞为主，种植面积与产量均较高，播种面积占到六成以上，其余耕地多种植豌豆和油菜。由于附近土质较差，并不能开垦更多耕地，所以近 10 年来农作物种植面积并无多大变化。近几年青稞和油菜进行轮耕，作物单产较之前提高。城市发展对农用地的占用也是限制耕地面积扩张的主要因素之一。普兰县居民生活食物消费主要包括粮食、蔬菜、肉类，水果消费相对较少。主要粮食包括青稞、大米、面粉，其中大米和面粉需要购买，蔬菜部分购买，部分自产，如萝卜、白菜来自于自产。水果 100% 来自购买。肉类消费以牦牛肉为主。

2. 土地资源利用与农牧业生产

普兰县耕地面积和人均耕地面积均在下降。2000～2016 年，普兰县耕地面积从 2000 年的 733hm² 下降到 2016 年的 624hm²，下降了 14.87%。从人均耕地面积来看，2000～2016 年，普兰县人均耕地面积整体上有所下降，从 2000 年的 1.39 亩下降到 2016 年的 0.74 亩，下降了 46.76%（图 5.33）。农田有效灌溉面积来看，2000～2016 年，普兰县农田有效灌溉面积从 2000 年的 733hm² 下降到 2016 年的 624hm²，下降了 14.87%。农田有效灌溉面积占耕地面积比接近 100%。

粮食播种面积减少，粮食播种面积比例大幅度降低。2000～2016 年，普兰县粮食播种面积有所下降，从 2000 年的 709hm² 下降到 2016 年 564hm²，降幅较大（图 5.34）。粮食作物播种面积占农作物面积的比例整体呈下降态势，2010 年之后由于农作物播种面积的增加，粮作比例出现大幅度减少，由之前的 90% 减至 2016 年的 50% 左右水平。

粮食总产量波动中降低，单产在提高。普兰县粮食总产量从 2000 年的 3138t 减少到 2016 年的 2727t，有所降低（图 5.35）。从粮食单产来看，2000～2016 年，普兰县

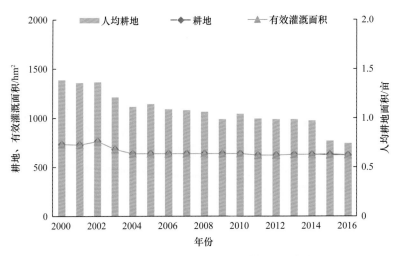

图 5.33　2000～2016 年普兰县耕地面积变化

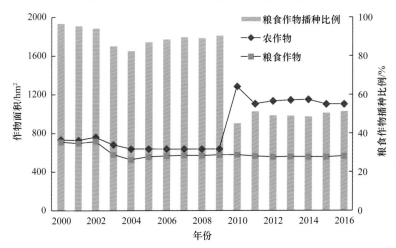

图 5.34　2000～2016 年普兰县粮食作物播种面积变化

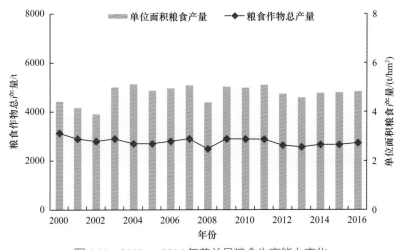

图 5.35　2000～2016 年普兰县粮食生产能力变化

粮食单产从 4.43t/hm² 增加到 4.83t/hm²，单位面积土地生产能力在提高。

　　普兰县草地总面积为 99.03 万 hm²，以高寒草原和高寒草甸为主。普兰县草地面积最大的是高寒草原，约 79.51 万 hm²，占草地总面积的 80.29%。高寒草甸面积为 19.52 万 hm²，占草地总面积的 20.45%，主要分布在西南的霍尔乡和东北部的边缘地带。

　　草地生产力较低，呈下降趋势。2000 ～ 2016 年，普兰县草地资源平均生产力为 19.00g/m²，远低于西藏自治区草地生产力平均水平。2016 年草地地上生物量仅为 19.42g/m²（图 5.36）。从时间变化上来看，2000 ～ 2016 年普兰县草地资源生产力整体在降低，但 2006 年之后下降趋势减缓。

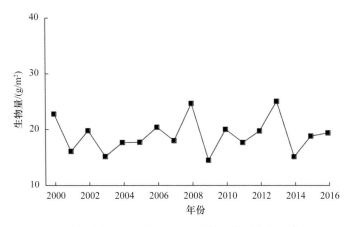

图 5.36　2000 ～ 2016 年普兰县草地生产力年际变化

　　牲畜规模不高，以羊为主，数量在下降。从 2000 ～ 2016 年的牲畜数量来看，普兰县牲畜数量均值为 17.19 万头，仅占西藏饲养牲畜总数的 0.54%（图 5.37）。就变化情况来看，2000 年以来，普兰县牲畜数量下降，且 2006 年后下降趋势显著，2016 年为 11.77 万头。普兰县牲畜以羊为主，占比达 87.35%。

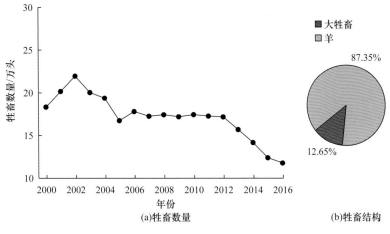

图 5.37　2000 ～ 2016 年普兰县牲畜数量及结构

3. 食物消费结构与膳食营养水平

食物消费以粮食为主，蔬菜和肉类为辅。基于调研的普兰县食物消费分析结果表明（图 5.38），普兰县居民食物消费以粮食为主，年人均消费粮食约 165.88kg，蔬菜 95.20kg，肉类 33.44kg，水果 28.20kg，其他食物消费量均较低。

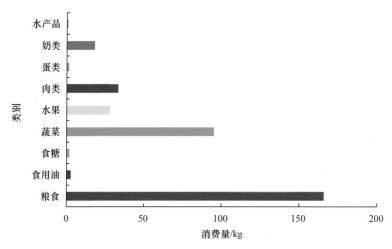

图 5.38　普兰县居民主要食物消费结构

植物性食物是热量和蛋白质的主要摄入源（图 5.39）。普兰县居民营养水平分析结果表明，普兰县居民日均热量摄入量约为 2180.55kcal，蛋白质摄入量约为 57.26g。热量和蛋白质摄入主要来源于植物性食物。从具体来源看，热量和蛋白质摄入主要来源于粮食和肉类。

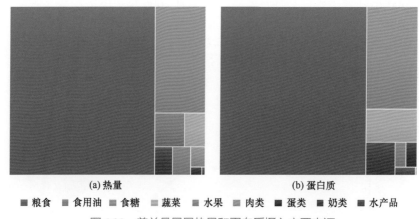

(a) 热量　　　　　　　　　　　　　(b) 蛋白质

■ 粮食　■ 食用油　■ 食糖　■ 蔬菜　■ 水果　■ 肉类　■ 蛋类　■ 奶类　■ 水产品

图 5.39　普兰县居民热量和蛋白质摄入主要来源

4. 土地资源承载力与承载状态

耕地资源承载力下降，人粮关系由平衡转为超载。2000～2016 年，受人口增加与粮食减产的双重影响，普兰县承载力呈现下降趋势，承载人口从 2000 年的 0.78 万人减少到 2016 年的 0.68 万人（图 5.40）；耕地资源承载指数从 1.01 上升到 1.85，人粮关系由临界超载转为严重超载。

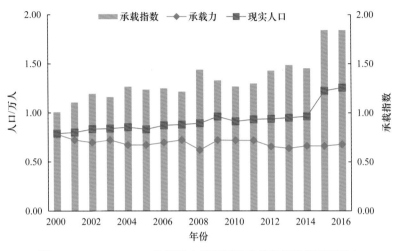

图 5.40 2000 ～ 2016 年基于人粮平衡的普兰县耕地资源承载力

草地资源承载力上升，整体处于盈余状态。2000 ～ 2016 年普兰县草地资源承载力有所上升，平均值为 47.22 羊单位 /km²，草地理论载畜量多年平均为 33.48 万羊单位。2016 年普兰县草地资源承载指数为 0.48，草地处于盈余状态（图 5.41）。就变化趋势看，2000 ～ 2016 年，草地资源的承载指数呈极缓的下降状态，2006 年之后，承载指数持续下降，且下降速率增大。综合来看，在 2000 ～ 2016 年，普兰县大部分年份草地都处于盈余状态。

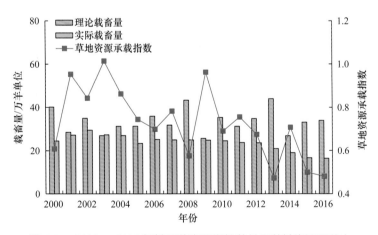

图 5.41 2000 ～ 2016 年基于草畜平衡的普兰县草地资源承载力

基于热量平衡的普兰县土地资源承载力在降低，人地关系临界超载。以热量平衡计（图 5.42），2000 ～ 2016 年，普兰县人口承载力有所下降，承载人口从 2000 年的

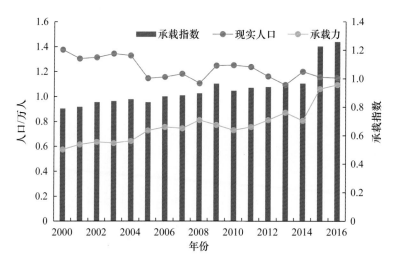

图 5.42　2000～2016 年基于热量平衡的普兰县土地资源承载力

1.38 万人下降到 2016 年的 1.15 万人，承载指数从 0.57 上升到 1.09，人口承载压力有所增强，2016 年人地关系处于临界超载状态。

基于蛋白质平衡的普兰县土地资源承载力在降低，土地资源承载力仍处于盈余状态。以蛋白质平衡计（图 5.43），2000～2016 年，普兰县土地资源承载力有所下降，承载人口从 2000 年的 1.67 万人下降到 2016 年的 1.33 万人，减少了 0.34 万人；承载指数从 0.47 上升到 0.95，但基于蛋白质平衡的人地关系仍处于供大于需的土地资源盈余状态。

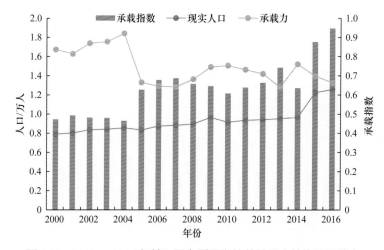

图 5.43　2000～2016 年基于蛋白质平衡的普兰县土地资源承载力

2018 年普兰口岸地区土地资源承载力基础考察与研究发现，普兰口岸属国家一类口岸，边贸活动较多，边贸小商品市场已经形成。口岸进出口贸易额逐年攀升，进口商品主要以生活日用品为主，出口商品主要以活畜为主，粮食、生活日用品为辅。普兰边贸市场占地规模 16 亩,建筑面积 6000m², 设置个摊 235 间,服务人口数量达到 5 万余人。普兰口岸地区土地资源利用存在的主要问题是土地资源相对匮乏,未利用地较少,建设用地不足。

5.3.2　吉隆县与吉隆口岸地区

1. 土地资源承载力基础考察

2018 年吉隆县部门访谈与实地考察发现,该县下辖三乡两镇。吉隆县草地资源丰富,以高寒草原和高寒草甸为主。吉隆县耕地资源较少。随着城镇建设的发展和基础设施的不断完善,耕地占用现象严重,且主要占用城镇和道路周边的优质耕地,同期补充耕地多为偏远地区,基础设施条件相对较差,资金投入大。吉隆县天然林区有成熟林、过熟林,但受自然保护区政策限制,开发利用有限。吉隆县中、北部生态环境极其脆弱,自然条件十分恶劣,近年来土地荒漠化、草场"三化"加剧,自然灾害种类多,发生频繁。同时,各类建设对土地资源和生态环境影响严重,资源环境及生态保护压力逐渐增大,生态建设和环境保护投入亟待进一步加强。

2018 年,吉隆县入户调研与部门访谈了解到:吉隆县农牧户耕地种植作物主要为土豆、荞麦、油菜,但西藏传统农作物青稞种植较少,主要因为野生动物以青稞为食,庄稼容易遭到破坏,从用途看,青稞多为自留食用,土豆则以出售为主,蔬菜种植已成为农民增收的主要途径之一。吉隆县农草场近年来基本没有退化,无春休和禁牧政策,每年的 9 月到次年 5 月实行圈养,其余时间在山上放养。从牲畜的品种来看,吉隆县以养殖水牛和奶牛为主,不养牦牛。由于 2010 年开始实施草畜平衡政策,年载畜量受到严格控制。吉隆县居民生活食物消费主要是粮食、蔬菜、肉类和奶制品,水果相对较少。其中粮食消费以青稞、荞麦和面粉为主,青稞约占 40% 的比例,荞麦约占 35%;居民蔬菜消费基本来自购买。

2. 土地资源利用与农牧业生产

耕地面积有所增加,人均耕地在下降。从耕地资源数量及其变化来看(图 5.44),2000～2016 年,吉隆县耕地面积从 2000 年的 1085hm² 增加到 2016 年的 1222hm², 增长了 12.63%,农田有效灌溉面积占耕地面积比例处于 75% 的水平,近年有所提高。就人均耕地占有水平与变化情况来看,2000～2016 年,吉隆县人均耕地面积整体在减少,从 2000 年的 1.34 亩下降到 2016 年的 1.03 亩,下降了 0.31 亩。

粮食作物播种面积减少,粮作比降低。2000～2016 年,吉隆县粮食作物播种面积有所下降,从 2000 年的 908hm² 下降到 2015 年的 772hm²(图 5.45)。由于农作物面积增加粮食作物面积减少,粮食作物播种比例也呈现持续减少趋势,由 85% 减少至 63%。

粮食总产量先增后降,单产水平在提高。2000～2016 年,吉隆县粮食产量呈先

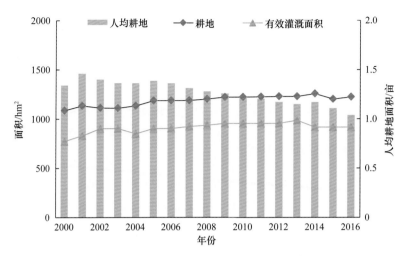

图 5.44　2000～2016 年吉隆县耕地面积变化

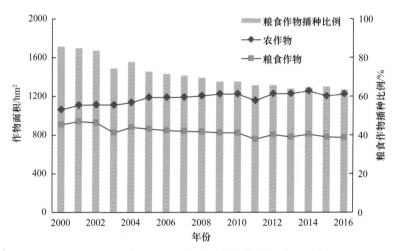

图 5.45　2000～2016 年吉隆县粮食作物播种面积变化

增后降的趋势，从 2000 年的 4557t 增加到 2005 年的 4900t，2016 年又减少至 4225t（图 5.46）。从粮食单产来看，2000～2016 年，吉隆县粮食单产从 2000 年的 5.02t/hm²，增加到 2016 年的 5.47t/hm²。

　　吉隆县草地面积 54.70 万 hm²，南北类型差异显著。吉隆县位于西藏的西南部，南北气候差异较大。北部地区以高寒草原为主，面积约为 27.13 万 hm²，占吉隆县草地总面积的 49.77%；南部地区以高寒草甸为主，面积约为 27.39 万 hm²，占吉隆县草地总面积的 50.23%。

　　草地生产力较低，呈下降趋势。2000～2016 年，吉隆县的草地资源平均生产力分别为 42.35g/m²，草地资源生产力水平整体低于西藏全区的平均水平。2016 年草地地上生物量为 43.32g/m²（图 5.47）。从时间变化上来看，吉隆县草地资源生产力在降低，2000～2006 年下降速度较快，2006 年以来有所缓解。

　　牲畜规模不高，以绵羊和山羊为主，数量在下降。从 2000～2016 年的牲畜数量

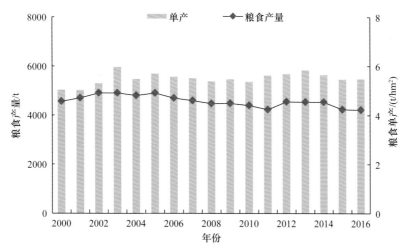

图 5.46　2000～2016 年吉隆县粮食生产能力变化

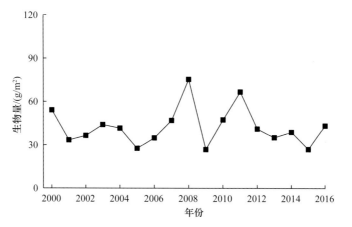

图 5.47　2000～2016 年吉隆县草地生产力年际变化

来看，吉隆县牲畜的数量在 15 万～21 万头，平均为 18.23 万头，占西藏饲养牲畜总数的 0.53% 左右（图 5.48）。就变化情况来看，2000 以来，吉隆县牲畜数量整体在下降，特别是 2010 年以后，牲畜数量下降明显，2016 年为 15.12 万头，其中 80% 以上都为绵羊和山羊。

3. 食物消费结构与膳食营养水平

食物消费以粮食为主，蔬菜、水果和肉类为辅。基于实地调研的吉隆县食物消费分析结果显示（图 5.49），吉隆县居民年人均消费粮食 138kg，蔬菜 82.50kg，水果 77.08kg，肉类 30.00kg，其他食物消费量较少。

植物性食物是热量和蛋白质的主要摄入源（图 5.50）。吉隆县居民热量摄入量约为 1953.71kcal，蛋白质摄入量约为 50.37g。热量和蛋白质摄入主要来源于植物性食物。从来源看，热量摄入主要来源于粮食和肉类，其次是食用油和水果；蛋白质摄入主要

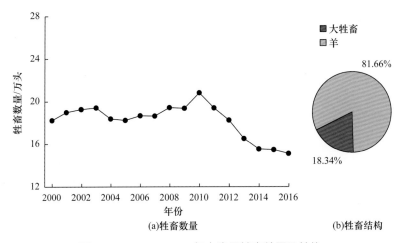

图 5.48　2000 ~ 2016 年吉隆县牲畜数量及结构

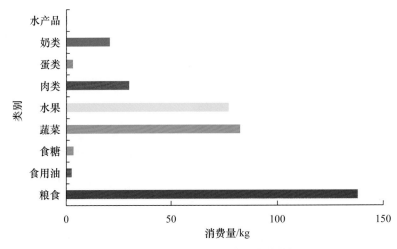

图 5.49　吉隆县居民主要食物消费结构

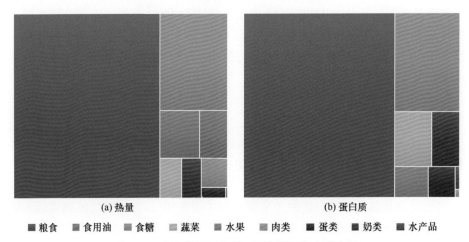

图 5.50　吉隆县居民热量和蛋白质摄入主要来源

来源于粮食和肉类，其次是蛋类和奶类。

4. 土地资源承载力与承载状态

耕地资源承载力下降，人粮关系由平衡转为超载。2000～2016 年，吉隆县耕地资源承载力有所下降，承载人口从 2000 年的 1.14 万人减少到 2016 年的 1.06 万人（图 5.51）；承载指数从 1.07 上升到 1.68，人粮关系由临界超载转为严重超载。

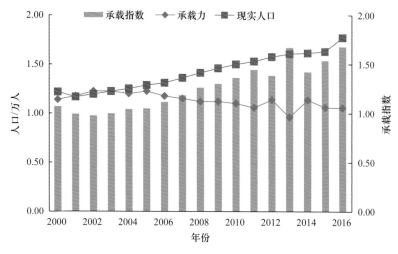

图 5.51　2000～2016 年基于人粮平衡的吉隆县耕地资源承载力

草地资源承载力下降，整体处于平衡或盈余状态。2000～2016 年吉隆县草地资源承载力的平均值为 83.73 羊单位 /km²，理论载畜量为 41.18 万羊单位（图 5.52）。从变化趋势看，2000～2016 年，吉隆县草地资源承载力整体呈现波动下降趋势。就草地资源承载指数来看，2000～2016 年，草地资源承载指数小幅度上升，但吉隆县大部分年份草畜平衡关系都处于草地平衡或盈余状态。

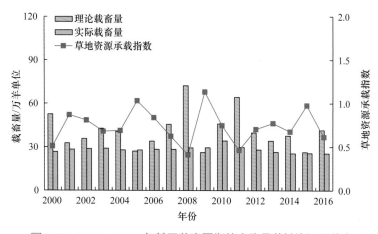

图 5.52　2000～2016 年基于草畜平衡的吉隆县草地资源承载力

第二次青藏高原综合科学考察研究丛书

中尼廊道及其周边地区 资源环境基础与承载能力考察研究

基于热量平衡的吉隆县土地资源承载力有所降低，人地关系临界超载。以热量平衡计（图 5.53），2000～2016 年，吉隆县土地资源承载力有一定程度下降，承载人口从 2000 年的 1.52 万人降低到 2016 年的 1.45 万人，承载指数从 0.80 上升到 1.12，土地资源承载力整体处于人地平衡状态。

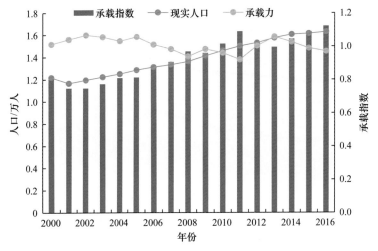

图 5.53　2000～2016 年基于热量平衡的吉隆县土地资源承载力

基于蛋白质平衡的吉隆县土地资源承载力先升后降，人地关系多处于盈余状态。以蛋白质平衡计（图 5.54），2000～2016 年，吉隆县土地资源承载力先升后降，承载人口从 2000 年的 1.83 万人增加至 2012 年 2.30 万人，到 2016 年减少到 1.71 万人；承载指数由 0.67 上升至 0.95，基于蛋白质供需平衡的土地资源承载力整体处于盈余状态。

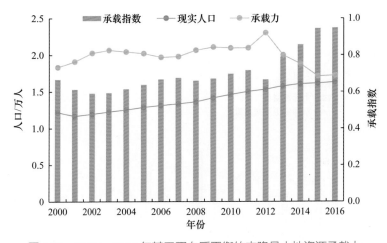

图 5.54　2000～2016 年基于蛋白质平衡的吉隆县土地资源承载力

2018 年吉隆口岸地区土地资源承载力基础考察与研究发现，吉隆口岸与尼泊尔拉索瓦、廓尔喀两县接壤，对应尼方口岸为热索瓦。吉隆口岸距日喀则市 560km，距尼

138

泊尔加德满都 131km，与博卡拉、东朗等尼泊尔经济较发达市县和经济开发区较近，交通相对便利。吉隆口岸是西藏自治区最大的陆路通商口岸，是传统中尼边境贸易的重要桥梁，但口岸总体开发开放水平偏低，尚处于发展初始阶段。2018 年，科考分队实地调研发现，随着吉隆口岸建设及基础设施的不断完善，非农产业用地需求增加，协调土地利用与各方面利益的难度较大，优化土地利用结构与布局，探索建立节约集约用地的新机制任重道远。

5.3.3　聂拉木县与樟木口岸地区

1. 土地资源承载力基础考察

2018 年，科考分队对聂拉木县土地资源利用考察发现，聂拉木县下辖聂拉木镇、樟木镇、亚来乡、波绒乡、门布乡、乃龙乡和锁作乡 2 镇 5 乡，北部四乡镇以牧业为主。全县土地资源以草地面积居多，占土地总面积的 75%；全县耕地面积约 0.21 万 hm²，主要位于樟木镇；城镇及建设用地面积约 0.07 万 hm²，占土地总面积的千分之一。

2018 年，科考分队对聂拉木县机构访谈了解到：聂拉木县耕地资源较少，而且由于建设空间不足，存在建设用地占用耕地的现象。受 2015 年 "4·25" 尼泊尔大地震的影响，部分耕地被征收用于重建，耕地资源更加紧张。受相关政策约束，聂拉木县禁止开荒，后备耕地资源有限。聂拉木县耕地单产水平较低，但粮食产量基本可以满足本地人口的食物需求。从畜牧业来看，减畜政策实施后，减畜前牲畜 21 万只，减畜后合理蓄量略有下降。聂拉木县地质灾害问题较多，全县目前有地质灾害点 170 处，其中 318 国道沿线有滑坡体四个，严重威胁交通通道安全。

2018 年，聂拉木县入户调研与部门访谈了解到：聂拉木县农作物主要为土豆、油菜、青稞。部分村落建有温室大棚，蔬菜种植较为普遍。土豆以出售为主，其他作物自食。日常粮食消费包括糌粑、大米和面粉等，糌粑以自产为主，大米和面粉以购买为主；蔬菜、肉类和水果主要来源为购买，奶制品主要来源为自产。畜牧养殖方面，多数村民均养有少量牦牛和犏牛，在 11 月到第二年 4 月底圈养，其余时间以放养为主，冬天圈养喂养的草料从周边地区购买。当地草地近年来也无退化现象出现，而且周围草地有轻微恢复趋势出现。

2. 土地资源利用与农牧业生产

耕地面积和人均耕地均一定程度增加。2000～2016 年，聂拉木县耕地面积从 2000 年的 1313hm² 增加到 2016 年的 1998hm²，增加了 52.17%，幅度较大（图 5.55）。就人均耕地占有水平与变化情况来看，2000～2016 年，聂拉木县人均耕地面积整体上在增加，从 2000 年的 1.27 亩上升到 2016 年的 1.47 亩，增加了 0.20 亩。

粮食作物播种面积小幅上升，粮食作物播种面积比例降低。2000～2016 年，聂

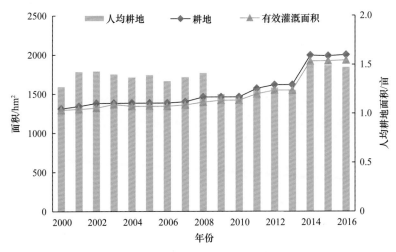

图 5.55 2000 ～ 2016 年聂拉木县耕地变化

拉木县粮食作物播种面积则保持小幅度增长（图 5.56），从 2000 年的 1098hm² 增长到 2016 年的 1116hm²，受农作物播种面积大幅度增加影响，粮食作物播种面积比例由 83% 减少至 55% 左右。

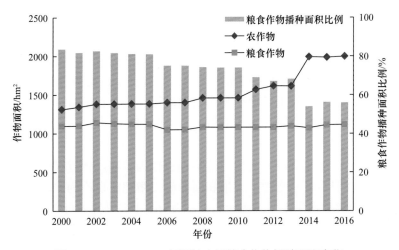

图 5.56 2000 ～ 2016 年聂拉木县粮食作物播种面积变化

粮食总产量与单产均上升，粮食生产能力增强。就粮食总产而言，聂拉木县粮食产量从 2000 年的 5534t 增加到 2016 年的 6669t，粮食生产水平整体在提升（图 5.57）。从粮食单产来看，2000 ～ 2016 年，聂拉木县粮食单产从 2000 年的 5.04t/hm² 增加到 2016 年的 5.98t/hm²，粮食生产能力在增强。

聂拉木县草地面积 51.96 万 hm²，以高寒草原为主。聂拉木县北部地区高寒冷草原面积为 41.9 万 hm²，占草地总面积的 80.64%；南部地区以高寒草甸为主，高寒草甸面积为 10.06 万 hm²，占聂拉木县草地总面积的 19.36%。

草地生产力较低，并呈下降趋势。2000 ～ 2016 年，聂拉木县的草地资源平均生

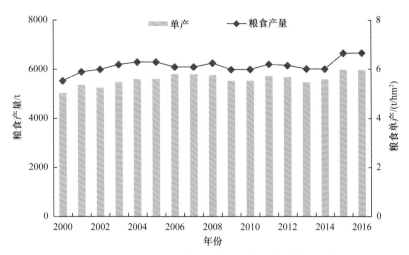

图 5.57　2000 ～ 2016 年聂拉木县粮食生产能力变化

产力为 47.55g/m²，草地资源生产力水平低于西藏全区的平均水平。2016 年草地地上生物量为 49.03g/m²（图 5.58）。从时间变化上来看，聂拉木县草地资源生产力在降低，2000 ～ 2006 年下降显著，2006 年以来有所缓解。

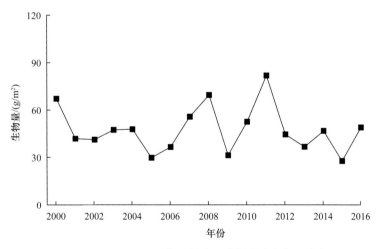

图 5.58　2000 ～ 2016 年聂拉木县草地生产力年际变化

牲畜规模较低，呈波动中下降的趋势。从 2000 ～ 2016 年的牲畜数量来看，聂拉木县牲畜的数量在 20 万 ～ 30 万头，平均为 23.75 万头，占西藏饲养牲畜总数的 0.85% 左右（图 5.59）。就变化情况来看，2000 年以来波动中降低，2016 年牲畜数量约为 23.49 万头，牲畜以山羊、绵羊为主，占比近 90%。

3. 食物消费结构与膳食营养水平

食物消费以粮食为主，蔬菜和肉类为辅。基于实地调研的聂拉木县食物消费分析结果表明（图 5.60），聂拉木县居民年人均消费粮食 144.01kg，蔬菜 54.80kg，肉类

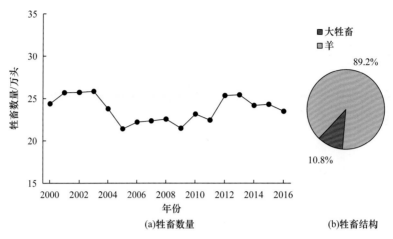

图 5.59　2000～2016 年聂拉木县牲畜数量及结构

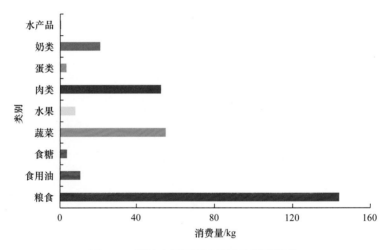

图 5.60　聂拉木县居民主要食物消费结构

52.33kg，其他食物消费较少。

　　植物性食物是热量和蛋白质的主要摄入源（图 5.61）。聂拉木县居民热量摄入量约为 2351.69kcal，蛋白质摄入量约为 55.95g。热量和蛋白质摄入主要来源于植物性食物。从营养素来源看，热量摄入主要来源于粮食、肉类和食用油；蛋白质摄入主要来源于粮食和肉类，其次是蛋类、奶类和蔬菜。

4. 土地资源承载力与承载状态

　　耕地资源承载力上升，人粮关系整体处于超载状态。2000～2016 年，聂拉木县承载力整体上有所提升，承载人口从 2000 年的 1.38 万人增加到 2016 年的 1.67 万人，增加了 0.29 万人（图 5.62）；受人口增加的影响，承载指数从 1.12 上升到 1.22，人粮关系整体处于超载状态。

　　草地资源承载力下降，整体处于草地平衡或盈余状态。2000～2016 年聂拉木县草

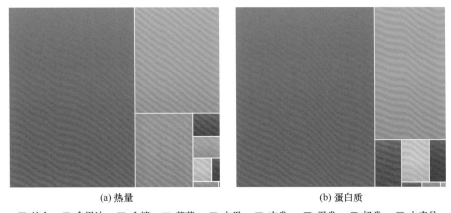

(a) 热量 (b) 蛋白质

■ 粮食　■ 食用油　■ 食糖　■ 蔬菜　■ 水果　■ 肉类　■ 蛋类　■ 奶类　■ 水产品

图 5.61　2000 ～ 2016 年聂拉木县居民热量和蛋白质摄入主要来源

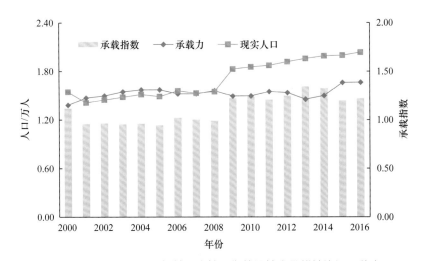

图 5.62　2000 ～ 2016 年基于人粮平衡的聂拉木县耕地资源承载力

地资源承载力的平均值为 92.49 羊单位 /km²，理论载畜量为 44.97 万羊单位（图 5.63）。从时间变化来看，受气候波动影响，草地资源承载能力整体呈下降趋势。从草畜平衡指数来看，2000 ～ 2016 年聂拉木县草地资源平均承载指数为 0.76，受草地资源承载力下降的影响，2000 ～ 2016 年草地资源承载指数波动中略有上升。整体来看，除 2015 年外，其他年份草地均处于平衡或盈余状态。

　　基于热量平衡的聂拉木县土地资源承载力在上升，人地关系整体处于盈余状态。以热量平衡计（图 5.64），2000 ～ 2016 年，聂拉木县土地资源承载力有所上升，承载人口从 2000 年的 1.95 万人增加到 2016 年的 2.34 万人，承载指数总体变动幅度较小，基于热量平衡的土地资源承载力整体处于盈余状态。

　　基于蛋白质平衡的聂拉木县土地资源承载力有所上升，土地资源承载力仍处于盈余状态。以蛋白质平衡计（图 5.65），2000 ～ 2016 年，聂拉木县土地资源承载力整体有所提升，承载人口从 2000 年的 2.41 万人上升到 2015 年的 2.94 万人，增加了 0.53 万人；

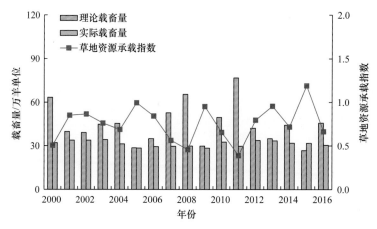

图 5.63　2000 ～ 2016 年基于草畜平衡的聂拉木县草地资源承载力

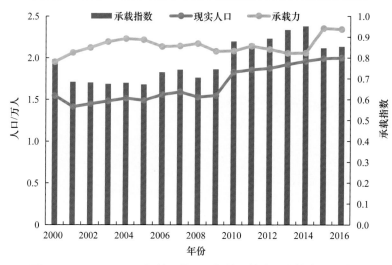

图 5.64　2000 ～ 2016 年基于热量平衡的聂拉木县土地资源承载力

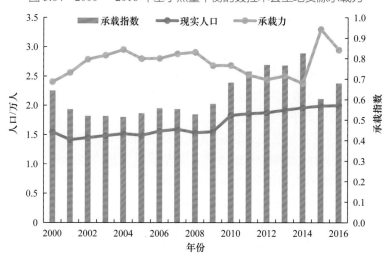

图 5.65　2000 ～ 2016 年基于蛋白质平衡的聂拉木县土地资源承载力

承载指数介于 0.51 ～ 0.83，基于蛋白质平衡的土地资源承载力整体处于盈余状态。

2018 年，科考分队对聂拉木县樟木口岸地区土地资源承载力基础考察与研究发现，2014 年樟木口岸货物吞吐量 14.11 万 t，进出口总额达 20.67 亿美元。2015 年尼泊尔"4·25"大地震前，樟木口岸承担着全区 90% 以上的中尼贸易量，是中尼边贸最主要的通商口岸。受 2015 年尼泊尔"4·25"大地震影响，口岸现处于关闭状态，科学恢复开通工作正在稳步进行。受地震和地质基础影响，樟木口岸部分房屋出现裂缝，需要重建，建设用地紧张；鉴于樟木口岸关闭前的贸易水平，以及尼方对中尼贸易的迫切需求，建设连接樟木口岸的中尼铁路、高等级公路支线，满足口岸恢复后的客货运输需求，口岸地区交通用地需求较大。

5.3.4　定结县与日屋 – 陈塘口岸地区

1. 土地资源承载力基础考察

2018 年定结县部门访谈与实地考察发现，定结县属于农业县，辖江嘎镇、日屋镇、陈塘镇，以及郭加乡、萨尔乡、琼孜乡、定结乡、确布乡、多布扎乡、扎西岗乡 3 个镇、7 个乡。属喜马拉雅山北麓湖盆区，平均海拔约 4400m。定结县土地资源以草地为主，草地的主要类型是中低覆盖度草地。定结县农作物主要种植青稞、小麦玉米等，主要饲养牦牛、马和山羊等。畜牧业整体规模较小，以放养牛为主。一般在 11 月到第二年 5 月圈养，其余时间以放养为主。

2. 土地资源利用与农牧业生产

定结县耕地面积基本保持稳定，人均耕地有所下降。2000 ～ 2016 年，定结县耕地面积从 2000 年的 2669hm^2 上升到 2016 年的 2746hm^2，增加了 77hm^2。就人均耕地占有水平与变化情况来看，2000 ～ 2016 年，定结县人均耕地面积整体上有所下降，从 2000 年的 2.22 亩下降到 2016 年的 1.74 亩，下降了 0.48 亩（图 5.66）。

粮食作物播种面积减少，粮食作物播种面积比例大幅度降低。2000 ～ 2016 年，定结县粮食作物播种面积有所下降，从 2000 年的 2287hm^2 下降到 2016 年 1754hm^2，降幅较大（图 5.67）。粮食作物播种面积占农作物面积的比例整体处于减少趋势，由 2000 年的 94% 减至 2016 年的 70% 左右水平。

粮食总产波动中降低，单产在提高。定结县粮食总产量从 2000 年的 6557t 减少到 2016 年的 6209t，有所降低（图 5.68）。从粮食单产来看，2000 ～ 2016 年，定结县粮食单产从 2.86t/hm^2 增加到 3.53t/hm^2，单位面积土地生产能力在提高。

定结县草地面积 32.85 万 hm^2，主要包括高寒草原和高寒草甸。定结县北部以高寒草甸为主，面积为 15.66 万 hm^2，占定结县草地总面积的 47.67%；南部地区以高寒草原为主，面积为 17.19 万 hm^2，占定结县草地总面积的 52.33%。

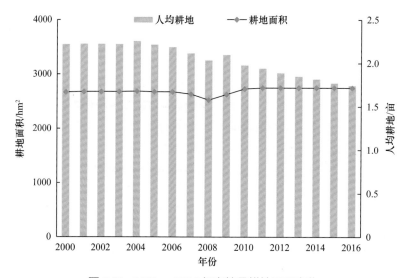

图 5.66　2000～2016 年定结县耕地面积变化

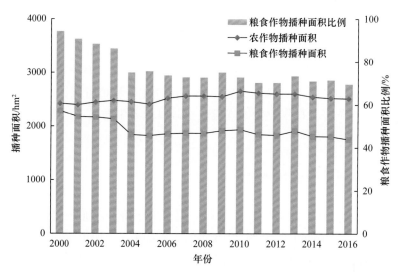

图 5.67　2000～2016 年定结县粮食作物播种面积变化

　　草地生产力年际变动较大，整体呈下降趋势。2000～2016 年，定结县的草地资源生产力年际波动较大，平均为 57.65g/m²，基本与西藏全区的平均水平持平。2016 年草地地上生物量为 62.25g/m²（图 5.69）。从时间变化上来看，定结县草地资源生产力呈下降趋势，2000～2006 年下降显著，2006 年以来有所缓解。

　　牲畜规模比较稳定，呈先上升后下降的趋势。从 2000～2016 年的牲畜数量来看，定结县牲畜数量主要在 25 万～35 万头，平均为 30.14 万头，仅占西藏饲养牲畜总数的 1.08% 左右（图 5.70）。就变化趋势来看，2000～2010 年，牲畜数量显著上升，2010 年之后开始下降，2016 年牲畜数量为 28.74 万头。牲畜以山羊、绵羊为主，占总数的 92.69%。

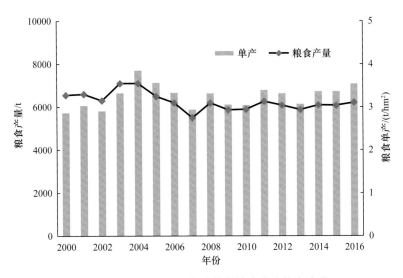

图 5.68　2000 ～ 2016 年定结县粮食生产能力变化

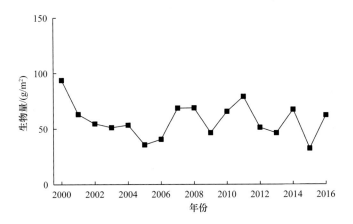

图 5.69　2000 ～ 2016 年定结县草地生产力年际变化

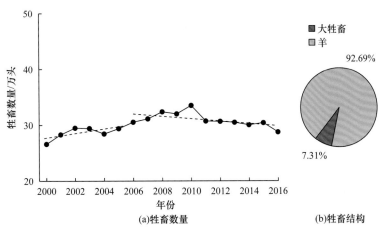

图 5.70　2000 ～ 2016 年定结县牲畜数量及结构

3. 食物消费结构与膳食营养水平

食物消费以粮食和蔬菜为主，肉类和水果为辅。基于实地调研的定结县食物消费分析结果表明（图 5.71），定结县居民年人均消费蔬菜 180kg，粮食 146kg，肉类 73kg，水果 36.5kg，其他食物消费较少。

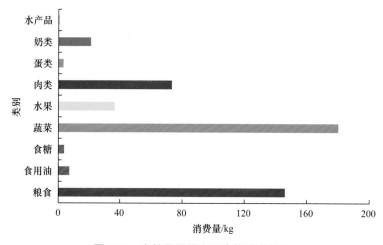

图 5.71　定结县居民主要食物消费结构

定结县居民热量摄入量约为 2478.12kcal，蛋白质摄入量约为 60.27g。热量和蛋白质摄入主要来源于植物性食物。从来源看，热量摄入主要来源于粮食、肉类和食用油；蛋白质摄入主要来源于粮食、蔬菜和肉类，其次是蛋类、奶类（图 5.72）。

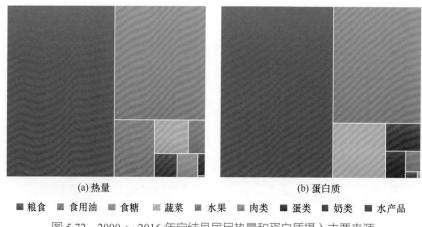

图 5.72　2000～2016 年定结县居民热量和蛋白质摄入主要来源

4. 土地资源承载力与承载状态

耕地资源承载力下降，人粮关系由平衡转为超载。2000～2016 年，受人口增加与粮食减产的双重影响，定结县承载力呈现下降趋势，承载人口从 2000 年的 1.63 万人减少到 2016 年的 1.55 万人（图 5.73）；耕地资源承载指数从 1.10 上升到 1.52，人粮关系由临界超载转为人口严重超载。

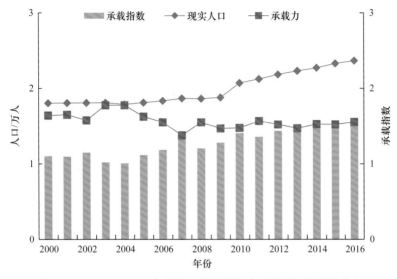

图 5.73　2000 ～ 2016 年基于人粮平衡的定结县耕地资源承载力

草地资源承载力波动较大，整体处于临界超载状态。2000 ～ 2016 年定结县草地资源承载力平均值为 95.04 羊单位 /km²，草地理论载畜量多年平均为 34.08 万羊单位。2016 年定结县草地资源承载指数为 0.95，草地处于平衡有余状态（图 5.74）。就变化趋势看，2000 ～ 2006 年，草地资源的承载指数呈上升状态，2006 年之后，承载指数仍旧上升，但下降速率显著降低。综合来看，2000 ～ 2016 年，定结县草地资源承载力波动较大，在气候条件较差的年份要加强草地资源的保护。

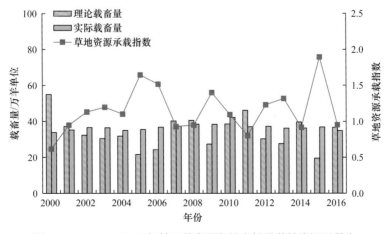

图 5.74　2000 ～ 2016 年基于草畜平衡的定结县草地资源承载力

第二次青藏高原综合科学考察研究丛书
中尼廊道及其周边地区资源环境基础与承载能力考察研究

基于热量平衡的定结县土地资源承载力在降低，人地关系由富裕转为临界超载。以热量平衡计（图 5.75），2000～2016 年，定结县人口承载力有所下降，承载人口从最高 2.58 万人下降到 2016 年的 2.26 万人，承载指数从 0.77 上升到 1.05，人口承载压力有所增强，2016 年人地关系处于临界超载状态。

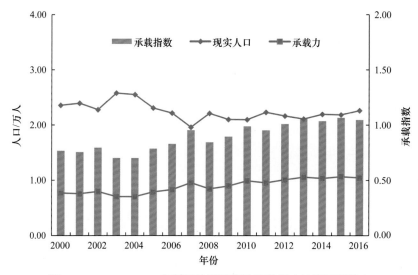

图 5.75　2000～2016 年基于热量平衡的定结县土地资源承载力

基于蛋白质平衡的定结县土地资源承载力在降低，土地资源承载力处于平衡有余状态。以蛋白质平衡计（图 5.76），2000～2016 年，定结县土地资源承载力有所下降，承载人口从最高 3.13 万人下降到 2016 年的 2.68 万人，减少了 0.45 万人；承载指数从 0.67 上升到 0.88，但基于蛋白质平衡的人地关系逐渐转为平衡有余状态。

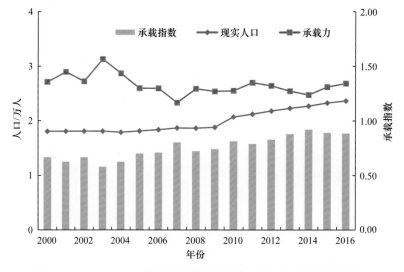

图 5.76　2000～2016 年基于蛋白质平衡的定结县土地资源承载力

150

　　2018 年定结县口岸地区土地资源承载力基础考察与研究发现，日屋口岸与尼泊尔的哈提亚市场对应，是中国西藏同尼泊尔之间传统的边境贸易市场，属集市型边民互市贸易市场。受交通等基础设施建设滞后影响，中药材的资源潜力开发程度有限，未来发展前景广阔。

　　陈塘地区有集中的原始森林分布，木材储存量丰富，边民之间木材交易活跃。由于相邻国家开放程度和购买能力有限，边民互市贸易规模不大，以尼方边民到西藏境内开展交易为主，中方边民前往对岸交易较少。陈塘口岸虽然历史悠久，但交易范围较小，口岸基础设施条件有限，且受樟木口岸影响较大，贸易规模有缩小趋势，亟待加强建设。口岸中方一侧至日喀则市均为土石路，冬季约有 3 个月的时间大雪封山，交通中断，气候好的年份亦可四季通畅。

5.3.5　亚东县与亚东口岸地区

1. 土地资源承载力基础考察

　　2018 年亚东县部门访谈与实地考察发现，亚东县属西藏自治区日喀则市下辖县，全县辖堆纳乡、吉汝乡、帕里镇、康布乡、上亚东乡、下亚东乡、下司马镇（为县城驻地）7 个乡（镇）、25 个行政村（居）。亚东县位于喜马拉雅山脉中段（北段在北麓、南段在南麓），中部是帕里镇里的卓木拉日雪山。土地利用类型多样，以耕地为主，草地次之，林地主要分布于下亚东乡、下司马镇等地区。

2. 土地资源利用与农牧业生产

　　土地利用类型多样，以耕地为主，草地次之，林地主要分布于下亚东乡、上亚东乡、下司马镇等地区。亚东县耕地面积有所增长，人均耕地有小幅下降。2000～2016 年，亚东县耕地面积从 2000 年的 803hm^2 上升到 2016 年的 907hm^2，上升了 12.95%。就人均耕地占有水平与变化情况来看，2000～2016 年，亚东县人均耕地面积整体上有所下降，从 2000 年的 1.10 亩下降到 2016 年的 0.98 亩，下降了 10.90%（图 5.77）。

　　粮食作物播种面积减少，粮食作物播种面积比例大幅度降低。2000～2016 年，亚东县粮食作物播种面积有所下降，从 2000 年的 502hm^2 下降到 2016 年的 410hm^2，降幅较大（图 5.78）。粮食作物播种面积占农作物面积的比例整体处于减少趋势，由 2000 年的 63% 降至 2016 年的 44% 左右水平。

　　粮食总产量和单产水平均在波动变化中降低。亚东县粮食总产量从 2000 年的 1696t 减少到 2007 年的 1300t，之后 2008 年达到 1659t，到 2016 年减至 1181t（图 5.79）。从粮食单产来看，2000～2016 年，亚东县粮食单产从最高 4.16t/hm^2 减少至近年来 2.88t/hm^2，单位面积土地生产能力在降低。

　　亚东县草地面积 26.59 万 hm^2，主要为高寒草甸和高寒草原。亚东县北部地区以高寒草原为主，面积为 15.40 万 hm^2，占草地总面积的 57.92%；南部地区以高寒草甸为主，

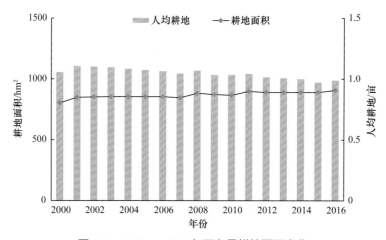

图 5.77　2000～2016 年亚东县耕地面积变化

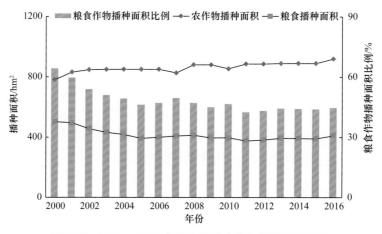

图 5.78　2000～2016 年亚东县粮食作物播种面积变化

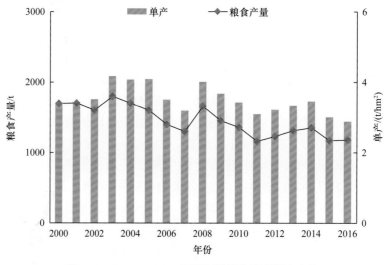

图 5.79　2000～2016 年亚东县粮食生产能力变化

高寒草甸面积为 11.19 万 hm^2，占草地总面积的 42.08%。

草地生产力年际变动较大，整体呈下降趋势。2000～2016 年，亚东县草地资源平均生产力为 53.79g/m^2，草地资源生产力水平略低于西藏全区平均水平。2016 年草地地上生物量为 59.64g/m^2（图 5.80）。从时间变化上来看，亚东县草地资源生产力在降低，2000～2006 年下降显著，2006 年后下降趋势得到较大缓解。

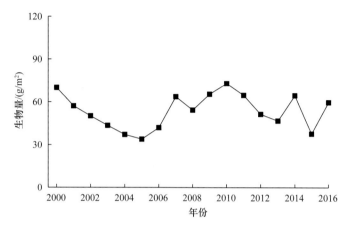

图 5.80 2000～2016 年亚东县草地生产力年际变化

牲畜规模较低，年际波动较小。从 2000～2016 年的牲畜数量来看，亚东县牲畜的数量在 10 万～15 万头，平均为 11.57 万头，仅占西藏饲养牲畜总数的 0.42%（图 5.81）。就变化情况来看，2000 年以来牲畜的年际波动较小，呈先上升后下降的趋势，2016 年牲畜数量为 10.14 万头，以山羊、绵羊为主。

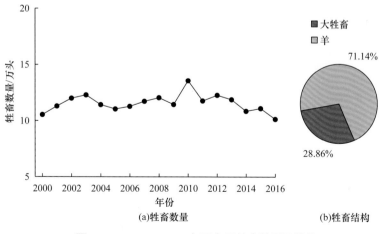

图 5.81 2000～2016 年亚东县牲畜数量及结构

3. 食物消费结构与膳食营养水平

食物消费以粮食为主，肉类和蔬菜为辅。基于实地调研的亚东县食物消费分析结果表明（图 5.82），亚东县居民年人均消费粮食 146kg，蔬菜 70kg，肉类 42kg，其他食物消费较少。

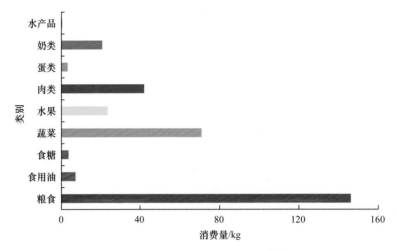

图 5.82　亚东县居民主要食物消费结构

亚东县居民热量摄入量约为 2421.32kcal，蛋白质摄入量约为 58.46g。热量和蛋白质摄入主要来源于植物性食物。从来源看，热量摄入主要来源于粮食、肉类和食用油；蛋白质摄入主要来源于粮食和肉类，其次是蛋类、奶类和蔬菜（图 5.83）。

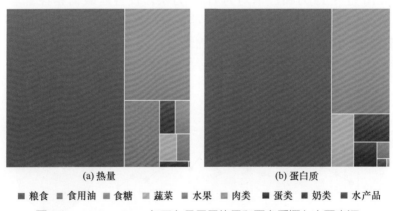

(a) 热量　　　　　　　　　　(b) 蛋白质

■ 粮食　■ 食用油　■ 食糖　■ 蔬菜　■ 水果　■ 肉类　■ 蛋类　■ 奶类　■ 水产品

图 5.83　2000～2016 年亚东县居民热量和蛋白质摄入主要来源

4. 土地资源承载力与承载状态

耕地资源承载力下降，人粮关系处于严重超载状态。2000～2016 年，受人口增加与粮食减产的双重影响，亚东县承载力呈现下降趋势，承载人口从 2000 年的 0.42 万人减少到 2016 年的 0.29 万人（图 5.84）；耕地资源承载指数从 2.69 上升到 4.66，人粮关系处于严重超载状态。

草地资源承载力整体处于平衡有余的状态。2000～2016 年亚东县草地资源承载力

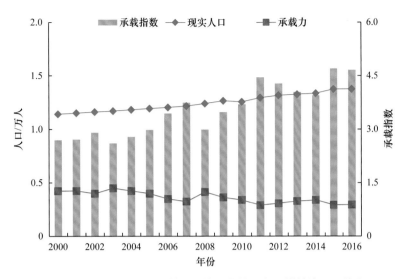

图 5.84　2000 ～ 2016 年基于人粮平衡的亚东县耕地资源承载力

有所上升，平均值为 102.57 羊单位 /km²，草地理论载畜量多年平均为 25.58 万羊单位。
2016 年亚东县草地资源承载指数为 0.66，草地处于富裕盈余状态（图 5.85）。就变化趋
势看，2000 ～ 2006 年，草地资源的承载指数呈显著的上升状态，2006 年之后，承载
指数呈波动下降。综合来看，在 2000 ～ 2016 年，亚东县大部分年份草地都处于盈余
状态，草地资源相对充足。

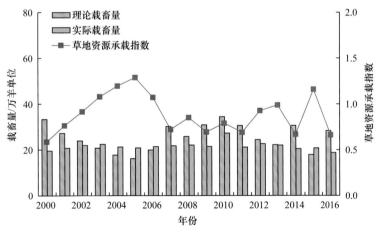

图 5.85　2000 ～ 2016 年基于草畜平衡的亚东县草地资源承载力

　　基于热量平衡的亚东县土地资源承载力在降低，人地关系处于严重超载状态。以
热量平衡计（图 5.86），2000 ～ 2016 年，亚东县人口承载力有所下降，承载人口从
2000 年的 0.86 万人下降到 2016 年的 0.77 万人，承载指数从 1.31 上升到 1.77，土地资
源的人口压力持续增强，人地关系处于严重超载状态。
　　基于蛋白质平衡的亚东县土地资源承载力在波动上升，土地资源承载力处于平衡

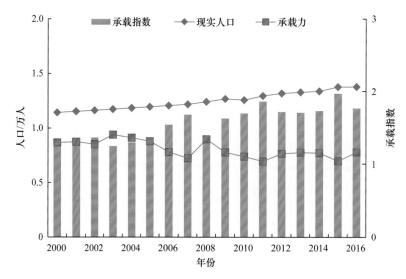

图 5.86　2000～2016 年基于热量平衡的亚东县土地资源承载力

有余状态。以蛋白质平衡计（图 5.87），2000～2016 年，亚东县土地资源承载力有所上升，承载人口从 2000 年的 1.22 万人上升到 2016 年的 1.37 万人；承载指数从 0.93 上升到 1.01，基于蛋白质平衡的人地关系处于平衡有余的状态。

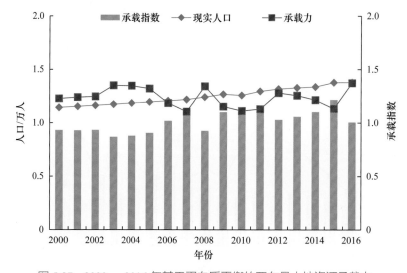

图 5.87　2000～2016 年基于蛋白质平衡的亚东县土地资源承载力

　　2018 年亚东口岸地区土地资源承载力基础考察与研究发现，地处喜马拉雅山脉中段南坡谷地，海拔 2800 多米，与印度、不丹两国接壤，对外通道 41 条。自 17 世纪中叶开始，亚东口岸逐渐成为中印贸易的主要口岸，乃堆拉山口仍是主要的贸易通道，主要的边贸互市市场包括帕里、桑姆、阿桑、仁青岗等。该口岸距拉萨市 460km，距印度加尔各答 410km，距不丹廷布约 300km。公路交通、能源、通信等基础条件基本具备，不丹和印度边民在亚东帕里镇和下司马镇进行易货贸易。

第6章

水资源承载力基础考察
与综合评价[*]

---

* 本章执笔人：刘兆飞、姚治君、何飞

第 6 章基于南亚通道水资源承载力基础考察，从水资源供需平衡关系出发，开展水资源承载力综合评价；立足水土平衡与人水平衡，从南亚通道地区（拉萨市、日喀则市）、中尼廊道及其周边地区和重要口岸地区（普兰县、吉隆县、聂拉木县、定结县、亚东县）等不同空间尺度,定量评价了南亚通道不同地区的水资源承载力及其承载状态。

6.1 南亚通道地区：拉萨市、日喀则市

"南亚通道资源环境基础与承载能力考察研究"科考分队重点对南亚通道地区的拉萨市、日喀则市进行了水资源承载力基础考察，基于野外考察、实地调研和室内分析定量评价了拉萨市、日喀则市的水资源承载力。

6.1.1 拉萨市

1. 水资源基础

拉萨市位于雅鲁藏布江支流拉萨河中游河谷平原。市内水资源丰富，拉萨市水资源总量多年平均值约 101.8 亿 m^3，其中，地表与地下水资源量分别约 80.7 亿 m^3 和 20.0 亿 m^3，地表水以拉萨河及其支流当曲、拉曲、乌鲁龙曲、雪绒藏布、墨竹玛曲、澎波曲、堆龙曲及尼木玛曲为主，汇入雅鲁藏布江。

如图 6.1 所示，根据西藏自治区水资源公报（2004 ～ 2016 年），拉萨市多年平均降水量为 501.2mm，2016 年拉萨市年降水量 544.8mm，比多年平均多 8.7%，降水量比常年略多；2016 年拉萨市的地表水资源量为 88.42 亿 m^3，较多年平均多了 9.5%；2016 年拉萨市的地下水资源量为 24.29 亿 m^3，较多年平均地下水资源量 22.04 亿 m^3 增加了 10.2%；2016 年拉萨市的水资源总量为 111.71 亿 m^3，较多年平均增加了 9.7%。

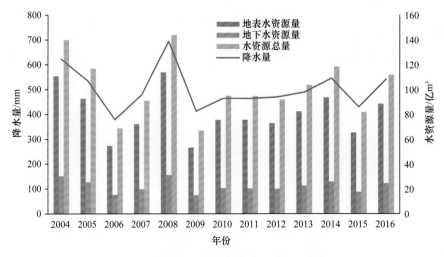

图 6.1 拉萨市降水量与水资源量年际变化

2. 水资源供需平衡

水资源供需状况分析是水资源承载力评价的基础性工作之一。合理分析研究区的供水量和用水量的具体情况，可以为水资源承载力评价和相关用水政策提供一定的科学依据和参考。

拉萨市 2016 年总供水量为 6.84 亿 m³，2004 ～ 2016 年多年平均供水量为 5.37 亿 m³。其中，在 2004 ～ 2010 年总供水量呈逐年平稳上升的趋势，在 2010 ～ 2014 年保持相对平稳的状态，在 2014 ～ 2016 年上升速度较快，并且在 2016 年达到新高（图 6.2）。其中，就地下水供水量而言，在 2004 ～ 2008 年呈现逐年上升的状态，而在 2008 ～ 2013 年有增有减，相对稳定，2013 ～ 2014 年，地下水供水量有一个明显的下降，2014 ～ 2016 年上升明显；就地表水源供水量而言，2004 ～ 2016 年，变化比较平稳，没有比较大的波动。

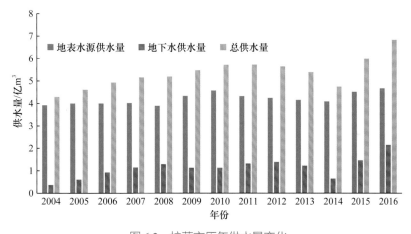

图 6.2　拉萨市历年供水量变化

2004 ～ 2010 年，拉萨市用水量呈现逐年缓慢上升的趋势，由 2004 年的 4.29 亿 m³ 增加到 2010 年的峰值 5.72 亿 m³，而在 2010 ～ 2014 年，有一个缓慢的回落，在 2014 ～ 2016 年出现快速增长（图 6.3）。从拉萨市产业用水结构来看，农业用水占据了总用水量的绝大比例，但在 2004 ～ 2007 年呈现下降的趋势，2007 ～ 2016 年波动较小，保持相对稳定，占总用水量比例稳定在 80% 左右；工业用水占比较小，总体呈波动上升趋势；生活用水在 2010 ～ 2016 年呈缓慢波动上升趋势。拉萨市在现有供、用水条件下，由于规划得当，2004 ～ 2016 年，拉萨市水资源供需整体处于平衡状态。

3. 水资源承载力与承载状态

表 6.1 给出了各市水资源承载力评价结果，其中，已开发利用水资源量以 2016 年供水量表示，在可利用水资源条件下，拉萨市的水资源承载力为 461.8 万人，但以现有供水条件为基准，拉萨市水资源承载力则为 72.2 万人。

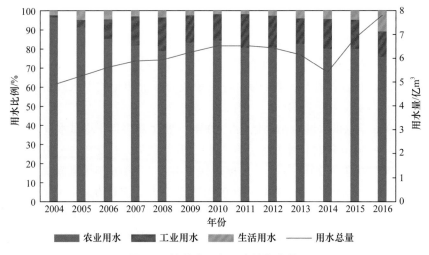

图 6.3　拉萨市历年用水结构变化

表 6.1　区域水资源承载力评价结果

区域	水资源量 / 亿 m³			水资源开发利用率 /%	2016 人口 / 万人	水资源承载力 / 万人		水资源承载指数	
	总量	已开发利用量	可利用量			现状供水条件	可利用水资源条件	现状供水条件	可利用水资源条件
拉萨市	93.6	6.8	43.5	6.4	66.5	72.2	461.8	0.92	0.14
日喀则市	351.2	11.2	172.9	3.5	75.9	118.9	1835.5	0.64	0.04

　　以可利用水资源量计算得到的水资源承载指数在拉萨市最高，为 0.14，水资源有较大盈余。在现状供水条件下，拉萨市水资源承载指数值虽然小于 1.0，本章目前列为平衡状态，但其值已经接近 1.0，说明该区域水资源已经临近超载级别。

　　图 6.4 给出了 2004 ～ 2016 年拉萨市水资源承载力与承载指数，与西藏自治区水资源承载力评级结果类似，拉萨市水资源承载力评价结果显示，拉萨市整体水资源总量丰富，但利用率偏低。水资源承载力研究表明，在可利用水资源条件下，拉萨市可利用水资源量为 43.5 亿 m³，以西藏自治区 2016 年人均综合用水量 942m³ 测算，拉萨市水资源承载力为 461.8 万人。但从供水量角度看，2004 ～ 2016 年多年平均供水量仅为 5.4 亿 m³，相应的水资源承载力仅为 57.3 万人，即使以最大供水量（2016 年）6.8 亿 m³ 测算，拉萨市水资源承载力也只有 72.2 万人。

　　水资源承载指数评价结果显示，如果以可利用水资源进行测算，2004 ～ 2016 年拉萨市水资源承载指数在 9.5% ～ 14.4% 变化。但在现状供水条件下，由于供水设施较内地地区有较大差距，水资源开发利用率较低，以 2016 年西藏人均综合用水量 942m³ 进行测算，拉萨市水资源承载指数在 2014 年之前大致呈上升趋势，至 2014 年达最高值 1.22，但之后，呈较为明显的下降趋势（图 6.4）。由于 2015 年与 2016 年拉萨市人口亦呈增长趋势，这两年水资源承载指数的降低主要与拉萨市供水能力的提升有关。

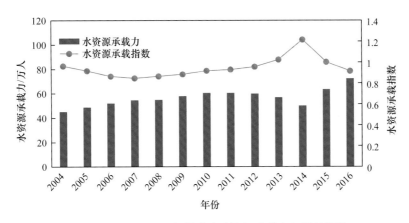

图 6.4　2004 ～ 2016 年拉萨市水资源承载力与承载指数

6.1.2　日喀则市

1. 水资源基础

日喀则市位于西藏自治区西南部，全市面积 18.2 万 km²，东西长 800km，南北宽 220km，有河流 100 余条。西藏第一大河雅鲁藏布江发源于日喀则市仲巴县杰马央宗冰川，由西向东流经仲巴、萨嘎、吉隆、昂仁、拉孜、萨迦、谢通门、桑珠孜区、南木林、仁布等区县，境内长度为 700 km，流域面积超过了 10 万 km²。年楚河是另一条重要的河流，发源于康马县，经江孜、白朗在日喀则汇入雅鲁藏布江。其他还有朋曲、多雄藏布、仲曲、绒河、叶如藏布、康布河、吉隆河等，除少数内流河外，均属印度洋水系。河流水源由地下水、雨水和冰雪融水混合补给，水温偏低，含沙量小，水质好。径流季节分配不均，年季变化小。

根据西藏自治区水资源公报（2004 ～ 2016 年），如图 6.5 所示，日喀则市多年平均降水量为 387.6mm，2016 年日喀则市年降水量为 416.8mm，比多年平均多了 7.5%，降水比常年偏多；2016 年日喀则市的地表水资源量为 399.22 亿 m³，较多年平均地表水资源量 360.84 亿 m³ 多了 10.6%；2016 年日喀则市的地下水资源量为 124.28 亿 m³，较多年平均地下水资源量 112.49 亿 m³ 增加了 10.5%；2016 年日喀则市水资源总量为 399.22 亿 m³，较多年平均水资源总量 360.84 亿 m³ 增加了 10.6%。

2. 水资源供需平衡

日喀则市 2016 年总供水量为 11.19 亿 m³，2004 ～ 2016 年多年平均供水量为 12.08 亿 m³。2004 ～ 2007 年总供水量保持在一个较高的水平，变化平稳，2008 ～ 2014 年呈现总体上升的趋势，中间有小波动，2014 ～ 2016 年下降明显（图 6.6）。其中，就地下水供水量而言，地下水供水量占总供水量的比例极小，说明日喀则市地下水资源利用较少；就地表水源供水量而言，地表水源供水量占了总供水量的绝大部分。

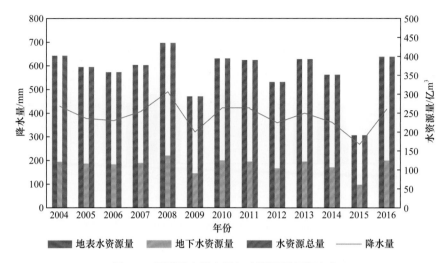

图 6.5　日喀则市降水量与水资源量年际变化

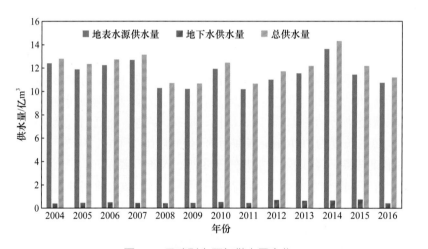

图 6.6　日喀则市历年供水量变化

2004～2016 年，日喀则市用水量呈现上下起伏波动，但波动幅度不大。在 2008 年、2009 年、2011 年和 2016 年，用水总量处于较低水平，分别为 10.71 亿 m^3、10.67 亿 m^3、10.65 亿 m^3 和 11.19 亿 m^3（图 6.7）。从日喀则市的用水结构来看，农业用水占了总用水量的绝大比例，最低时比例也有 96%；工业用水呈现总体上升的趋势；生活用水所占比例呈现上下起伏波动，但幅度不大。日喀则市在现有供、用水条件下，水资源供需也处于平衡状态。

3. 水资源承载力与承载状态

图 6.8 给出的日喀则市水资源承载力评价结果。与西藏自治区水资源承载力评级结果较为接近，日喀则市的水资源总量及可利用水资源量都非常丰富，但利用率偏低。

水资源承载力的结果显示，在可利用水资源条件下，日喀则市可利用水资源量为

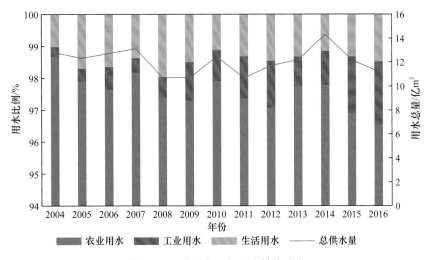

图 6.7　日喀则市历年用水结构变化

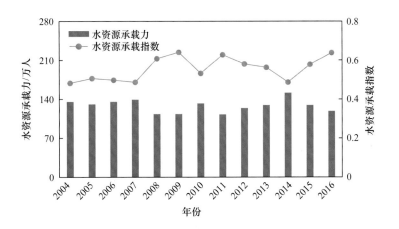

图 6.8　2004 ~ 2016 年日喀则市水资源承载力与承载指数

172.94 亿 m³，以 2004 ~ 2016 年日喀则市人均综合用水量平均值 1714m³ 进行测算，其水资源承载力为 1172.5 万人；若以西藏自治区人均综合用水量 942m³ 进行测算，日喀则市水资源承载力则为 1835.5 万人。从现状供水量角度看，日喀则市 2004 ~ 2016 年多年平均供水量仅为 12.08 亿 m³，以日喀则市的人均综合用水量进行测算，水资源承载力为 71.24 万人，其中以 2016 年的人均综合用水量进行测算，水资源承载力水平更低，仅可承载 82.0 万人；若以西藏自治区人均综合用水量为标准进行测算，日喀则市的水资源承载力为 118.9 万人。

水资源承载指数评价结果显示，从可利用水资源角度测算，以日喀则市和西藏自治区的人均综合用水量进行测算，2004 ~ 2016 年日喀则市水资源承载指数均低于 0.05，其中 2016 年计算得到的日喀则市水资源承载指数为 0.04，水资源有较大盈余。但在现状供水条件下，由于供水设施的技术水平有限，水资源开发利用率较低，以日喀则市人均综合用水量进行测算，2016 年日喀则市水资源承载指数为 0.64，以西藏自治区人均综合用水量进行测算则水资源承载指数为 1.06，但整体处于平衡状态。其中，以西藏自治区人均综合用水量进行测算，2004～2016 年日喀则市的水资源承载指数整体呈波动变化的趋势，2014 年之后有较为明显的上升，主要由日喀则市的总供水量降低但人口持续增长所造成。由于大型水利设施的修建，特别是羊湖水库库容达到 150 亿 m³，整体上日喀则市的水资源承载保持盈余状态。

6.2 中尼廊道及其周边地区

"南亚通道资源环境基础与承载能力考察研究"科考分队重点对中尼廊道及周边地区，即从拉萨市、阿里狮泉河至中尼边境主干交通沿线的 31 个县（区），进行了水资源承载力基础考察，基于野外考察、实地调研和室内分析定量评价了各区县的水资源承载力。

6.2.1 水资源承载力基础考察

1. 流域背景情况

从全国水资源一级分区看，中尼廊道及周边地区区县主要位于西南诸河区和内陆诸河区内。若以全国水资源二级分区角度，中尼廊道及周边地区区县主要位于雅鲁藏布江流域、藏南诸河区、藏西诸河区及羌塘高原内陆区 4 个二级区内，其中除了羌塘高原内陆区位于一级区的内陆诸河区外，其余三个二级区都属于一级区西南诸河区。从全国水资源三级分区看，中尼廊道区县主要位于藏西诸河、藏南诸河、羌塘高原区、拉孜以上及拉孜至派乡 5 个三级区内，其中前 3 个三级区与二级区一致，与二级区的区别在于细分了雅鲁藏布江的上游区（拉孜以上）和中游区（拉孜至派乡）。

2. 水资源调查结果

基于南亚通道水资源基础考察成果，并结合中尼廊道区县水资源调查问卷分析结果，分析了中尼廊道基础考察区县的水资源状况。水资源量统计结果显示（图 6.9），水资源较充沛的区县为聂拉木县与桑珠孜区，其中受访者认为聂拉木县水资源极其充沛占到 28%，充沛占到 72%。桑珠孜区水资源极其充沛占到 14%，充沛占到 86%。水资源充沛的区县包括日土县、噶尔县、札达县、墨竹工卡县及措勤县，受访者认为水资源充沛占到 20%～50%。水资源一般的区县为当雄县，问卷结果均显示为水资源量一般。此外，普兰县水资源总体呈充沛状态，但也有区域呈缺水状态，是由水资源空间分布不均造成的。吉隆县问卷调查结果呈两极分化，受访者认为水资源极其充沛占50%，缺乏占 50%。总体来说，调查区县的水资源量整体呈充沛状态，部分区县的部分区域有水资源缺乏的现象，但范围不大。

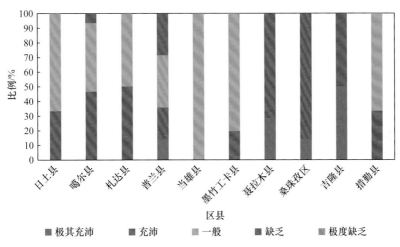

图 6.9　中尼廊道部分区县水资源量调查问卷结果

水质问卷调查结果显示（图 6.10），水质较好的区县为吉隆县；水质良好及以上的区县包括噶尔县、普兰县、聂拉木县、桑珠孜区及当雄县；水质一般至良好的区县包括日土县、札达县及措勤县。这三个区县水质调查结果基本类似；墨竹工卡县水质相对较差，调查结果差异较为明显，其中受访者认为水质极差占到 50%，很差占到10%，优质及良好只占到受访者的 20%。总体来说，调查区县的水质整体呈良好状态，比较特殊的是墨竹工卡县，水质相对较差。

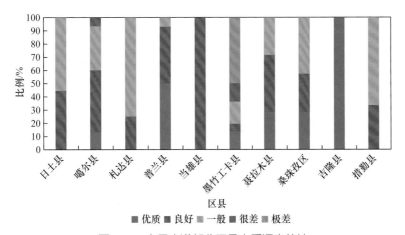

图 6.10　中尼廊道部分区县水质调查统计

6.2.2　水资源承载力评价

1. 水资源承载力

图 6.11 给出了可利用水资源和现状供水条件下的中尼廊道区县水资源承载力，结果表明，如果从可利用水资源量角度计算，各个区县水资源承载力都较强，整体上，

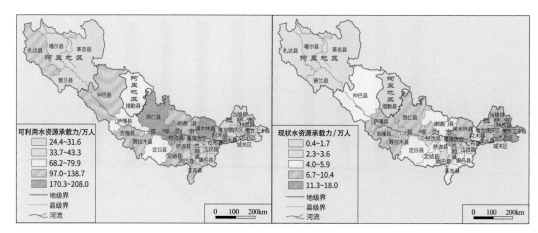

图 6.11　可利用水资源和现状供水条件下的中尼廊道区县水资源承载力

西北部地区由于降水较少，地表水资源量相对较少，该地区县域水资源承载力相对其他地区较小，但其值也普遍达到了 30 万～ 150 万人；而东南部地区由于降水相对丰沛，地表水资源丰富，该地区县域水资源承载力较强。

从现状供水条件角度计算，水资源承载力最大的区县为日喀则市与拉萨市市区，其主要是由于城市设施相对较为完善，供水能力相对较强，其现状承载力都超过了10 万人；而西北部地区县域受供水条线所限，其现状水资源承载力相对较小，普遍低于 2 万人。

2. 水资源承载状态评价

图 6.12 分别给出了可利用水资源和现状供水条件下的区县水资源承载指数。以可利用水资源量计算得到的水资源承载指数来看，拉萨市辖区（城关区）水资源承载指数在所有区县中最高，其值达到了 0.58；统计的 31 个中尼廊道区县中，有 8 个区县的水资源承载指数超过了 0.10，除了城关区外，还包括江孜县（0.25）、白朗县（0.20）、

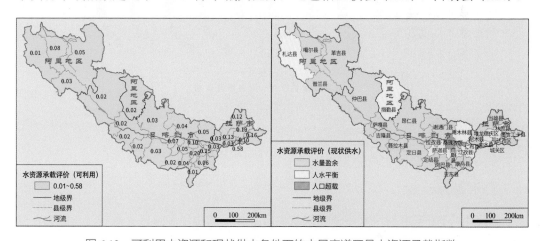

图 6.12　可利用水资源和现状供水条件下的中尼廊道区县水资源承载指数

林周县（0.19）、墨竹工卡县（0.16）、堆龙德庆区（0.13）、当雄县（0.12）及日喀则市辖区（桑珠孜区，0.10），这些区县主要位于拉萨市与日喀则市。大多数区县的水资源承载指数小于 0.10，水资源有较大盈余。

在现状供水条件下，水资源承载指数远低于可利用水资源条件下的承载指数，中尼廊道区县现状水资源承载指数在 0.09 ～ 1.32 变化，绝大多数（25 个）县域水资源也处于平衡或盈余状态，其中，仲巴等 15 个县域处于盈余状态，而江孜等 10 个县域则处于平衡有余状态；但是值得注意的是，拉萨市城关区与日喀则市桑珠孜区水资源承载指数已经超过了 1.0，处于临界超载状态。

6.3　重点口岸地区：普兰县、吉隆县、聂拉木县、定结县、亚东县

"南亚通道资源环境基础与承载能力考察研究"科考分队重点对中尼廊道地区的普兰县、吉隆县、聂拉木县、定结县、亚东县五个口岸县进行了水资源承载力基础考察。基于野外考察、实地调研和室内分析，定量评价了普兰县及普兰口岸、吉隆县及吉隆口岸、聂拉木县及樟木口岸、定结县及日屋 – 陈塘口岸和亚东县及亚东口岸地区的水资源承载力与承载状态。

6.3.1　普兰县与普兰口岸地区

1. 水资源承载力基础考察

普兰县位于全国水资源一级分区中的西南诸河区，从二级分区看，普兰县涉及了雅鲁藏布江流域、藏西诸河区和藏南诸河区 3 个二级区；若以水资源三级分区角度看，县域则位于藏西诸河区、藏南诸河区及拉孜以上 3 个三级区。普兰县内主要流经孔雀河（马甲藏布）、马泉河（当却藏布）及象泉河（朗钦藏布）3 条四级河流，其中马泉河为雅鲁藏布江的源流。

基于普兰县水资源调查问卷结果，统计并分析普兰县的水资源数据与质量状况。就水资源量而言，受访者认为极其充沛占 14%，充沛占 21%，一般占 36%，缺乏占 29%，这表明普兰县总体水资源比较充沛，但部分区域存在缺水现象，水资源存在空间分布不均的特征；结合水质状况分析表明，相比较水质性缺水，缺水的原因更有可能的是工程性缺水。就水质状况而言，受访者认为优质占 50%，良好占 43%，一般占 7%，这主要是由于普兰县是一个以牧为主、农牧结合的污染极少，保证了水质始终处于优质的状态。同时，优质的水资源也为普兰县的发展提供了一个良好的保障。

2. 水资源承载力与承载状态

普兰县多年平均水资源量、可利用水资源量、已开发利用水资源量及 2016 年的用

水量统计数据表明，普兰县水资源量相对较为丰富，多年平均水资源量为 24.52 亿 m³；普兰县可利用水资源量也相对较为丰富，达到了 7.39 亿 m³；与西藏自治区整体状况类似，尽管普兰县水资源量及可利用水资源量都非常丰富，但目前开发利用率极低，已开发利用水资源量较水资源量低了两个数量级，普兰县已开发利用水资源量为 0.36 亿 m³，开发利用率仅为 1.5%，相对于区域内丰富的可利用水资源量来说，水资源开发利用率远远低于沿海地区，但略高于西藏自治区水资源开发利用的平均水平（0.7%）及阿里地区的平均水平（1.0%）。从水资源供需状况分析，由于目前普兰县人口相对较少，经济规模不够发达，用水量规模仍远低于供水量（已开发利用水资源量）。按照 2016 年用水量统计计算，普兰县用水量占已开发利用水资源量的比值仅为 22.2%，从水资源约束条件看，人口与经济规模仍有较大的发展空间。

如果以可利用水资源量计算，由于可利用水资源量较为丰富，普兰县的水资源承载力达到 81.6 万人。但若以已开发利用水资源量计算，由于开发利用率较低，普兰县的水资源承载力则为 3.9 万人。按照 2016 年普兰县人口统计结果，普兰县水资源承载指数为 0.33，水资源承载状态处于富富有余阶段，从水资源约束条件看，人口规模仍有较大的发展空间。

6.3.2　吉隆县与吉隆口岸地区

1. 水资源承载力基础考察

吉隆县也位于全国水资源一级分区中的西南诸河区，从二级分区看，吉隆县涉及了雅鲁藏布江流域和藏南诸河区 2 个二级区；若以水资源三级分区角度看，县域则位于藏南诸河区和拉孜以上 2 个三级区。吉隆县主要位于雅鲁藏布江南侧，县域内主要流经四级河流吉隆藏布。

基于吉隆县水资源调查问卷结果，分析吉隆县的水资源数量与质量状况。从水资源量统计结果看，受访者认为吉隆县水资源量极其充沛占 50%，缺乏占 50%，调查结果呈两极分化的特征，这从一定程度上表明了吉隆县水资源在不同区域有较大的差别；另外，由于这些调查区域距离较近，气候差异并不大，说明缺水不是自然原因导致的，更有可能是人为因素造成的，这可能与不同区域的现状供水条件有关。从水质调查结果看，吉隆县水质优质占 100%，说明吉隆县水质状况较好，这也与该区域水资源丰富有一定的关系。

2. 水资源承载力与承载状态

吉隆县多年平均水资源量、可利用水资源量、已开发利用水资源量及 2016 年的用水量统计数据表明，吉隆县水资源量相对较为丰富，多年平均水资源量为 25.37 亿 m³；

吉隆县的可利用水资源量也相对较为丰富，超过了 9 亿 m³；与西藏自治区整体状况类似，尽管吉隆县水资源量及可利用水资源量都非常丰富，但目前开发利用率极低，已开发利用水资源量较水资源量有数量级的差距，吉隆县已开发利用水资源量为 0.64 亿 m³，其开发利用率为 2.5%，开发利用率在五个重点口岸县中都是最高的，与西藏自治区整体水平相比，高于西藏自治区水资源开发利用的平均水平（0.7%），但略低于日喀则市的整体开发利用率（3.4%）。从水资源供需状况分析，吉隆县人口相对较少，经济规模欠发达，用水量规模远低于供水量。按 2016 年用水量计算，吉隆县用水量占已开发利用水资源量的比值仅为 23.4%，从水资源约束条件看，人口与经济规模仍有较大的发展空间。

如果以可利用水资源量计算，由于吉隆县可利用水资源量较为丰富，相应的水资源承载力达到 96.97 万人。但若以现状供水条件计算，由于开发利用率较低，吉隆县的水资源承载力则为 6.74 万人。按照 2016 年人口统计结果，吉隆县水资源承载指数为 0.24%，水资源承载状态处于富富有余阶段，从水资源约束条件看，人口规模仍有较大的发展空间。

6.3.3　聂拉木县与樟木口岸地区

1. 水资源承载力基础考察

聂拉木县也位于全国水资源一级分区中的西南诸河区，从水资源二级分区和三级分区看，聂拉木县都位于藏南诸河区。聂拉木县内主要流经 1 条四级河流朋曲。

基于樟木口岸水资源调查问卷结果，分析了樟木口岸的水资源数量与质量状况。从水资源量调查结果看，受访者认为樟木口岸水资源量极其充沛占 29%，充沛占 71%；从水质统计结果看，樟木口岸水质呈优质状况占 29%，良好占 42%，一般占 29%。水资源调查问卷结果表明，樟木口岸水资源充沛，水质良好，充沛且良好的水资源为樟木口岸未来经济社会发展提供了必要的保障。

2. 水资源承载力与承载状态

聂拉木县的多年平均水资源量、可利用水资源量、已开发利用水资源量及 2016 年的用水量统计数据显示，聂拉木县的水资源量相对较为丰富，多年平均水资源量为 30.6 亿 m³，在五个重点口岸县中是最高的；聂拉木县的可利用水资源量也相对较为丰富，达到了 10.9 亿 m³，在五个重点口岸县中也是最高的；与西藏自治区整体状况类似，尽管聂拉木县水资源量及可利用水资源量都非常丰富，但目前开发利用率极低，已开发利用水资源量较水资源量有数量级的差别，聂拉木县已开发利用水资源量为 0.62 亿 m³，相应的开发利用率为 2.0%，与定结县相当，略低于吉隆县，但高于亚东县、普兰县；但较日喀则市整体水平低了四成。从水资源供需状况分析，聂拉木县人口相对较少，经济规模欠发达，用水量规模远低于已开发利用水资源量。以 2016 年用水量计算，聂拉木县用水量占已开发利用水资源量的比值为 38.7%，在五个重点口岸县中排第二，仅次于定结县的 76.6%。但从水资源约束条件看，人口与经济规模也仍有较大的发展空间。

聂拉木县的可利用水资源量较为丰富，以可利用水资源量计算，其水资源承载力可达 116.9 万人，在五个重点口岸县中仅次于定结县。但若以现状供水条件计算，由于开发利用率较低，聂拉木县的水资源承载力则为 6.53 万人，略低于吉隆县。按照 2016 年人口统计结果，聂拉木县水资源承载指数为 0.31，水资源状态处于富富有余阶段，从水资源约束条件看看，人口规模仍有较大的发展空间。

6.3.4 定结县与日屋 – 陈塘口岸地区

1. 水资源承载力基础考察

定结县位于全国水资源一级分区中的西南诸河区，从水资源二级分区和三级分区看，定结县位于藏南诸河区。定结县内主要流经 1 条四级河流朋曲，和 1 条五级河流叶如藏布，其中朋曲是西藏自治区外流河之一，是阿润河的主要上游。发源于希夏邦马峰北坡的野博康加勒冰川，源头海拔 5530m。

2. 水资源承载力与承载状态

定结县多年平均水资源、可利用水资源、已开发利用水资源量及 2016 年的用水量统计数据表明，定结县水资源量相对较为丰富，多年平均水资源量为 23.46 亿 m³；定结县的可利用水资源量也相对较为丰富，达到了 8.31 亿 m³；与西藏自治区整体状况类似，尽管定结县水资源量及可利用水资源量都非常丰富，但目前来看，水资源开发利用率极低，已开发利用水资源与水资源量之间存在两个数量级的差距，定结县已开发利用水资源量为 0.47 亿 m³，其开发利用率为 2.0%，与聂拉木县相当；但低于日喀则市的整体开发利用率 (3.4%)。从水资源供需状况分析，定结县人口相对较少，经济规模欠发达。不同于其他重点口岸，定结县用水量规模与已开发利用水资源量较匹配。以 2016 年用水量计算，定结县用水量占已开发利用水资源量的比值为 76.6%，在五个重点口岸县中最高。从水资源约束条件看，人口与经济规模存在一定的发展空间。

如果以可利用水资源量计算，由于定结县的可利用水资源量较为丰富，相应的水资源承载力达到了 118.3 万人，在五个重点口岸县中最高。但若以现状供水条件计算，由于开发利用率较低，定结县的水资源承载力则为 5.0 万人，比普兰县、亚东县略高，比聂拉木县、吉隆县要低。按照 2016 年人口统计结果，定结县水资源承载指数为 0.47，在五个重点口岸县中相对最高，水资源承载状态处于富裕阶段。从水资源约束条件看，人口规模仍有较大的发展空间。

6.3.5　亚东县与亚东口岸地区

1. 水资源承载力基础考察

亚东县也位于全国水资源一级分区中的西南诸河区，从水资源二级分区和三级分区看，亚东县也位于藏南诸河区。亚东县境内主要流经一条五级河流康布麻曲，在亚东县城驻地下司马镇与其左岸最大支流麻曲（卓木曲）汇合后，始称卓木麻曲，也称亚东河。该河段上游主要位于亚东县境内。

2. 水资源承载力与承载状态

亚东县多年平均水资源、可利用水资源、已开发利用水资源量及 2016 年的用水量统计数据显示，亚东县水资源量相对较为丰富，多年平均水资源量为 27.32 亿 m^3；亚东县的可利用水资源量也相对较为丰富，达到了 9.68 亿 m^3；与西藏自治区整体状况类似，尽管亚东县水资源量及可利用水资源量都非常丰富，但目前来看，水资源开发利用率极低，已开发利用水资源与水资源量之间存在两个数量级的差距，亚东县已开发利用水资源量为 0.42 亿 m^3，其开发利用率为 1.5%，仅高于普兰县。从水资源供需状况分析，亚东县人口相对较少，经济规模欠发达，用水量规模远低于已开发利用水资源量。以 2016 年用水量计算，亚东县用水量占已开发利用水资源量的比值为 21.4%，在五个重点口岸县中最低。从水资源约束条件看，人口与经济规模仍有较大的发展空间。

如果以可利用水资源量计算，由于亚东县可利用水资源量较为丰富，相应的水资源承载力达到了 104.2 万人，在五个重点口岸县中处于中等水平。但若以现状供水条件计算，由于开发利用率较低，亚东县的水资源承载力则为 4.5 万人，略低于定结县。按照 2016 年人口统计结果，亚东县水资源承载指数为 0.31，与聂拉木县相当，水资源承载状态处于富富有余阶段。从水资源约束条件看，人口规模仍有较大的发展空间。

第7章

生态承载力基础考察与综合评价 *

* 本章执笔人：闫慧敏、杜文鹏、陈如霞、王玮

第 7 章基于南亚通道生态承载力基础考察，从生态供给与消耗的平衡关系出发，开展生态承载力综合评价；立足生态平衡与人地平衡，从南亚通道地区（拉萨市、日喀则市）、中尼廊道及其周边地区和重要口岸地区（普兰县、吉隆县、聂拉木县、定结县、亚东县）等不同空间尺度，定量评价了南亚通道不同地区的生态承载力及其承载状态。

7.1 南亚通道地区：拉萨市、日喀则市

"南亚通道资源环境基础与承载能力考察研究"科考分队重点对南亚通道地区的拉萨市和日喀则市进行了生态承载力基础考察，基于野外考察、实地调研和室内分析定量评价了拉萨市、日喀则市的生态承载力。

7.1.1 拉萨市

拉萨市生态承载力评价从生态系统服务供给与消耗的角度出发，通过对比生态供给与农牧业生产消耗之间的关系揭示拉萨市生态平衡状态；通过生态供给与人均生态消耗计算拉萨市生态承载力，并与常住人口对比，揭示生态承载状态，反映拉萨市人地平衡关系的基本状况。

1. 生态供给与生态消耗

2000 ～ 2015 年拉萨市生态系统生态供给量处于波动状态（图 7.1），生态供给量多年平均值为 2.26Tg C；单位面积生态系统生态供给量为 76.64g C/m²，高于西藏自治区单位面积生态供给量的平均水平。从单位面积生态供给量空间分布来看，拉萨市大多数区域单位面积生态供给量不足 100g C/m²；单位面积生态供给量不足 10g C/m² 的

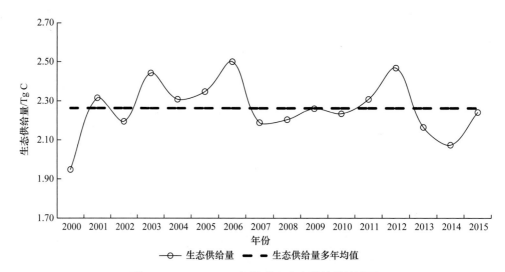

图 7.1　2000 ～ 2015 年拉萨市生态供给量统计图

区域主要位于当雄县西北部，堆龙德兴区、当雄县、曲水县、尼木县、林周县交界处以及墨竹工卡县东部；单位面积生态供给量超过 100g C/m² 的区域主要位于当雄县东南部、达孜区和墨竹工卡县中西部。

2015 年拉萨市生态消耗量为 1.86Tg C，2000 ～ 2015 年拉萨市生态消耗量先增加后减少（图 7.2），从 2000 年的 1.64Tg C 增加到 2010 年的 1.88Tg C，又减少到 2015 年的 1.86TgC，2000 ～ 2015 年生态消耗量多年平均值为 1.80Tg C。生态消耗由种植业生态消耗与畜牧业生态消耗两部分组成，畜牧业生态消耗量占生态消耗量的 85% 以上，而种植业生态消耗占生态消耗量的比例不超过 15%；2000 ～ 2015 年，畜牧业生态消耗量先增加后减少，从 2000 年的 1.40Tg C 增加到 2010 年的 1.64Tg C，又减少到 2015 年的 1.60Tg；种植业的生态消耗一直增加，从 2000 年的 0.23Tg C 增加到 2015 年的 0.26Tg C，增幅约为 13.04%。

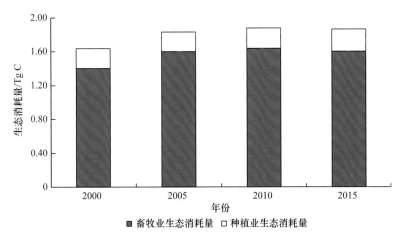

图 7.2　2000 ～ 2015 年拉萨市生态消耗量图

2000 ～ 2015 年拉萨市生态供给量大于生态消耗量，生态供给量是生态消耗量的 1.2 ～ 1.4 倍（图 7.3）。2000 年生态消耗量为 1.64Tg C，而生态系统供给量多年均值为 2.26Tg C，生态供给量是生态消耗量的 1.38 倍；2000 ～ 2010 年生态消耗量增加到 1.88Tg C，生态供给量与生态消耗量之间差距缩小为 1.20 倍；2010 ～ 2015 年，生态消耗量下降到 1.86Tg C，生态供给量与生态消耗量之间差距又扩大到 1.22 倍。

2. 生态承载力与承载状态

2015 年，拉萨市生态承载力为 35.04 万人，常住人口为 63.93 万人，表明拉萨市生态承载力已不足以承载当前的常住人口数量（图 7.4）。2000 ～ 2015 年拉萨市生态承载力处于波动状态，生态承载力从 2000 年的 54.84 万人下降到 2005 年的 45.02 万人，然后又上升到 2010 年的 50.41 万人，最后又下降到 2015 年的 35.04 万人。2000 ～ 2005 年，拉萨市生态承载力略大于其常住人口数量，说明拉萨市还有一定的生态承载空间；但 2010 ～ 2015 年拉萨市常住人口数量已超过生态承载力。结合拉萨市面积

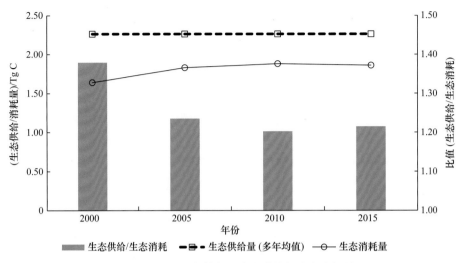

图 7.3 2000 ～ 2015 年拉萨市生态供给与生态消耗关系图

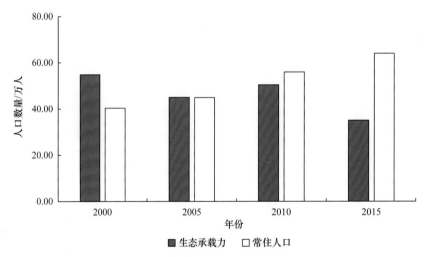

图 7.4 2000 ～ 2015 年拉萨市生态承载力与常住人口数量图

来看，2015 年拉萨市单位面积生态承载力约为 11.88 人 /km^2，略高于西藏自治区单位面积生态承载力平均水平。

2015 年拉萨市生态承载指数为 1.82，生态承载力处于严重超载状态（图 7.5）。2000 ～ 2015 年，拉萨市生态承载指数持续增加；其中，2000 ～ 2005 年生态承载指数从 0.73 增加到 1.00，生态承载力始终处于平衡有余状态；2005 ～ 2015 年生态承载指数从 1.00 增加到 1.82，生态承载力从平衡有余状态转变为严重超载状态。2015 年拉萨市生态承载力已经处于严重超载状态，这表明：在考虑生态保护和生态资源合理利用的前提下，拉萨市仅依靠本地生态系统提供的生态资源无法满足居民生活需求。

拉萨市是西藏自治区经济发展水平最高的区域，发达的经济吸引了西藏自治区其他地区人口向拉萨市流动。拉萨市人口约占西藏自治区总量的 20%，而生态资源仅占

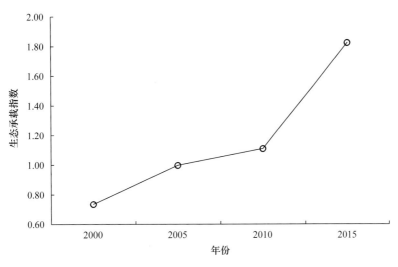

图 7.5　2000 ～ 2015 年拉萨市生态承载指数图

西藏自治区总量的 3.25%，生态资源与人口分布之间的不匹配性是导致拉萨市生态超载的主要原因。然而，农牧业生产活动不是城镇居民谋生的主要途径，2000 ～ 2015 年拉萨市生态资源供给量大于农牧业生产活动消耗量，生态系统处于可持续发展状态；这表明生态承载力超载与生态系统可持续发展之间的矛盾通过跨区域占用异地生态资源得到了缓解。

7.1.2　日喀则市

日喀则市生态承载力评价从生态系统服务供给与消耗的角度出发，通过对比生态供给与农牧生产消耗之间的关系揭示日喀则市生态平衡状态；通过生态供给与人均生态消耗计算日喀则市生态承载力，并与常住人口对比，揭示生态承载状态，反映日喀则市人地平衡关系的基本状况。

1. 生态供给与生态消耗

2000 ～ 2015 年日喀则市生态系统生态供给量处于波动状态（图 7.6），生态供给量多年平均值为 5.64Tg C；单位面积生态系统生态供给量为 30.97g C/m²，低于西藏自治区单位面积生态供给量的平均水平。从单位面积生态供给量空间分布来看，日喀则市绝大多数区域单位面积生态供给量不足 50g C/m²；单位面积生态供给量不足 10g C/m² 的区域集中分布在定结县、定日县、聂拉木县、吉隆县、萨嘎县和仲巴县南部与南亚国家接壤的边境地区；单位面积生态供给量超过 100g C/m² 的区域主要零星分布于亚东县、定日县、聂拉木县和吉隆县南部。

2015 年日喀则市生态消耗量为 3.08Tg C，2000 ～ 2015 年日喀则市生态消耗量先增加后减少（图 7.7），从 2000 年的 3.33Tg C 增加到 2010 年的 3.60Tg C，又减少

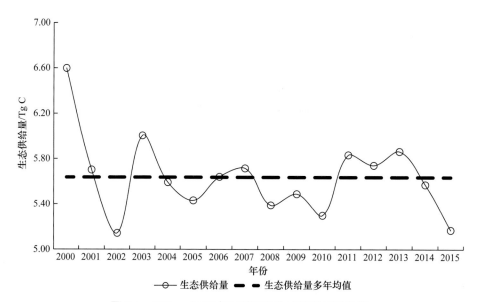

图 7.6　2000 ～ 2015 年日喀则市生态供给量统计图

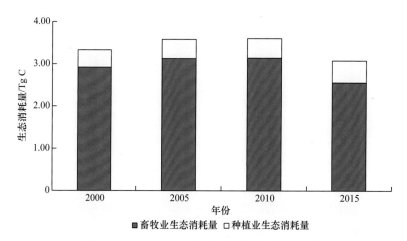

图 7.7　2000 ～ 2015 年日喀则市生态消耗量图

到 2015 年的 3.08Tg C，2015 年生态消耗量较 2000 年相比减少 7.51%，2000 ～ 2015 年生态消耗量多年平均值为 3.40Tg C。生态消耗由种植业生态消耗与畜牧业生态消耗两部分组成，畜牧业生态消耗量占生态消耗量的 80% 以上，而种植业生态消耗占生态消耗量的比例不超过 20%；2000 ～ 2015 年，畜牧业生态消耗量先增加后减少，从 2000 年的 2.92Tg C 增加到 2010 年的 3.14Tg C，又减少到 2015 年的 2.56Tg C；种植业生态消耗一直增加，从 2000 年的 0.41Tg C 递增到 2015 年的 0.52Tg C，增幅约为 26.83%。

2000 ～ 2015 年日喀则市生态供给量大于生态消耗量，生态供给量是生态消耗量的 1.5 ～ 2.0 倍（图 7.8）。2000 年生态消耗量为 3.33Tg C，而生态系统供给量多年均值为 5.64Tg C，生态供给量是生态消耗量的 1.69 倍；2000 ～ 2010 年生态消耗量增加到

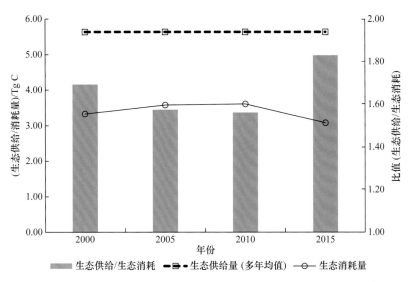

图 7.8　2000 ～ 2015 年日喀则市生态供给与生态消耗关系图

3.61Tg C，生态供给量与生态消耗量之间差距缩小为 1.56 倍；2010 ～ 2015 年，生态消耗量下降到 3.08Tg C，生态供给量与生态消耗量之间差距又扩大到 1.83 倍。

2. 生态承载力与承载状态

2015 年，日喀则市生态承载力为 88.35 万人，常住人口为 74.78 万人，表明日喀则市尚有 13.57 万人口承载空间（图 7.9）。2000 ～ 2010 年日喀则市生态承载力处于波动状态，生态承载力从 2000 年的 137.69 万人下降到 2005 年的 113.12 万人，然后又上升到 2010 年的 126.50 万人；2010 ～ 2015 年日喀则市生态承载力有较大幅度的下降，从 2010 年的 126.50 万人下降到 2015 年的 88.35 万人，减少 38.15 万人。2000 ～ 2015年，日喀则市生态承载力大于其常住人口数量，说明日喀则市存在一定的生态承载空间，

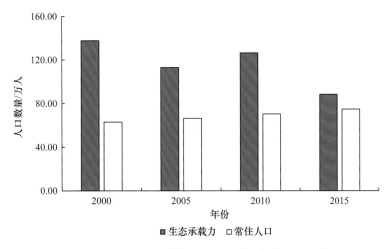

图 7.9　2000 ～ 2015 年日喀则市生态承载力与常住人口数量图

但承载空间在减少。结合日喀则市面积来看，2015 年日喀则市单位面积生态承载力约为 4.86 人 /km²，不足西藏自治区单位面积生态承载力平均水平的 50%。

2015 年日喀则市生态承载指数为 0.85，生态承载力处平衡有余状态（图 7.10）。2000 ～ 2015 年，日喀则市生态承载指数波动增加；其中，2000 ～ 2005 年生态承载指数从 0.46 增加到 0.59，生态承载力保持富富有余状态；2005 ～ 2010 年生态承载指数从 0.59 下降到 0.56，生态承载力仍为富富有余状态；2010 ～ 2015 年生态承载指数从 0.56 增加到 0.85，生态承载力从富富有余转变为平衡有余状态。2000 ～ 2015 年生态承载指数均小于 1.00，与临界超载的最小临界值还有一定距离，短期内日喀则生态承载力将处于平衡有余状态。2000 ～ 2015 年日喀则市生态供给量大于生态消耗量，生态供给量是生态消耗量的 1.5 ～ 2.0 倍，表明人类农林牧业生产活动消耗的生态资源量没有超出生态系统生态供给量，日喀则市生态系统处于可持续发展状态。2000 ～ 2015 年日喀则市生态承载力最低值为 88.35 万人，常住人口最高值为 74.78 万人，常住人口在生态承载力可承载范围之内，日喀则市人地关系处于平衡有余状态。

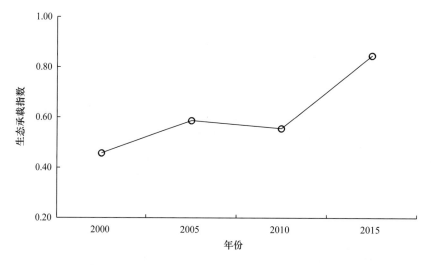

图 7.10　2000 ～ 2015 年日喀则市生态承载指数图

7.2　中尼廊道及其周边地区

中尼廊道位于我国西藏自治区南部边境地区，范围包括拉萨市全部县域、日喀则市全部县域和阿里地区 5 个县域。中尼廊道及其周边地区生态承载力评价从生态系统服务供给与消耗的角度出发，通过对比生态供给与农牧业生产消耗之间的关系揭示中尼廊道及其周边地区生态平衡状态；通过生态供给与人均生态消耗计算中尼廊道及其周边地区生态承载力，并与常住人口对比，揭示生态承载状态，反映中尼廊道及其周边地区人地平衡关系的基本状况。

7.2.1 生态承载力基础考察

1. 生态本底状况考察

中尼廊道地区生态系统以草地生态系统为主，墨竹工卡县、林周县、当雄县、尼木县、仁布县、桑珠孜区、白朗县等海拔较低的东部县域草地生态系统水热条件较好，草场长势较好，草地生态系统净初级生产力可以达到 50 ～ 100g C/m^2，而札达县、噶尔县、革吉县、普兰县、萨嘎县、仲巴县、措勤县、昂仁县等海拔较高的西部县域草地生态系统水热条件较差，草场长势较差，草地生态系统净初级生产力介于 10 ～ 50g C/m^2；靠近湖泊河流的草场长势较好，草地生态系统净初级生产力高于周边地区。

中尼廊道地区农田生态系统零星分布在墨竹工卡县、林周县、堆龙德庆区、城关区、江孜县、白朗县、桑珠孜区等东部县域的低海拔地区且靠近湖泊河流等水源地，农田生态系统海拔高度基本不超过 4000m，生态系统净初级生产力介于 100 ～ 500g C/m^2，要明显高于草地生态系统。中尼廊道地区森林生态系统零星分布于墨竹工卡县、林周县和达孜区等东部县域低海拔地区，有极小部分森林生态系统净初级生产力超过 500g C/m^2。此外，在定日县、聂拉木县、亚东县、定结县和吉隆县南部低海拔地区分布着较为集中连片的森林生态系统，生态系统净初级生态力介于 100 ～ 500g C/m^2。

根据考察过程对农牧户调研的结果发现：近年来中尼廊道地区生态系统没有出现明显的退化现象，草畜平衡政策实施以来效果显著，使得草地生态系统压力变小，局部地区草地生态系统得到恢复，自然生态本底状况向好的方向发展。

2. 生态消耗情况调查

中尼廊道地区生态消耗主要包括种植业生态消耗和畜牧业生态消耗两种形式，2000 ～ 2015 年中尼廊道地区粮食产量先减少后增加，从 2000 年的 54.62 万 t 减少到 2010 年的 51.72 万 t，又增加到 2015 年的 56.72 万 t（图 7.11）；2000 ～ 2015 年牲畜数量先增加后快速减少，从 2000 年的 872.40 万头增加到 2010 年的 895.71 万头，在草畜平衡政策影响下，牲畜数量从 2010 年的 902.83 万头快速减少到 2015 年的 711.73 万头，降幅约为 21.17%。

根据考察过程对农牧户调研的结果发现：①中尼廊道东部墨竹工卡县、当雄县主要种植作物是青稞、油菜、马铃薯等，青稞种植较为广泛、产量高，当地的自然条件允许开垦耕地发展种植业。②中尼廊道中部桑珠孜区、聂拉木县、吉隆县主要种植马铃薯、青稞、小麦、油菜、荞麦等农作物，近年来耕地面积保持稳定，由于种子改良和化肥施用，农作物单产有所增加。③中尼廊道西部噶尔县、普兰县、措勤县主要种植青稞、豌豆、油菜等农作物，近年来优质化肥的使用和耕作模式的改进，农作物单产有显著提升。

结合草场状况与畜牧业生产情况调研结果发现：①中尼廊道东部墨竹工卡县、当

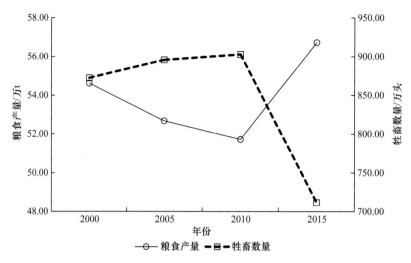

图 7.11　2000～2015 年中尼廊道地区粮食产量与牲畜数量图

雄县牧民都处于游牧状态，畜牧业以养殖牛、羊、马为主。从 2006 年开始实行部分地区春季休牧政策，2012 年开始实行禁牧政策。在没有实行春季休牧、禁牧等政策的牧区，近年来牲畜养殖数量增加或保持基本不变。在实行春季休牧、禁牧政策的牧区，牲畜养殖数量有所减少。②中尼廊道中部桑珠孜区、聂拉木县、吉隆县牧民都处于定居状态。畜牧业以养殖牲畜牛、羊为主，采用圈养与放养相结合的畜牧养殖方式。近年来牛、羊养殖数量有所减少，由于受政策调控、劳动力与草场面积不足等因素限制，未来畜牧业发展潜力较低。③中尼廊道西部噶尔县、普兰县、措勤县牧民定居的较多，少数游牧民一年搬迁 3～7 次。从 2006 年开始实行春季休牧政策，从 2010 年开始普遍实行禁牧政策，使得牲畜养殖数量基本不变或减少，牲畜养殖规模受到草场面积有限、水源、劳动力不足等因素限制。

7.2.2　生态供给与生态消耗

2000～2015 年中尼廊道地区生态系统生态供给量处于波动状态（图 7.12），生态供给量多年平均值为 10.41Tg C；单位面积生态系统生态供给量为 31.23g C/m²。从单位面积生态系统生态供给量空间分布来看，中尼廊道地区大多数区域单位面积生态供给量不足 50g C/m²，单位面积生态供给量不足 10g C/m² 的区域主要分布在当雄县西北部地区、定日县南部、聂拉木县南部、萨嘎县南部和仲巴县南部；单位面积生态供给量大于 100g C/m² 的区域零星分布在当雄县、林周县、墨竹工卡县、达孜区、城关区等中尼廊道东部县域；在江孜县、桑珠孜区、白朗县和吉隆县有极少部分区域单位面积生态供给量超过 500g C/m²。

从县级行政单元角度来看，中尼廊道地区县域之间生态供给量差异较大，牧业县和半农半牧县生态供给量明显大于农业县（区）生态供给量。仲巴县生态供给量最高，为 0.95Tg C；有 6 个县域生态供给量超过 0.50Tg C，农业县（区）、牧业县、半农半牧

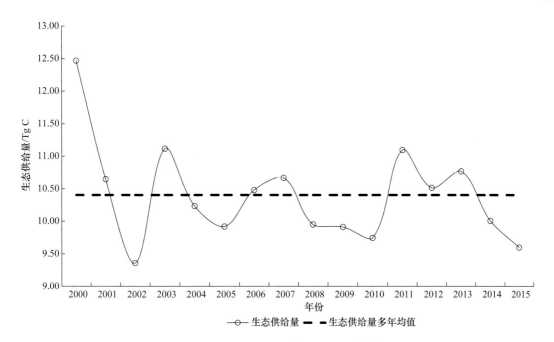

图 7.12　2000 ～ 2015 年中尼廊道生态供给量

县各占 2 个。城关区生态供给量最低，为 0.06Tg C；有 10 个县域生态供给量低于 0.20Tg C，其中有 7 个属于农业县（区）[图 7.13（a）]。

中尼廊道地区县域之间单位面积生态供给量亦存在较大差异，农业县（区）整体高于牧业县和半农半牧县。单位面积生态供给量最高的县域为达孜区（半农半牧县），单位面积生态供给量为 136.75g C/m²；有 7 个县域单位面生态供给量超过 80g C/m²，除达孜区外其余 6 个县域均属于农业县（区）。单位面积生态供给量最低的县域为革吉县（牧业县），单位面积生态供给量为 18.27g C/m²；有 11 个县域单位面生态供给量不足 25g C/m²，其中，有 4 个县域属于牧业县，3 个县域属于农业县（区），4 个县域属于半农半牧县 [图 7.13（b）]。

2015 年中尼廊道地区生态消耗量为 5.48Tg C，2000 ～ 2015 年中尼廊道地区生态消耗量先增加后减少，从 2000 年的 5.61Tg C 增加到 2010 年的 6.23Tg C，又减少到 2015 年的 5.48Tg C，2000 ～ 2015 年生态消耗量多年平均值为 5.87Tg C（图 7.14）。生态消耗由种植业生态消耗与畜牧业生态消耗两部分组成，畜牧业生态消耗量占生态消耗量的 85% ～ 90%，而种植业生态消耗占生态消耗量的比例不超过 15%；2000 ～ 2015 年，畜牧业生态消耗量先增加后减少，从 2000 年的 4.96Tg C 增加到 2010 年的 5.53Tg C，又减少到 2015 年的 4.69Tg C；种植业生态消耗一直增加，从 2000 年的 0.65Tg C 增加到 2015 年的 0.78Tg C，增幅为 20.00%。

从县级行政单元角度来看，中尼廊道地区县域之间生态消耗量存在差异，牧业县生态消耗量整体上略大于半农半牧县和农业县（区）。2015 年，当雄县生态消耗量最高，为 0.54Tg C；2015 年，有 4 个县域生态消耗量超过 0.30Tg C，农业县

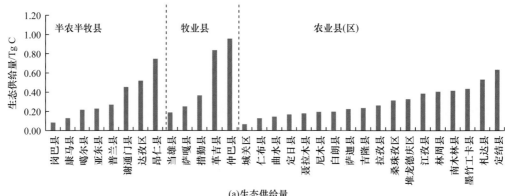

(a)生态供给量

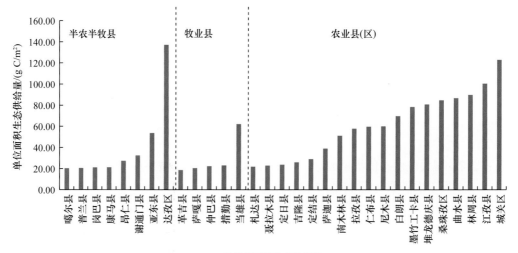

(b)单位面积生态供给量

图 7.13 中尼廊道县域生态供给量与单位面积生态供给量多年均值图

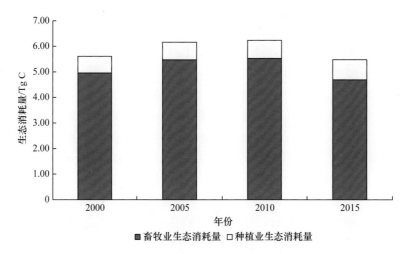

图 7.14 2000 ～ 2015 年中尼廊道地区生态消耗量图

（区）占 2 个，牧业县和半农半牧县各占 1 个。2015 年，城关区生态消耗量最低，为 0.04Tg C；2015 年，有 10 个县域生态消耗量不足 0.10Tg C，有 5 个属于农业县（区），有 5 个属于半农半牧县（图 7.15）。

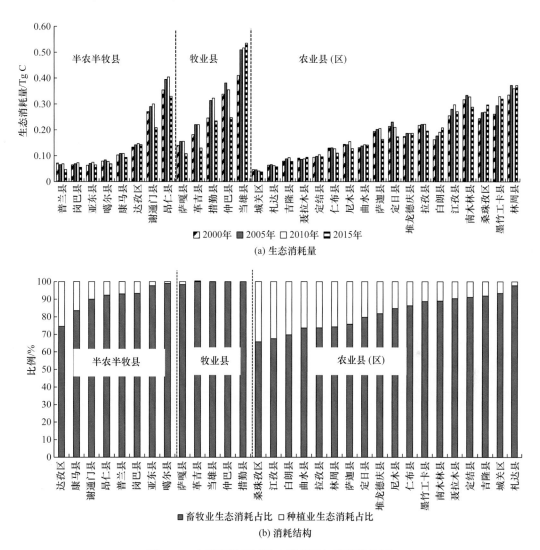

图 7.15　中尼廊道县域生态消耗量与消耗结构图

2000 ～ 2015 年，中尼廊道地区 31 个县域中：有 22 个县域 [4 个牧业县、7 个半农半牧县和 11 个农业县（区）] 生态消耗量先增加后减少，有 3 个县域生态消耗量处于一直增加状态，分别为当雄县、白朗县和桑珠孜区。对比 2015 年与 2010 年生态消耗量，有 19 个县域 2015 年生态消耗量低于 2000 年生态消耗量，有 12 个县域 2015 年生态消耗量高于 2000 年生态消耗量，其中，当雄县、白朗县、桑珠孜区和墨竹工卡县生态消耗量增幅超过 20%。

2015 年，中尼廊道地区 31 个县域中：8 个半农半牧县畜牧业生态消耗占比超过

70%，5 个牧业县畜牧业生态消耗占比超过 98%，18 个农业县（区）生态消耗占比亦超过 65%，可见畜牧业生态消耗占生态消耗中占主导地位。畜牧业生态消耗占比最高的是当雄县、仲巴县和措勤县，均为牧业县，畜牧业生态消耗占比为 100%；畜牧业生态消耗占比超过 95% 的有 8 个县域，包含 5 个牧业县、1 个农业县（区）和 2 个半农半牧县。畜牧业生态消耗占比最低的是桑珠孜区，畜牧业生态消耗占比为 65.67%；畜牧业生态消耗占比不足 75% 的有 7 个县域，除达孜区属于半农半牧县外，其余 6 个县域均属于农业县（区）。

2000～2015 年中尼廊道地区生态供给量大于生态消耗量，生态供给量是生态消耗量的 1.5～2.0 倍（图 7.16）。2000 年生态消耗量为 5.61Tg C，而生态系统供给量多年均值为 10.41Tg C，生态供给量是生态消耗量的 1.86 倍；2000～2010 年生态消耗量增加到 6.23Tg C，生态供给量与生态消耗量之间差距缩小为 1.67 倍；2010～2015 年，生态消耗量下降到 5.48Tg C，生态供给量与生态消耗量之间差距又扩大到 1.90 倍。

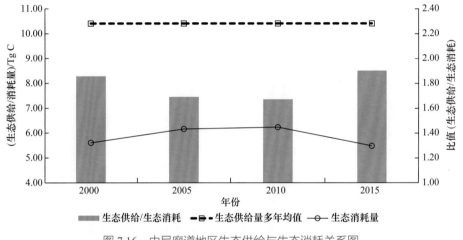

图 7.16　中尼廊道地区生态供给与生态消耗关系图

从县域尺度来看：除白朗县外，中尼廊道地区 30 个县域生态供给量均大于生态消耗量；白朗县 2015 年生态消耗量为 0.21Tg C，超过生态供给量多年均值 0.02Tg C。在 31 个县域中，有 19 个县域生态供给量是生态消耗量的 1～2 倍，仅有 11 个县域生态供给量是生态消耗量的 2 倍以上，其中，有 4 个县域生态供给量是生态消耗量的 4 倍以上，分别为噶尔县、普兰县、革吉县和札达县（图 7.17）。

7.2.3　生态承载力与承载状态

2015 年，中尼廊道地区生态承载力为 150.80 万人，常住人口为 139.13 万人，表明中尼廊道地区尚有 11.67 万人口承载空间。2000～2015 年，中尼廊道地区生态承载力呈波动趋势；生态承载力从 2000 年的 234.78 万人下降到 2005 年的 192.95 万人，然后又上升到 2010 年的 215.78 万人，2015 年降至 150.80 万人（图 7.18）。2000～2015 年，

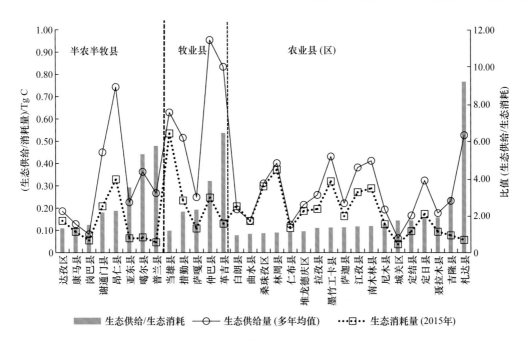

图 7.17　中尼廊道县域生态供给与生态消耗关系图

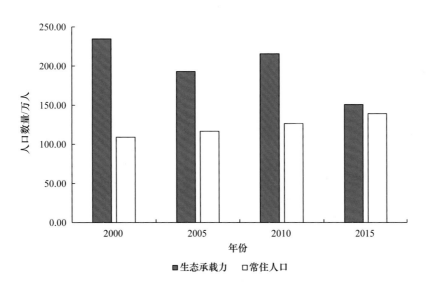

图 7.18　中尼廊道地区生态承载力与常住人口数量图

中尼廊道地区生态承载力大于其常住人口数量，表明中尼廊道地区还有一定的生态承载空间。结合中尼廊道区域面积来看，2000 年、2005 年、2010 年和 2015 年单位面积生态承载力分别为 7.01 人 /km^2、5.76 人 /km^2、6.44 人 /km^2 和 4.50 人 /km^2。

中尼廊道地区县域生态承载力存在一定差异，2015 年中尼廊道 31 个县域中农业县（区）之间生态承载力差异相对较小，牧业县和半农半牧县（区）内部生态承载力差异较大。2015 年，有 7 个县域生态承载力超过 6 万人，分别是墨竹工卡县、林周县、昂仁县、革吉县、江孜县、桑珠孜区和仲巴县；其中，仲巴县生态承载力最高，为 10.08 万人（图 7.19）。有 8 个县域生态承载力介于 5 万～6 万人，分别是白朗县、吉隆县、谢通门县、札达县、达孜区、南木林县、定结县、亚东县。生态承载力不足 5 万人的县域有 16 个，分别是岗巴县、康马县、仁布县、城关区、聂拉木县、措勤县、

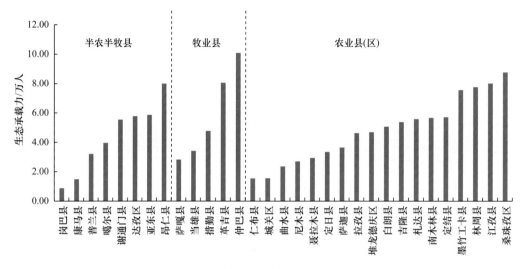

(a) 生态承载力柱状图

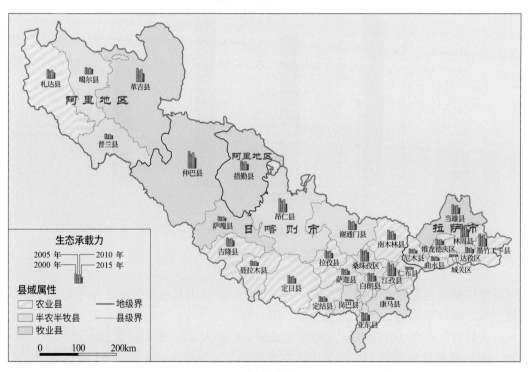

(b) 空间分布图

图 7.19 中尼廊道县域生态承载力柱状图 (2015 年) 与空间分布图

当雄县、堆龙德庆区、尼木县、定日县、曲水县、萨嘎县、普兰县、萨迦县、拉孜县、噶尔县；其中，岗巴县生态承载力最低，为 0.88 万人。由于经济发展水平提高动着居民生态消费水平提高，较 2000 年相比，2015 年中尼廊道 31 个县域生态承载力均有所下降。

从单位面积生态承载力角度来看，中尼廊道地区东部县域单位面积生态承载力明显大于西部县域（图 7.20）。2015 年城关区、桑珠孜区、江孜县、达孜区和白朗县等东部县域单位面积生态承载力在 20～30 人 /km²，其中城关区单位面积生态承载力最大，为 29.80 人 /km²；而噶尔县、札达县、革吉县、普兰县、仲巴县、措勤县、萨嘎县和昂仁县等西部县域单位面积生态承载力小于 3 人 /km²。

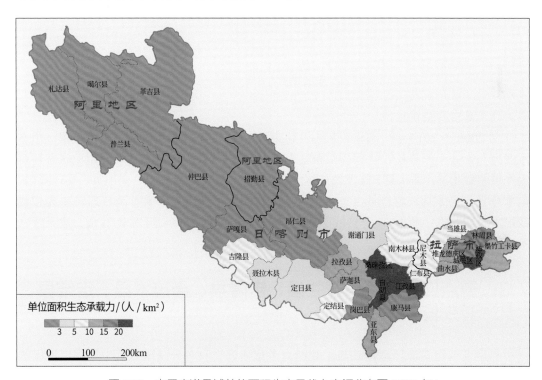

图 7.20　中尼廊道县域单位面积生态承载力空间分布图 (2015 年)

2015 年中尼廊道地区生态承载指数为 0.92，中尼廊道地区生态承载力处于平衡有余状态（图 7.21）；2000～2015 年中尼廊道地区生态承载指数持续增加，生态承载指数从 2000 年的 0.50 增加到 2015 年的 0.92，生态承载力从富富有余转变为平衡有余状态，按照此趋势发展，中尼廊道地区生态承载力有可能存在超载风险。

从县域尺度来看：2015 年有 6 个县域生态承载指数超过 1.40，生态承载力处于严重超载状态，分别是康马县、曲水县、仁布县、萨迦县、城关区、南木林县；有 6 个县域生态承载指数介于 1.20～1.40，生态承载力处于超载状态；有 6 个县域生态承载指数介于 0.80～1.00，生态承载力处于平衡有余状态；有 4 个县域生态承载指数介于 0.60～0.80，生态承载力处于盈余状态；有 9 个县域生态承载指数小于 0.60，生态承

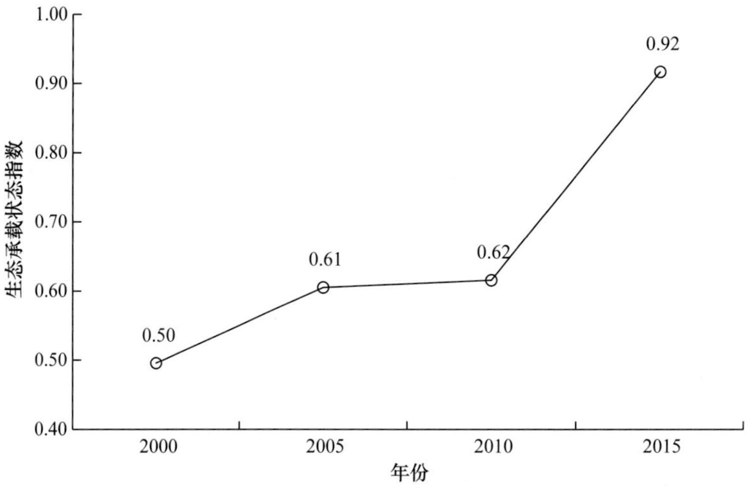

图 7.21　中尼廊道地区生态承载指数图

载力处于富富有余状态。

从 2000～2015 年生态承载状态变化来看（图 7.22）：城关区由于人口集聚，生态承载力一直处于严重超载状态；仁布县 2015 年生态承载力由原来的临界超载状态转变为严重超载状态；曲水县、堆龙德庆区、康马县、拉孜县、萨迦县、岗巴县、桑珠孜区、南木林县、尼木县、定日县生态承载力从富富有余、盈余或平衡有余状态转变为超载或严重超载状态；其他 19 个县域 2000～2015 年生态承载力处于平衡有余、盈余或富富有余状态。

7.3　重点口岸地区：普兰县、吉隆县、聂拉木县、定结县、亚东县

"南亚通道资源环境基础与承载能力考察研究"科考分队重点对中尼廊道地区的普兰县、吉隆县、聂拉木县、定结县和亚东县五个口岸县进行了生态承载力基础考察。基于野外考察、实地调研和室内分析，初步完成了普兰县及普兰口岸、吉隆县及吉隆口岸、聂拉木县及樟木口岸、定结县及日屋–陈塘口岸和亚东县及亚东口岸的生态承载力与承载状态评价。

7.3.1　普兰县与普兰口岸地区

普兰口岸是中尼、中印边境贸易的通道，位于西藏阿里地区西南普兰县境内，地处喜马拉雅山段南坡，与尼泊尔、印度两国接壤；普兰县以高寒草甸、山地草甸、山地草原等为主。普兰县生态承载力评价从生态系统服务供给与消耗的角度出发，通过对比生态供给与农牧业生产消耗之间的关系揭示普兰县生态平衡状态；通过生态供给

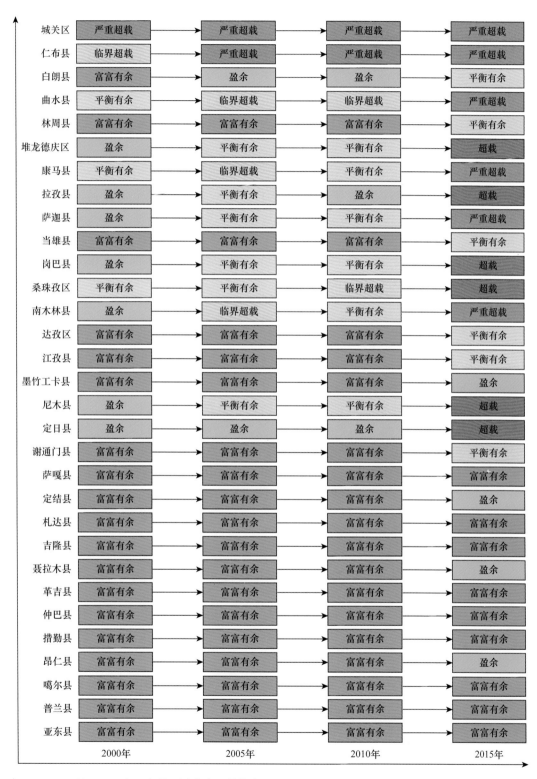

图 7.22　中尼廊道县域生态承载状态图 (2000 年—2005 年—2010 年—2015 年)

与人均生态消耗计算普兰县生态承载力，并与常住人口对比，揭示生态承载状态，反映普兰县人地平衡关系的基本状况。

1. 生态承载力基础考察

1）生态本底状况考察

普兰县生态系统以草地生态系统为主，草地生态系统净初级生产力与所处海拔息息相关：海拔较高地区草地生态系统净初级生产力不足 50g C/m²，海拔较低地区草地生态系统草场长势较好，净初级生产力可以达到 50～100g C/m²。农田生态系统和森林生态系统零散分布于普兰镇，且大多分布在普兰镇低海拔地区，生态系统净初级生产力超过 100g C/m²。居民点主要分布在高山峡谷地带，居民生活空间有限。

通过机构调研了解到：普兰县耕地扩展空间有限，占补平衡难度很大。因此，农田生态系统只能零散分布于各个乡镇中。普兰县最大的生态环境问题是生活垃圾问题——游客带来的"随手"垃圾，印度、尼泊尔香客带来的生活垃圾。

普兰口岸位于普兰县普兰镇孔雀河深切峡谷之中，有滑坡和泥石流的潜在风险；普兰口岸周边地区生态环境较为恶劣，两侧山体陡峭，山体底部分布着稀疏的低矮灌丛，山体上部基本是不毛之地。

2）生态消耗情况调查

普兰县生态消耗主要包括种植业生态消耗和畜牧业生态消耗两种形式。2000～2015 年普兰县粮食产量处于波动下降趋势，从 2000 年的 3138t 减少到 2015 年的 2659t（图 7.23）；2000～2015 年牲畜数量处于波动下降趋势，牲畜数量从 2000 年的 15.57 万头减少到 2010 年的 13.73 万头，在草畜平衡政策影响下牲畜数量从 2010 年的 13.73 万头快速减少到 2015 年的 9.31 万头，降幅约为 32.19%。

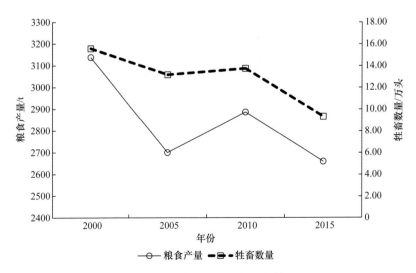

图 7.23　普兰县粮食产量与牲畜数量图

从普兰县机构调研了解到：普兰县是阿里地区五大粮仓之一，耕地农业用水问题较小，工程性缺水不明显，但存在季节性缺水问题。在畜牧业生产方面，牧民现在多定居于夏季草场，80% 以上草场实现草畜平衡，畜牧业发展不会带来草地退化，但野驴和野生黄羊数量的增加，对草原生态系统带来负面影响。通过对普兰县普兰镇吉让村农牧户调研了解到：当地耕地以种植青稞为主，占到六成以上，其余耕地多种植豌豆和油菜，由于土质较差不能开垦更多耕地；因此，作物种植面积近年来基本保持不变，但近年来耕种模式由青稞种植转变为青稞和油菜轮耕，使作物单产提高；畜牧业生产规模较小，以放养牛为主。

2. 生态供给与生态消耗

2000 ～ 2015 年普兰县生态供给量处于波动状态（图 7.24），生态供给量多年平均值为 0.27Tg C；单位面积生态系统生态供给量为 20.31g C/m²。从单位面积生态供给量空间分布来看，单位面积生态供给量与海拔相关，海拔大于 5000m 的区域单位面积生态供给量大多低于 50g C/m²，海拔低于 4500m 的地区单位面积生态供给量基本介于 50 ～ 100g C/m²，湖泊周围零星区域单位面积生态供给量超过 100g C/m²。普兰口岸所处的普兰镇东部和西部海拔较高，单位面积生态供给量较低；中部海拔较低，是普兰镇的谷地，单位面积生态供给量较高，普兰口岸人口往来与货物贸易流通的要道主要分布在中部海拔相对较低的区域。

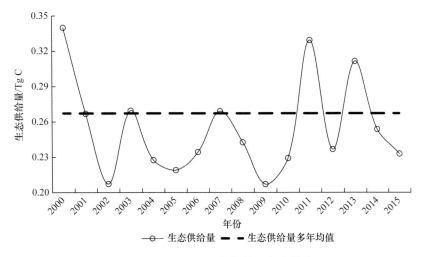

图 7.24 2000 ～ 2015 年普兰县生态供给量

2015 年普兰县生态消耗量为 0.0463Tg C，2000 ～ 2010 年普兰县生态消耗量处于波动状态，2015 年普兰县生态消耗量较 2010 年有明显下降，生态消耗量从 2010 年的 0.0684Tg C，下降到 2015 年的 0.0463Tg C，降幅约为 32.31%，2000 ～ 2015 年生态消耗量多年平均值为 0.0628Tg C（图 7.25）。普兰县属于半农半牧业县，生态消耗由种植业生态消耗与畜牧业生态消耗两部分组成，畜牧业生态消耗量占生态消耗量的 95% 以

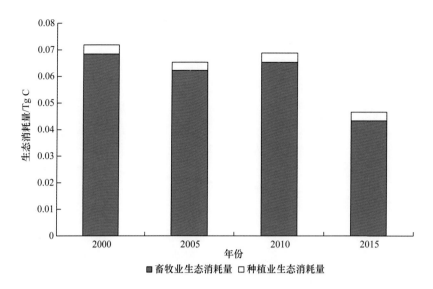

图 7.25　2000 ～ 2015 年普兰县生态消耗量图

上，而种植业生态消耗占比不超过 5%；2000 ～ 2015 年，畜牧业生态消耗量明显减少，从 2000 年的 0.068Tg C 减少到 2015 年的 0.043Tg C，降幅约为 36.76%，是生态消耗量下降的主要原因；种植业生态消耗量变化不大，在 0.0030Tg C ～ 0.0034Tg C。

　　2000 ～ 2015 年普兰县生态供给量远大于生态消耗量，生态供给量是生态消耗量的 3.5 倍以上（图 7.26）。2000 年生态消耗量为 0.072Tg C，而生态系统供给量多年均值为 0.27Tg C，生态供给量是生态消耗量的 3.75 倍；2000 ～ 2015 年生态消耗量减少到 0.047Tg C，生态供给量与生态消耗量之间差距扩大到 5.81 倍。

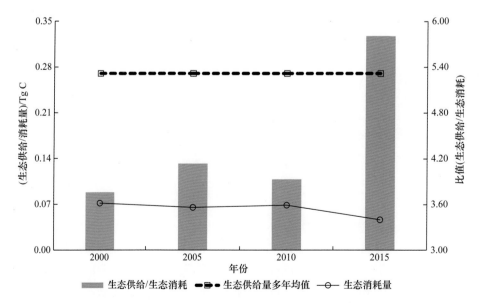

图 7.26　2000 ～ 2015 年普兰县生态供给量与生态消耗量关系图

3. 生态承载力与承载状态

2015 年，普兰县生态承载力为 3.22 万人，常住人口为 1.23 万人，表明普兰县尚有 1.99 万人口承载空间（图 7.27）。2000 ～ 2015 年普兰县生态承载力处于波动状态；生态承载力从 2000 年的 4.84 万人减少到 2005 年的 3.99 万人，然后增加至 2010 年的 4.47 万人，最后减少到 2015 年的 3.22 万人。2000 ～ 2015 年，普兰县生态承载力远大于其常住人口数量，说明普兰县还有较大的生态承载空间。

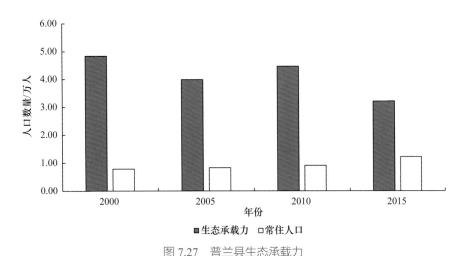

图 7.27 普兰县生态承载力

2015 年普兰县单位面积生态承载力为 2.59 人 /km²，从单位面积生态承载力空间分布来看：普兰县大多数区域单位面积生态承载力小于 3 人 /km²，单位面积生态承载力大于 20 人 /km² 的区域主要零星分布在巴嘎乡中部，玛旁雍错周围以及普兰镇中部。

2015 年普兰县生态承载指数为 0.38，生态承载力处于富富有余状态（图 7.28）。2000 ～ 2015 年普兰县生态承载指数处于持续增加状态，但生态承载力一直处于富富有

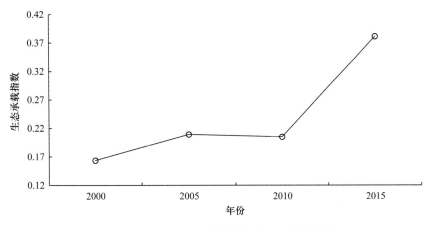

图 7.28 2000 ～ 2015 年普兰县生态承载指数图

余状态；普兰县生态承载指数始终小于 0.60，即与盈余的最小临界值还有一定距离，短期内普兰县生态承载力将处于富富有余状态，生态承载力出现超载现象的可能性较小。2000～2015 年普兰县生态供给量大于生态消耗量，生态供给量是生态消耗量的 3.5 倍以上，表明人类农牧业生产活动消耗的生态资源量没有超出生态系统生态供给量，普兰县生态系统处于可持续发展状态。

普兰口岸是我国与南亚国家通商的重要口岸之一，2016 年普兰口岸出入境人员为 3.45 万人，接近普兰县常住人口数量的 3 倍；普兰口岸除通商贸易外，也是大量朝圣人员进行朝圣转场的必经口岸，周期性与季节性人口流入对普兰口岸地区生态资源的消耗会对生态系统造成一定程度的威胁，要结合人流特点做好相应的防范措施。

7.3.2 吉隆县与吉隆口岸地区

吉隆口岸是中尼边境贸易的通道，位于日喀则地区吉隆县吉隆镇热索村境内；吉隆县天然草场地域辽阔，畜牧业生产潜力高。吉隆县境内南部有大面积森林分布，木材蓄积量高。吉隆县生态承载力评价从生态系统服务供给与消耗的角度出发，通过对比生态供给与农牧业生产消耗之间的关系揭示吉隆县生态平衡状态；通过生态供给与人均生态消耗计算吉隆县生态承载力，并与常住人口对比，揭示生态承载状态，反映吉隆县人地平衡关系的基本状况。

1. 生态承载力基础考察

1）生态本底状况考察

吉隆县生态系统以草地生态系统为主，草地生态系统净初级生产力与所处海拔高度息息相关：海拔较高地区草地生态系统净初级生产力不足 50g C/m²，海拔较低地区草地生态系统草场长势较好，净初级生产力可以达到 50～100g C/m²。森林生态系统集中分布在贡当乡南部与吉隆镇大部，森林生态系统分布的区域海拔一般低于 4500m，生态系统净初级生产力超过 100g C/m²。农田生态系统零散分布于吉隆镇和宗嘎镇。居民点主要分布在高山峡谷地带，居民生活空间有限。

通过机构调研了解到：吉隆县生态环境条件良好，基本不存在环境保护问题，吉隆县执行严格的生态环境保护标准，开展生活污水处理；但与普兰县一样，也面临着游客"随手扔垃圾"的问题。吉隆口岸是中尼边境贸易的通道，位于吉隆县吉隆镇内的高山峡谷地带；从县城到口岸海拔整体下降，随着海拔下降，气候越来越湿润炎热，植被越来越繁茂，使吉隆口岸地区形成典型的垂直生态体系。

2）生态消耗情况调查

吉隆县生态消耗主要包括种植业生态消耗和畜牧业生态消耗两种形式。2000～2015 年吉隆县粮食产量先增后减少，从 2000 年的 4557t 增加到 2005 年的 4900t，又迅速减少到 2015 年的 4240t；2000～2015 年牲畜数量先增加后减少，牲畜数量从 2000 年的 14.27 万头增加到 2010 年的 15.29 万头，在草畜平衡政策影响下牲畜数量从

2010 年的 15.29 万头快速减少到 2015 年的 11.38 万头，降幅约为 25.57%（图 7.29）。

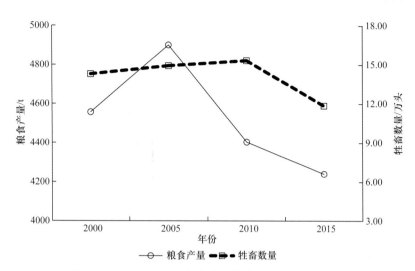

图 7.29　2000 ～ 2015 年吉隆县粮食产量与牲畜数量图

　　从吉隆县机构调研了解到：吉隆县种植业生产可用地匮乏；同时由于实行林业用地保护与林木禁伐政策，林地变更困难；吉隆县种植业以青稞种植为主，区域粮食可以实现自给；与普兰县相比，青稞产量低，但基本不需要灌溉。通过对吉隆县吉隆镇充堆达曼村农牧户调研了解到：充堆达曼村农牧业发展基础良好，农作物以青稞、土豆、油菜为主，其中青稞多用于自食，土豆以出售为主；村内草场没有发生明显退化，草畜平衡政策是限制牲畜数量增加的主要原因。通过对吉隆县吉隆镇吉隆村农牧户调研了解到：在地形的限制下，吉隆村耕地较少，耕地种植作物以土豆、荞麦、油菜、青稞为主；农业生产收入主要来自土豆；牲畜养殖不多，每年的 6 ～ 9 月都实施禁牧政策，生态环境得到良好保护。

2. 生态供给与生态消耗

　　2000 ～ 2015 年吉隆县生态供给量处于波动状态，生态供给量多年均值为 0.23Tg C（图 7.30）；单位面积生态系统生态供给量为 25.63g C/m²。从单位面积生态供给量空间分布来看，吉隆县北部地区海拔在 5000m 以上，生态系统以草地生态系统为主，单位面积生态供给量基本上低于 50g C/m²；吉隆县南部地区海拔在 4500m 以下，局部地区海拔低于 3000m，分布着成片的森林生态系统，局部地区单位面积生态供给量超过 500g C/m²。吉隆口岸位于吉隆县吉隆镇，吉隆镇是吉隆县生态条件最好的区域，海拔较低，镇内森林生态系统与水域生态系统广布，有 1/4 的区域单位面积生态供给量超过 50g C/m²，局部区域单位面积生态供给量超过 500g C/m²，为吉隆口岸人口往来与货物贸易流通提供了良好的生态条件。

　　2015 年吉隆县生态消耗量为 0.078Tg C，2000 ～ 2015 年吉隆县生态消耗量先增加后减少（图 7.31），生态消耗量从 2000 年的 0.0754Tg C 上升到 2010 年的 0.0965Tg C，

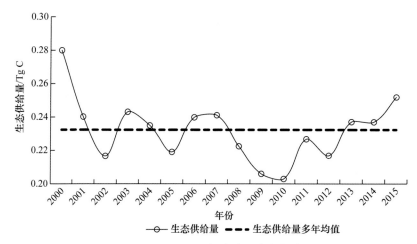

图 7.30　2000～2015 年吉隆县生态供给量图

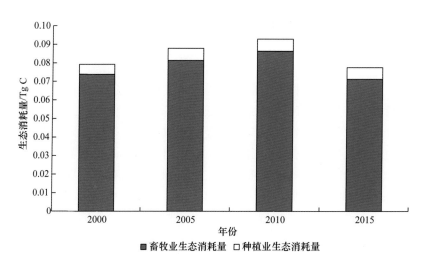

图 7.31　2000～2015 年吉隆县生态消耗量图

随后又下降到2015年的0.0763Tg C，2000～2015年生态消耗量多年平均值为0.084Tg C。吉隆县属于农业县，生态消耗由种植业生态消耗与畜牧业生态消耗两部分组成，畜牧业生态消耗量占生态消耗量的90%以上，而种植业生态消耗占比不超过10%。2000～2015年，畜牧业生态消耗量先增加后减少，从2000年的0.074Tg C上升到2010年的0.09Tg C，随后又下降到2015年的0.07Tg C；2000～2015年，种植业生态消耗量先增加后减少，从2000年的0.0054Tg C上升到2010年的0.0065Tg C，随后又下降到2015年的0.0063Tg C。

　　2000～2015年吉隆县生态供给量远大于生态消耗量，生态供给量是生态消耗量的2倍以上。2000年生态消耗量为0.079Tg C，而生态系统供给量多年均值为0.23Tg C，生态供给量是生态消耗量的2.90倍；2000～2010年生态消耗量增加到0.093Tg C（图7.32），生态供给量与生态消耗量之间差距缩小为2.48倍；2010～2015年，生态

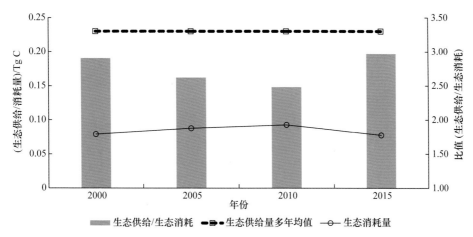

图 7.32　2000 ～ 2015 年吉隆县生态供给量与生态消耗量关系图

消耗量下降到 0.078Tg C，生态供给量与生态消耗量之间差距又扩大到 2.97 倍。

3. 生态承载力与承载状态

2015 年，吉隆县生态承载力为 5.38 万人，常住人口为 1.61 万人，表明吉隆县尚有 3.77 万人口承载空间。2000 ～ 2015 年吉隆县生态承载力呈波动趋势：生态承载力从 2000 年的 8.20 人下降到 2005 年的 6.77 万人，然后又上升到 2010 年的 7.55 万人，后又减少至 2015 年的 5.38 万人（图 7.33）。2000 ～ 2015 年，吉隆县生态承载力远大于其常住人口数量，说明吉隆县还有较大的生态承载空间。

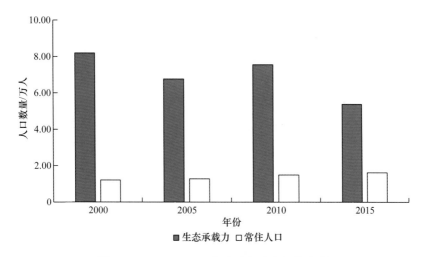

图 7.33　2000 ～ 2015 年吉隆县生态承载力图

2015 年吉隆县单位面积生态承载力为 5.88 人 /km²，从单位面积生态承载力空间分布来看：吉隆县大多数区域单位面积生态承载力小于 5 人 /km²，单位面积生态承载力大于 20 人 /km² 的区域零星分布于吉隆县各个乡镇；其中，吉隆镇中部单位面积生态承载力远高于其他区域，局部地区单位面积生态承载力超过 20 人 /km^2。

2015 年吉隆县生态承载指数为 0.30，生态承载力处于富富有余状态（图 7.34）；虽然 2000 ～ 2015 年吉隆县生态承载指数持续增加，但由于生态承载指数远小于 0.60，生态承载力一直处于富富有余状态；短期内吉隆县生态承载力仍会处于富富有余状态，生态承载力超载风险较小。2000 ～ 2015 年吉隆县生态供给量大于生态消耗量，生态供给量是生态消耗量的 2 倍以上，表明人类农牧业生产活动消耗的生态资源量没有超出生态系统生态供给量，吉隆县生态系统处于可持续发展状态。

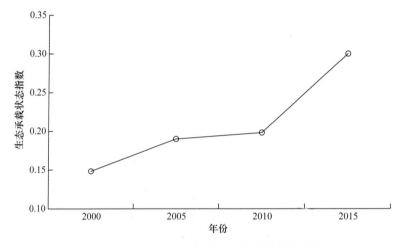

图 7.34　2000 ～ 2015 年吉隆县生态承载指数图

吉隆口岸是我国一类口岸，2014 年吉隆口岸出入境人员为 1.05 万人次，较 2000 年的 0.23 万人次，增长 3.6 倍；这主要由于自 2013 年中国连接尼泊尔的公路和中国政府援建的尼泊尔公路相继建成通车，为吉隆口岸的贸易流动提供了基础设施条件。按照此趋势发展未来几年吉隆口岸的贸易规模和入境人流规模会快速增长，会增加对吉隆口岸地区生态资源的消耗量；同时基础设施建设规模有可能继续加大，建设用地扩张会导致生态系统供给能力下降，上述两个因素均会对吉隆口岸地区生态系统带来负面影响。因此，吉隆口岸的发展与建设要以生态系统可持续为前提，不能以牺牲生态环境为代价。

7.3.3　聂拉木县与樟木口岸地区

樟木口岸位于西藏日喀则聂拉木县樟木镇的樟木沟底部，在喜马拉雅山中段南坡，东、南、西三面与尼泊尔接壤。聂拉木县生态承载力评价从生态系统服务供给与消耗的角度出发，通过对比生态供给与农牧业生产消耗之间的关系揭示聂拉木县生态平衡状态；通过生态供给与人均生态消耗计算聂拉木县生态承载力，并与常住人口对比，揭示生态承载状态，反映聂拉木县人地平衡关系的基本状况。

1. 生态承载力基础考察

1）生态本底状况考察

聂拉木县生态系统以草地生态系统为主，草地生态系统净初级生产力与所处海拔息息相关：海拔较高地区草地生态系统净初级生产力不足 10g C/m²，海拔较低地区草地生态系统草场长势较好，净初级生产力可以达到 10 ~ 50g C/m²。森林生态系统集中分布在樟木镇与聂拉木镇，森林生态系统分布的区域海拔一般低于 4500m，生态系统净初级生产力大多超过 50g C/m²，农田生态系统零散分布于聂拉木县各乡镇中。居民点主要分布在高山峡谷地带，居民生活空间有限。

结合机构调研了解到：聂拉木县生态环境保护良好，特别注重野生动物资源的保护，在聂拉木县内栖息着小熊猫、熊、雪豹、长尾叶猴、猕猴等各种野生动物；聂拉木县已实施水源保护工程、村居环境工程与白色垃圾工程治理；近年来草地生态系统无退化现象出现。

樟木口岸位于喜马拉雅山南麓的西藏日喀则市樟木镇樟木沟底部，在喜马拉雅山南坡，东、南、西三面与尼泊尔接壤；从聂拉木县城出发到樟木口岸，约 34km，道路较为险峻，海拔先上升后急剧下降。在海拔变化与西南暖湿气流双重影响，植被类型也发生了明显变化，由高山荒漠、草甸递次为高山灌木、针叶林、针阔混交林、再到阔叶林。

2）生态消耗情况调查

聂拉木县生态消耗主要包括种植业生态消耗和畜牧业生态消耗两种形式，2000 ~ 2015 年聂拉木县粮食产量波动增加（图 7.35），从 2000 年的 5534t 增加到 2015 年的 6658t，增幅约为 20.31%；2000 ~ 2015 年牲畜数量先减少后增加，牲畜数量从 2000 年的 18.97 万头减少到 2005 年的 16.89 万头，又增加到 2015 年的 18.38 万头。

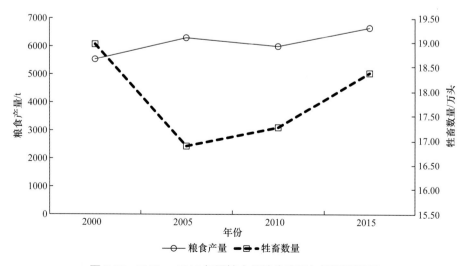

图 7.35　2000 ~ 2015 年聂拉木县粮食产量与牲畜数量图

从聂拉木县机构调研了解到：聂拉木县耕地主要分布樟木沟以北的区域，种植业生产以青稞为主，基本实现粮食自给；可以基本保障水资源利用，但存在工程性缺水与季节性缺水问题；畜牧业生产方面，聂拉木县从 2010 年开始实施草畜平衡以来，至 2018 年已经达到平衡，近几年牲畜数量控制在 17 万头左右。通过对聂拉木县聂拉木镇农牧户调研了解到：受 2015 年 "4·25" 尼泊尔大地震影响，聂拉木县城的可用耕地较少，部分被征收用于重建，仅剩的耕地产量也较低；耕地种植作物以青稞、土豆和油茶籽为主；2018 年，宗塔村农牧业生产以种植业为主，该村具有发展反季节蔬菜的条件，采用现代栽培技术种植大棚蔬菜，包括白菜、西红柿、青椒、黄瓜、西瓜、萝卜等 20 余个蔬菜品种，养殖房 7 间，主要养殖藏鸡、藏香猪等；在畜牧业生产方面，牲畜数量较少且主要用于自食。

2. 生态供给与生态消耗

2000～2015 年聂拉木县生态供给量处于波动状态（图 7.36），生态供给量多年平均值为 0.18Tg C；单位面积生态系统生态供给量为 22.53g C/m²。从单位面积生态供给量空间分布来看，单位面积生态供给量与海拔息息相关：海拔超过 5000m 的区域单位面积生态供给量基本不足 10g C/m²，海拔介于 4500～5000m 的区域单位面积生态供给量基本介于 10～50g C/m²，海拔介于 4000～4500m 的区域单位面积生态供给量基本介于 50～100g C/m²。樟木口岸位于聂拉木县樟木镇，海拔低于 4000m，局部地区海拔在 2000m 左右，生态系统以森林生态系统为主，有一半以上的区域单位面积生态供给量介于 50～100g C/m²，局部地区生态供给量超过 100g C/m²。樟木镇是聂拉木县生态条件最好的区域，为樟木口岸人口往来与货物贸易流通提供了良好的生态条件。

2015 年聂拉木县生态消耗量为 0.094Tg C，2000～2015 年聂拉木县生态消耗量先减少后增加（图 7.37），生态消耗量从 2000 年的 0.0904Tg C 减少到 2005 年的 0.086Tg C，

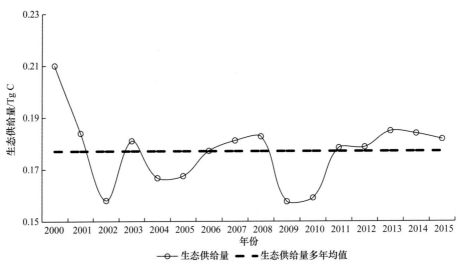

图 7.36 聂拉木县生态供给量

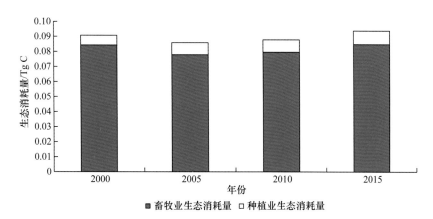

图 7.37　2000～2015 年聂拉木县生态消耗量图

随后又增加到 2015 年的 0.094Tg C，2000～2015 年生态消耗量多年平均值为 0.090Tg C。
聂拉木县属于农业县，生态消耗由种植业生态消耗与畜牧业生态消耗两部分组成，
畜牧业生态消耗量占生态消耗量的 90% 以上，而种植业生态消耗占比不超过 10%。
2000～2015 年，畜牧业生态消耗量先减少后增加，从 2000 年的 0.084Tg C 减少到
2005 年的 0.078Tg C，随后又增加到 2015 年的 0.085Tg C；2000～2015 年，种植业生
态消耗量一直处于增加状态，从 2000 年的 0.0064Tg 增加到 2015 年的 0.0090Tg C。

　　2000～2015 年聂拉木县生态供给量远大于生态消耗量，生态供给量是生态消耗
量的 2 倍左右（图 7.38）。2000 年生态消耗量为 0.091Tg C，而生态系统供给量多年均
值为 0.18Tg C，生态供给量是生态消耗量的 1.98 倍；2000～2015 年生态消耗量减少
到 0.86Tg C，生态供给量与生态消耗量之间差距扩大为 2.06 倍；2005～2015 年，生
态消耗量增加到 0.094Tg C，生态供给量与生态消耗量之间差距又缩小到 1.91 倍。

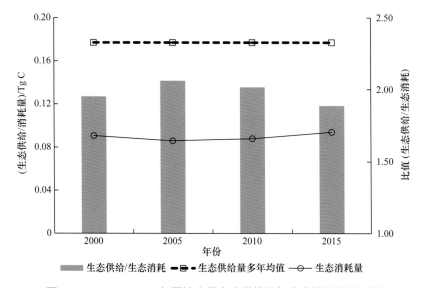

图 7.38　2000～2015 年聂拉木县生态供给量与生态消耗量关系图

3. 生态承载力与承载状态

2015 年，聂拉木县生态承载力为 2.94 万人，常住人口为 1.99 万人，表明聂拉木县尚有 0.95 万人口承载空间（图 7.39）。2000～2015 年，聂拉木县生态承载力从 2000 年的 4.57 万人减少至 2005 年的 3.77 万人，然后上升到 2010 年的 4.20 万人，最后减少到 2015 年的 2.94 万人。2000～2015 年，聂拉木县生态承载力大于其常住人口数量，说明聂拉木县还有较大的生态承载空间。

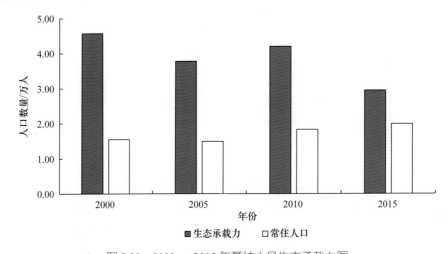

图 7.39　2000～2015 年聂拉木县生态承载力图

2015 年聂拉木县单位面积生态承载力为 3.84 人 /km²，从单位面积生态承载力空间分布来看：聂拉木县大多数区域单位面积生态承载力小于 3 人 /km²，单位面积生态承载力大于 10 人 /km² 的区域零星分布于聂拉木县各个乡镇；其中，樟木镇中部单位面积生态承载力远高于其他区域，局部地区单位面积生态承载力超过 20 人 /km²。

2015 年聂拉木县生态承载指数为 0.68，聂拉木县生态承载力处于盈余状态；2000～2015 年聂拉木县生态承载指数持续增加，但生态承载力指数远小于 1.00（图 7.40），生态承载力一直处于富富有余或盈余状态，短期内聂拉木县生态承载力将一直处于盈余状态，生态承载力超载风险较小。2000～2015 年聂拉木县生态供给量大于生态消耗量，生态供给量是生态消耗量的 2 倍左右，表明人类农牧业生产活动消耗的生态资源量没有超出生态系统生态供给量，聂拉木县生态系统处于可持续发展状态。

樟木口岸是我国一类通商口岸，樟木口岸日平均流动人口约为 1000 人左右，年出入境人员为 142.58 万人次（2014 年），流动人口对樟木口岸生态资源消耗远大于口岸地区常住人口，对生态系统带来的超载风险不能忽视。

7.3.4　定结县与日屋 – 陈塘口岸地区

日屋口岸是边境陆路口岸，位于西藏日喀则地区定结县境内，南西与尼泊尔接壤，

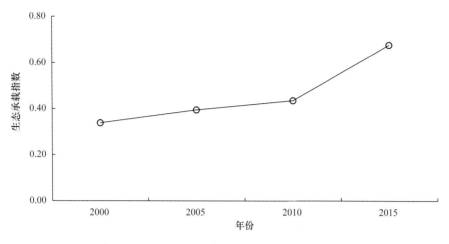

图 7.40　2000 ～ 2015 年聂拉木县生态承载指数图

与尼泊尔的哈提亚市场对应，日屋口岸是中尼两国传统的边民互市贸易市场。陈塘口岸位于定结县陈塘镇境内，地处喜马拉雅山脉中段南坡，珠峰东南侧的原始森林地带，东南与尼泊尔隔河相望。定结县生态承载力评价从生态系统服务供给与消耗的角度出发，通过对比生态供给与农牧业生产消耗之间的关系揭示定结县生态平衡状态；通过生态供给与人均生态消耗计算定结县生态承载力，并与常住人口对比，揭示生态承载状态，反映定结县人地平衡关系的基本状况。

1. 生态承载力基础考察

1）生态本底状况考察

定结县生态系统以草地生态系统为主，草地生态系统净初级生产力与所处海拔息息相关：海拔较高地区草地生态系统净初级生产力不足 10g C/m²，海拔较低地区草地生态系统草场长势较好，净初级生产力可以达到 10 ～ 50g C/m²。森林生态系统集中分布在定结县陈塘镇境内，森林生态系统分布的区域海拔一般低于 4000m，生态系统净初级生产力基本介于 100 ～ 500g C/m²。农田生态系统零散分布于定结县各乡镇中，居民点主要分布在高山峡谷地带，居民生活空间有限。

结合机构调研了解到：定结县生态环境两极分化明显，除陈塘县外的其他乡镇，生态环境脆弱，生态系统自身恢复能力差，极易受外界因素影响而造成环境污染和生态破坏。日屋口岸位于西藏日喀则地区定结县境内的日屋镇南部，喜马拉雅山北麓，南和尼泊尔接界，东南与印度锡金邦毗连；从定结县县城出发到日屋口岸，约 7.6km；日屋口岸生态环境较为脆弱，旱季受降水量少、风大等自然因素的影响，草场盐碱化、荒漠化与湿地退化现象严重；雨季降水集中，山体植被覆盖率明显增大，风沙天气明显减少，气候较为温和。陈塘口岸位于定结县陈塘镇境内，陈塘镇位于喜马拉雅山脉中段南坡，珠峰东南侧原始森林带，受印度洋暖湿气流影响，雨量充足，年均降水量 1000mm 以上，原始森林密布，森林覆盖率为 98%。

2）生态消耗情况调查

定结县生态消耗主要包括种植业消耗和畜牧业消耗两种形式，2000～2015年定结县粮食产量先减少后增加，从2000年的6557t减少到2010年的5894t，又增加到2015年的6077t（图7.41）；2000～2015年牲畜数量先增加后减少，牲畜数量从2000年的20.58万头增加到2010年的24.93万头，又减少到2015年的22.98万头。

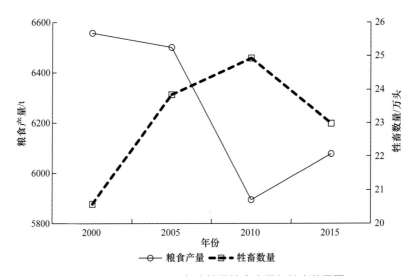

图7.41　2000～2015年定结县粮食产量与牲畜数量图

从定结县机构调研了解到：定结县草场面积531.14万亩、承包到户面积475.8万亩，耕地面积56513.17亩，承包到户面积52815.7亩。2018年末牲畜存栏24.86万头。2018年农村经济总量预计完成31982.81万元，农牧民人均可支配收入预计达8006.32元。

2. 生态供给与生态消耗

2000～2015年定结县生态供给量处于波动增加状态（图7.42），生态供给量多年平均值为0.17Tg C；单位面积生态系统生态供给量为28.70g C/m²。从单位面积生态供给量空间分布来看，单位面积生态供给量与海拔相关，海拔大于5000m的区域单位面积生态供给量基本低于50g C/m²；海拔低于4500m的地区单位面积生态供给量大多介于50～100g C/m²，湖泊周围零星区域单位面积生态供给量超过100g C/m²。海拔低于4500m的地区单位面积生态供给量大多介于20～100g C/m²，海拔低于4000m的零星区域单位面积生态供给量超过100g C/m²。日屋口岸所处的日屋镇东部和西北部海拔较高，单位面积生态供给量较低；中部海拔较低，单位面积生态供给量较高。

2015年定结县生态消耗量为0.096Tg C，2000～2015年定结县生态消耗量波动上升，生态消耗量从2000年的0.0937Tg C，上升到2015年的0.0955Tg C，增幅约为1.92%，其中2010年生态消耗量最大，为0.104 Tg C（图7.43），2000～2015年生态消耗量多年平均值为0.098Tg C。定结县属于半农半牧业县，生态消耗由种植业生态消耗与畜牧业生态消耗两部分组成，畜牧业生态消耗量占生态消耗量的90%以上，种植

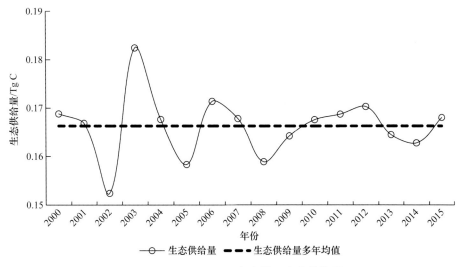

图 7.42　2000 ～ 2015 年定结县生态供给量

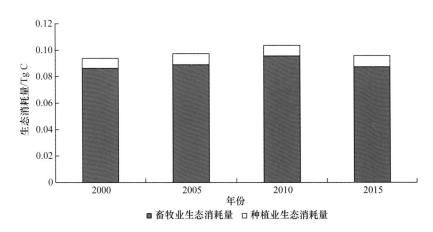

图 7.43　2000 ～ 2015 年定结县生态消耗量图

业生态消耗占比不超过 10%；2000 ～ 2015 年，定结县畜牧业生态消耗量波动上升，从 2000 年的 0.086Tg C 增加到 2015 年的 0.087Tg C，增幅约为 1.16%，其中 2010 年畜牧业生态消耗量最大，畜牧业生态消耗量增加是造成生态消耗量增加的主要原因；种植业生态消耗量变化不大，在 0.0077 ～ 0.0085Tg C。

2000 ～ 2015 年定结县生态供给量大于生态消耗量，生态供给量是生态消耗量的 1.5 倍以上（图 7.44）。2000 年生态消耗量为 0.094Tg C，而生态系统供给量多年均值为 0.17Tg C，生态供给量是生态消耗量的 1.80 倍；2000 ～ 2015 年生态消耗量增加到 0.096Tg C，生态供给量与生态消耗量之间差距缩小到 1.76 倍。

3. 生态承载力与承载状态

2015 年，定结县生态承载力为 3.36 万人，常住人口为 2.33 万人，表明定结县尚

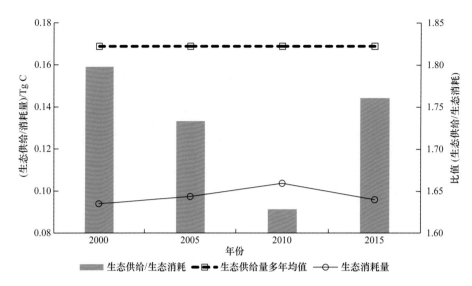

图 7.44　2000 ～ 2015 年定结县生态供给量与生态消耗量关系图

有 1.03 万人口承载空间。2000 ～ 2015 年定结县生态承载力处于波动状态（图 7.45），生态承载力从 2000 年的 5.17 万人减少到 2005 年的 4.25 万人，然后增加到 2010 年的 4.76 万人，后减少至 2015 年的 3.36 万人。2000 ～ 2015 年，定结县生态承载力大于其常住人口数量，说明定结县还有较大的生态承载空间。

2015 年定结县单位面积生态承载力为 5.85 人 /km²，从单位面积生态承载力空间分布来看：定结县大多数区域单位面积生态承载力小于 5 人 /km²，单位面积生态承载力大于 20 人 /km² 的区域主要零星分布在定结县北部、萨尔乡及定结乡中部和陈塘镇。

2015 年定结县生态承载指数为 0.69，定结县生态承载力处于盈余状态。2000 ～ 2015 年定结县生态承载指数处于增加状态，但一直处于富富有余或盈余状态；其中，2015 年生态承载指数达到最大为 0.69，生态承载力处于盈余状态。定结县生态承载指

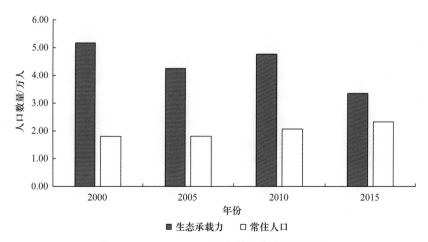

图 7.45　2000 ～ 2015 年定结县生态承载力图

数介于 0.35 ～ 0.69（图 7.46），短期内定结县生态承载力依旧处于盈余状态，生态承载力超载风险较小。2000 ～ 2015 年定结县生态供给量大于生态消耗量，生态供给量是生态消耗量的 1.5 倍以上，表明人类农牧业生产活动消耗的生态资源量没有超出生态系统生态供给量，定结县生态系统处于可持续发展状态。

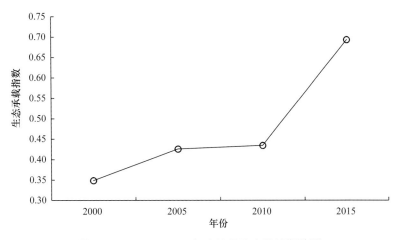

图 7.46　2000 ～ 2015 年定结县生态承载指数图

日屋口岸是中尼两国传统的边民互市贸易市场，随着中尼廊道建设，特别是日屋至陈塘的公路的修建，一方面基础设施建设会占用自然生态空间，减少生态供给量；另一方面，基础设施条件的改善，使得中尼两国边贸往来更加频繁，周期性流动人口的增加，会加大对口岸周边地区生态系统的干扰，降低生态系统的稳定性，因此，日屋口岸的发展与建设过程中，要坚持以生态系统可持续为前提，不能以牺牲生态环境为代价。陈塘口岸与日屋口岸相同均面临着基础设施建设会占用自然生态空间，减少生态供给量，从而影响生态系统稳定性的问题，因此，陈塘口岸在发展与建设过程中，也要坚持以生态系统可持续为前提，不能以牺牲生态环境为代价。

7.3.5　亚东县与亚东口岸地区

亚东口岸是中印贸易的主要通道，位于日喀则地区亚东县境内，地处喜马拉雅山脉中段南坡谷地，与印度、不丹两国接壤。亚东县生态承载力评价从生态系统服务供给与消耗的角度出发，通过对比生态供给与农牧业生产消耗之间的关系揭示亚东县生态平衡状态；通过生态供给与人均生态消耗计算亚东县生态承载力，并与常住人口对比，揭示生态承载状态，反映亚东县人地平衡关系的基本状况。

1. 生态承载力基础考察

1）生态本底状况考察

亚东县生态系统以草地生态系统为主，草地生态系统净初级生产力与所处海拔高度息息相关：海拔较高地区草地生态系统净初级生产力不足 10g C/m²，海拔较低地区草地生态系统草场长势较好，净初级生产力可以达到 10 ～ 50g C/m²。森林生态系统集中分布在亚东县南部的康布乡、帕里镇、上亚东乡、下司马镇和下亚东乡境内，森林生态系统分布的区域海拔一般低于 4000m，生态系统净初级生产力基本介于 100 ～ 500g C/m²。农田生态系统零散分布于亚东县各乡镇中。农田生态系统零散分布于定结县各乡镇中，居民点主要分布在高山峡谷地带。

结合机构调研了解到：亚东县生态优势明显，素有喜马拉雅山脉中段南麓"生物基因库"之称，境内河流湖泊众多，动植物资源丰富，已经记录小熊猫、斑羚、熊猴等珍贵野生动物 293 种，有红杉、糙皮桦等高等植物 1152 种，森林覆盖率达 33.34%，2018 年荣获"国家生态文明建设示范县"称号。亚东县已经全面开展农牧领域生态环境保护工作，主要包括草原生态保护补助奖励机制工作、草原灭鼠工作、虫草采集管理工作、农牧业领域污染防治工作等，各项工作实施效果显著，县内生态环境明显转好。

亚东口岸位于日喀则地区亚东县下亚东乡境内，地处喜马拉雅山脉中段南坡谷地，亚东口岸附近分布着集中连片的森林生态系统，森林总面积 50 多万 hm²，遍布松、杉、桦等繁多树种，栖息小熊猫、金钱豹、长尾叶猴等各种野生动物；特色农林产品有木耳、蘑菇等；特色名贵药材有冬虫夏草、黄连、天麻等。

2）生态消耗情况调查

亚东县生态消耗主要包括种植业生态消耗和畜牧业生态消耗两种形式，2000 ～ 2015 年亚东县粮食产量处于持续下降状态，从 2000 年的 1696t 减少到 2015 年的 1171t，降幅约为 30.96%（图 7.47）；2000 ～ 2015 年牲畜数量先增加后减少，牲畜数量从 2000 年的 8.26 万头增加到 2010 年的 10.31 万头，又减少到 2015 年的 8.66 万头。

从亚东县机构调研了解到：亚东县 2019 年农作物种植计划面积为 1.33 万亩，其中，粮食播种面积 0.71 万亩，经济作物播种面积 0.28 万亩，饲草播种面积 0.34 万亩。

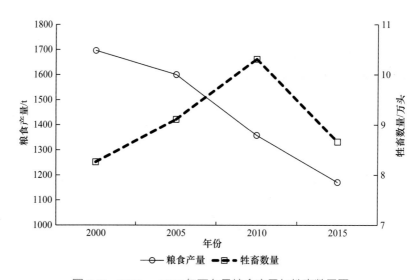

图 7.47　2000 ～ 2015 年亚东县粮食产量与牲畜数量图

在畜牧业生产方面开展 8 个方面基本工作：接羔育幼生产工作、牲畜防疫注射工作、加大牦牛产业规模化发展、非洲猪瘟疫情排查工作、动物包虫病防治各项工作、畜牧业防抗灾工作、农畜产品市场安全监督检查和基本完成畜禽养殖禁养区划定工作。

2. 生态供给与生态消耗

2000 ～ 2015 年亚东县生态供给量处于波动状态，生态供给量多年平均值为 0.23Tg C（图 7.48）；单位面积生态系统生态供给量为 56.46g C/m²。从单位面积生态供给量空间分布来看，单位面积生态供给量与海拔相关，海拔大于 5000m 的区域单位面积生态供给量低于 50g C/m²；海拔高于 4500m 的地区单位面积生态供给量基本低于 100g C/m²，单位面积生态供给量超过 100g C/m² 的大多分布在海拔低于 4000m 的地方。亚东口岸所处的下亚东乡东部海拔较高、西部海拔低，单位面积生态供给量较高；亚东口岸人口往来与货物贸易流通的要道主要分布在中部海拔相对较低的区域。

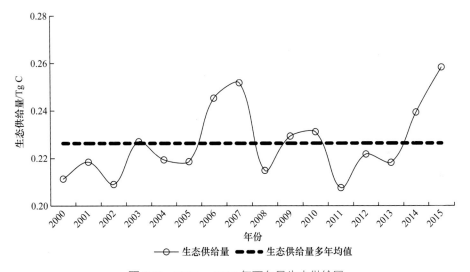

图 7.48　2000 ～ 2015 年亚东县生态供给量

2015 年亚东县生态消耗量为 0.0645Tg C，2000 ～ 2015 年亚东县生态消耗量波动幅度较小（图 7.49），生态消耗量从 2000 年的 0.0629Tg C，上升到 2015 年的 0.0645Tg C，增幅约为 2.54%，2000 ～ 2015 年生态消耗量多年平均值为 0.068Tg C。亚东县属于半农半牧县，生态消耗由种植业生态消耗与畜牧业生态消耗两部分组成，畜牧业生态消耗量占生态消耗量的 97% 以上，种植业生态消耗占比不超过 3%；2000 ～ 2015 年，畜牧业生态消耗量小幅度增加，从 2000 年的 0.061Tg C 增加到 2015 年的 0.063Tg C，增幅约为 3.00%，是造成生态消耗量增加的主要原因；种植业生态消耗量变化不大，在 0.0015 ～ 0.0019Tg C。

2000 ～ 2015 年亚东县生态供给量远大于生态消耗量，生态供给量是生态消耗量的 3 倍以上（图 7.50）。2000 年生态消耗量为 0.063Tg C，而生态系统供给量多年均值为 0.23Tg C，生态供给量是生态消耗量的 3.65 倍；2000 ～ 2015 年生态消耗量增加到

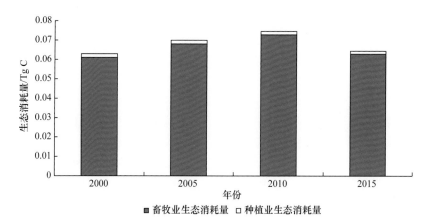

图 7.49　2000～2015 年亚东县生态消耗量图

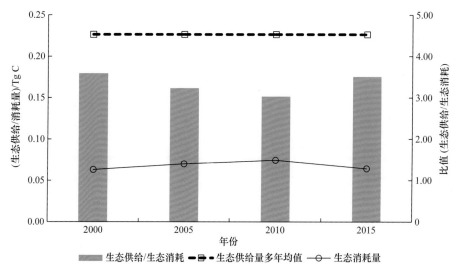

图 7.50　2000～2015 年亚东县生态供给量与生态消耗量关系图

0.064Tg C，生态供给量与生态消耗量之间差距缩小到 3.59 倍。

3. 生态承载力与承载状态

2015 年，亚东县生态承载力为 5.86 万人，常住人口为 1.38 万人，表明亚东县尚有 4.48 万人口承载空间。2000～2015 年亚东县生态承载力处于波动状态；生态承载力从 2000 年的 8.12 万人减少到 2005 年的 6.79 万人，然后增加到 2010 年的 7.57 万人，增加 0.78 万人，最后减少到 2015 年的 5.86 万人（图 7.51）。2000～2015 年，亚东县生态承载力远大于其常住人口数量，说明亚东县还有较大的生态承载空间。

2015 年亚东县单位面积生态承载力为 13.79 人 /km²，从单位面积生态承载力空间分布来看：亚东县北部的吉汝乡、堆纳乡大多数区域单位面积生态承载力小于 3 人 /km²，单位面积生态承载力大于 10 人 /km² 的区域主要集中分布在中部和南部。

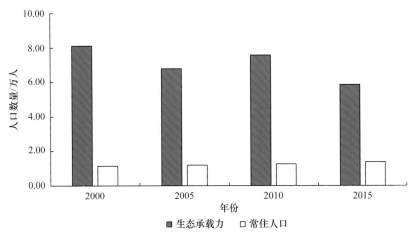

图 7.51 2000 ~ 2015 年亚东县生态承载力图

2015 年，亚东县生态承载指数为 0.23，生态承载力处于富富有余状态。2000 ~ 2015 年，亚东县生态承载指数处于持续增加状态，但生态承载力一直处于富富有余状态（图 7.52）；亚东县生态承载指数小于 0.25，短期内亚东县生态承载力将处于富富有余状态，生态承载力超载风险较小。2000 ~ 2015 年亚东县生态供给量大于生态消耗量，生态供给量是生态消耗量的 3 倍以上，表明人类农牧业生产活动消耗的生态资源量没有超出生态系统生态供给量，亚东县生态系统处于可持续发展状态。

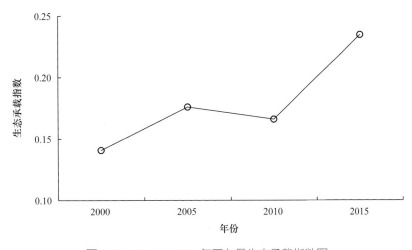

图 7.52 2000 ~ 2015 年亚东县生态承载指数图

亚东口岸是中印贸易的主要通道，是中印两国间最大的陆路通商口岸。随着南亚通道建设，亚东口岸开放程度不断提高，口岸周边自来水工程、新电站建设、道路建设等项目均处理加紧建设阶段，基础设施建设会占用自然生态空间，减少生态供给量，对生态系统承载能力带来一定影响。因此，亚东口岸的发展与建设过程中，要坚持以生态系统可持续为前提，不能以牺牲生态环境为代价。

第 8 章

区域资源环境承载力
评价技术规范[*]

---

[*] 本章执笔人：封志明、杨艳昭、李鹏、闫慧敏、刘兆飞、何永涛

为全面反映南亚通道地区资源环境基础与承载能力研究的技术方法，特编写第 8 章技术规范。技术规范全面、系统地梳理南亚通道地区资源环境承载力研究的研究方法，包括人居环境适宜性评价、土地资源承载力与承载状态评价、水资源承载力与承载状态评价、生态承载力与承载状态评价 4 节，共 46 条。

8.1 人居环境适宜性评价

第 1 条   地形起伏度（relief degree of land surface，RDLS）是区域海拔和地表切割程度的综合表征，由平均海拔、相对高差及一定窗口内的平地加和构成，地形起伏度共分五等（表 8.1）。计算公式如下：

$$RDLS = \frac{ALT}{1000} + \frac{(H_{Max} - H_{Min})}{500} \times \frac{1 - P_A}{A}$$

式中，RDLS 为地形起伏度；ALT 为以某一栅格单元为中心一定区域内的平均海拔，m；$(H_{Max} - H_{Min})$ 为某一栅格单元为中心一定区域内的最高海拔（H_{Max}）与最低海拔（H_{Min}）之差，m；P_A 为区域内的平地面积（相对高差 ≤ 30m），km^2；A 为某一栅格单元为中心一定区域内的总面积。

第 2 条   基于地形起伏度的人居环境地形适宜性共分为五级，即不适宜、临界适宜、一般适宜、比较适宜与高度适宜（表 8.1）。

表 8.1   基于地形起伏度的人居环境地形适宜性分区标准

地形起伏度	适宜性	地形起伏度	适宜性
0 ~ 0.2	高度适宜	3.0 ~ 4.0	临界适宜
0.2 ~ 1.0	比较适宜	> 4.0	不适宜
1.0 ~ 3.0	一般适宜		

第 3 条   温湿指数（temperature-humidity index，THI）：是指区域内气温和相对湿度的乘积，其物理意义是湿度订正以后的温度，综合考虑了温度和相对湿度对人体舒适度的影响，温湿指数共分为九级（表 8.2）。计算公式如下：

$$THI = T - 0.55(1 - f)(T - 58)$$

$$T = 1.8t + 32$$

式中，t 为某一评价时段平均温度，℃；T 为华氏温度，℉；f 为某一时段平均空气相对湿度。

表 8.2   人体舒适度与相对湿度分级

温湿指数	感觉程度	温湿指数	感觉程度
< 40	极冷，极不舒适	65 ~ 70	暖，舒适
40 ~ 45	寒冷，不舒适	70 ~ 75	偏热，较舒适
45 ~ 55	偏冷，较舒适	75 ~ 80	闷热，不舒适
55 ~ 60	清，舒适	> 80	极其闷热，极不舒适
60 ~ 65	凉，非常舒适		

第 4 条　　基于温湿指数的人居环境气候适宜性共分为五级，即不适宜、临界适宜、一般适宜、比较适宜与高度适宜（表 8.3）。

表 8.3　基于温湿指数的气候适宜性分区标准

温湿指数	适宜性	温湿指数	适宜性
< 40，> 80	不适宜	50～55，65～70	比较适宜
40～45，75～80	临界适宜	55～65	高度适宜
45～50，70～75	一般适宜		

第 5 条　　水文指数（land surface water abundance index，LSWAI），表征区域水资源丰裕程度，计算公式如下：

$$\text{LSWAI}=\alpha\times P+\beta\times\text{LSWI}$$
$$\text{LSWI}=(\rho_{nir}-\rho_{swir1})/(\rho_{nir}+\rho_{swir1})$$

式中，LSWAI 为水文指数；P 为降水量；LSWI 为地表水分指数；α、β 分别为降水量与地表水分指数的权重值，默认情况下各为 0.50；ρ_{nir} 与 ρ_{swir1} 分别为 MODIS 卫星传感器的近红外与短波红外的地表反射率值；LSWI 表征了陆地表层水分的含量，在水域及高覆盖度植被区域 LSWI 较大，在裸露地表及中低覆盖度区域 LSWI 较小。人口相关性分析表明，当降水量超过 2000mm、LSWI 大于 0.75 以后，降水量与 LSWI 的增加对人口的集聚效应未见明显增强。在对降水量与 LSWI 归一化处理过程中，分别取 2000mm 与 0.75 为最高值，高于特征值的分别按特征值计。

第 6 条　　基于水文指数的人居环境水文适宜性共分为五级，即不适宜、临界适宜、一般适宜、比较适宜与高度适宜（表 8.4）。

表 8.4　基于水文指数的水文适宜性分区标准

水文指数	适宜性	涉及区域
< 0.13	不适宜	干旱区、极度干旱区
0.13～0.31	临界适宜	干旱区、半干旱区
0.31～0.47	一般适宜	半干旱区、半湿润区
0.47～0.64	比较适宜	半湿润区、湿润区
0.64～1.00	高度适宜	湿润区

注：不同区域水文指数阈值区间需要重新界定。

第 7 条　　地被指数（land cover index，LCI），表征研究区的土地利用和土地覆被状况，计算公式如下：

$$\text{LCI}=\text{NDVI}\times\text{LC}_i$$
$$\text{NDVI}=(\rho_{nir}-\rho_{red})/(\rho_{nir}+\rho_{red})$$

式中，LCI 为地被指数，与分别代表 MODIS 卫星传感器的近红外与红波段的地表反射率值，NDVI 为归一化植被指数，LC_i 为各种土地覆被类型的权重，其中 i（1，2，3，…，10）代表不同土地利用 / 覆被类型。人口相关性分析表明，当 NDVI 大于 0.80 后，其值的增加对人口的集聚效应未见明显增强。在对 NDVI 归一化处理时，取 0.80 为最高值，高于特征值的按特征值计。

第 8 条　　基于地被指数的人居环境地被适宜性共分为五级，即不适宜、临界适宜、一般适宜、比较适宜与高度适宜（表 8.5）。

表 8.5　基于地被指数的地被适宜性分区标准

地被指数	适宜性	涉及区域
<0.05	不适宜	沙漠、北极和高山冻原
0.05 ～ 0.15	临界适宜	草地、灌丛等
0.15 ～ 0.40	一般适宜	温带针叶 / 阔叶林等
0.40 ～ 0.60	比较适宜	热带稀树草原、热带雨林等
0.60 ～ 1.00	高度适宜	温带阔叶林、热带稀树草原、热带雨林等

注：不同区域地被指数阈值区间需要重新界定。

第 9 条　　人居环境适宜性综合评价。南亚通道人居环境适宜性分区分两个步骤。第一步，是在地形、气候、水文与地被单要素适宜性分区基础上进行综合分区。基于 ArcGIS 空间分析得到人居环境适宜性叠加图（属性值 4 ～ 20，整型）。以地形、气候、水文与地被均为不适宜、临界适宜、一般适宜、比较适宜与高度适宜（即 4、8、12、16 与 20）作为人居环境适宜性总体分区依据，即属性值介于 4 ～ 7、8 ～ 10、11 ～ 13、14 ～ 15、16 ～ 20 分别对应于不适宜、临界适宜、一般适宜、比较适宜与高度适宜五种类型。第二步，是以 2000 ～ 2020 年五期人口密度预测数据中的零值区与无人区，对第一步分区的结果进行掩膜，确定最终不适宜类型区域。

8.2　土地资源承载力与承载状态评价

第 10 条　　土地资源承载力（land carrying capacity，LCC）是在自然生态环境不受危害并维系良好的生态系统前提下，一定地域空间的土地资源所能承载的人口规模或牲畜规模。本书中分为基于人粮平衡的耕地资源承载力（cultivate land carrying capacity，CLCC）、基于草畜平衡的草地资源承载力（grassland carrying capacity，GLCC）和基于当量（热量、蛋白质）平衡的土地资源承载力（equivalent carry capacity，EQCC）。

第 11 条　　基于人粮平衡的耕地资源承载力（cultivate land carrying capacity，CLCC）：用一定粮食消费水平下，区域耕地资源所能持续供养的人口规模来度量。计算公式如下：

$$CLCC=Cl/Gpc$$

式中，CLCC 为基于人粮平衡的耕地资源现实承载力或耕地资源承载潜力；Cl 为耕地生产力，以粮食产量表征；Gpc 为人均消费标准，现实承载力以采用 400kg/（人·a）计。

第 12 条　　基于草畜平衡的草地资源承载力（grassland carrying capacity，GLCC）：草地资源承载力主要反映区域草地和牲畜的关系，计算公式如下：

$$GLCC = \frac{F_N + F_S}{A \times I \times D}$$

$$F_{\mathrm{N}}=Y\times P\times H\times U\times E$$

$$F_{\mathrm{S}}=G\times R_{\mathrm{E}}\times R_{\mathrm{U}}+C\times R_{\mathrm{C}}+B\times R_{\mathrm{B}}+S\times R_{\mathrm{S}}$$

式中，GLCC 为草地的合理载畜量，羊单位 /hm²；F_{N} 为天然草地可利用的标准干草量，kg；F_{S} 为补饲标准干草量，kg；A 为可利用草地面积，hm²；I 为羊单位日食量，kg/d；D 为放牧天数，d；Y 为天然草地产草量，kg；P 为可利用草地比例，%；H 为草地标准干草折算系数，由于这里直接采用干草量，所以这项参数这里可以忽略；U 为草地利用率，%；E 为可食牧草比例，%；G 为粮食产量，kg；R_{E} 为粮食的综合经济系数，%；R_{U} 为秸秆饲用中的利用率，%；C 为谷物产量，kg；R_{C} 为麸皮比例，%；B 为豆类产量 kg；R_{B} 为豆类淀粉渣比例，%；S 为油菜籽产量，kg；R_{S} 为油菜籽转化为油饼的比例，%。根据相关统计数据和参考文献，P、U 和 E 分别取 84%、70% 和 83.6%，R_{E}、R_{U}、R_{C}、R_{B}、R_{S} 分别取 60%、70%、20%、70% 和 60%。

第 13 条　基于当量平衡的土地资源承载力（equivalent carry capacity，EQCC），可分为热量当量承载力（energy carry capacity，EnCC）和蛋白质当量承载力（protein carry capacity，PrCC），可用一定热量和蛋白质摄入水平下，区域粮食和畜产品转换的热量总量和蛋白质总量所能持续供养的人口来度量。

$$EQCC = \begin{cases} EnCC = En / Enpc \\ PrCC = Pr/ Prpc \end{cases}$$

式中，EQCC 为基于当量平衡的土地资源现实承载力或耕地资源承载潜力；可用 EnCC 和 PrCC 表征；EnCC 为基于热量当量平衡的土地资源承载力；En 为耕地资源和草地资源产品转换为热量总量；Enpc 为人均热量摄入标准，现实承载力以 2521kcal/（人·d）计；PrCC 为基于蛋白质当量平衡的土地资源承载力；Pr 为耕地资源和草地资源产品转换为蛋白质总量；Prpc 为人均蛋白质摄入标准，现实承载力以 65g/（人·d）计。

第 14 条　土地资源承载指数（land carrying capacity index，LCCI）是指区域人口规模（或人口密度）与土地资源承载力（或承载密度）之比，反映区域土地与人口、牲畜之关系，可分为基于人粮平衡的耕地资源承载指数（land carrying capacity index，CLCCI）、基于草畜平衡草地资源承载指数（grassland carrying capacity index，GLCCI）、基于当量平衡的土地资源承载指数（equivalent carry capacity index，EQCCI）。

第 15 条　基于人粮平衡的耕地承载指数：

$$CLCCI=P_{\mathrm{a}}/CLCC$$

式中，CLCCI 为耕地资源承载指数；CLCC 为耕地资源承载力，人；P_{a} 为现实人口数量。

第 16 条　基于草畜平衡的草地承载指数：

$$Gl = \frac{N_{\mathrm{a}} + N_{\mathrm{b}}}{A}$$

$$GLCCI=Gl/GLCC$$

式中，Gl 为草地的实际载畜量（羊单位 /hm²）；N_{a} 为当年的牲畜存栏数（羊单位）；N_{b} 为当年的牲畜出栏数（羊单位）；GLCCI 为草地资源承载指数；GLCC 为草地的合理载畜量。

第17条　　基于当量平衡的土地承载指数又可分为热量当量承载指数（energy carry capacity index，EnCCI）和蛋白质当量承载指数（protein carry capacity index，PrCCI），计算方式如下：

$$EQCCI = P_a / EQCC = \begin{cases} EnCCI = P_a / EnCC \\ PrCCI = P_a / PrCC \end{cases}$$

式中，EQCCI 为基于当量平衡的土地承载指数；EQCC 为基于当量平衡的土地资源承载力；EnCCI 为热量当量土地承载指数；EnCC 为基于热量当量的土地资源承载力；PrCCI 为蛋白质当量土地承载指数；PrCC 为基于蛋白质当量的土地资源承载力，人；P_a 为现实人口数量，人。

第18条　　土地资源承载状态反映区域常住人口与可承载人口之间的关系或草地合理载畜量与实际载畜量关系，本书中分为基于人粮平衡的耕地资源承载状态、基于草畜平衡的草地资源承载状态和基于当量平衡的土地资源承载状态。

第19条　　耕地资源承载状态反映人粮平衡关系状态，依据耕地资源承载指数大小分为三类八个等级（表 8.6）。

表 8.6　耕地资源承载力分级评价标准

耕地资源承载力		指标
类型	级别	CLCCI
盈余	富富有余	CLCCI ≤ 0.5
	富裕	0.5 < CLCCI ≤ 0.75
	盈余	0.75 < CLCCI ≤ 0.875
平衡	平衡有余	0.875 < CLCCI ≤ 1
	临界超载	1 < CLCCI ≤ 1.125
超载	超载	1.125 < CLCCI ≤ 1.25
	过载	1.25 < CLCCI ≤ 1.5
	严重超载	CLCCI > 1.5

第20条　　草地资源承载状态反映草畜平衡关系状态，依据草地资源承载指数大小分为三类八个等级（表 8.7）。

表 8.7　草地资源承载力分级评价标准

草地资源承载力		指标
类型	级别	GLCCI
盈余	富富有余	GLCCI ≤ 0.5
	富裕	0.5 < GLCCI ≤ 0.75
	盈余	0.75 < GLCCI ≤ 0.875
平衡	平衡有余	0.875 < GLCCI ≤ 1
	临界超载	1 < GLCCI ≤ 1.125

续表

草地资源承载力		指标
类型	级别	GLCCI
超载	超载	1.125 < GLCCI ≤ 1.25
	过载	1.25 < GLCCI ≤ 1.5
	严重超载	GLCCI >1.5

第 21 条 土地资源承载状态反映人地关系状态，依据土地资源承载指数大小分为三类八个等级（表 8.8）。

表 8.8 土地资源承载力分级评价标准

土地资源承载力		指标
类型	级别	EQCCI
盈余	富富有余	EQCCI ≤ 0.5
	富裕	0.5 < EQCCI ≤ 0.75
	盈余	0.75 < EQCCI ≤ 0.875
平衡	平衡有余	0.875 < EQCCI ≤ 1
	临界超载	1 < EQCCI ≤ 1.125
超载	超载	1.125 < EQCCI ≤ 1.25
	过载	1.25 < EQCCI ≤ 1.5
	严重超载	EQCCI >1.5

第 22 条 草地地上生物量是估算草地承载力的重要指标，对于草地承载状况的评估至关重要。本研究通过野外采样点坐标提取出对应的气候数据和 NDVI 与采样所得的围栏内外地上生物量分别进行拟合，得到高原地区围栏内外的草地地上生物量模型。围栏内生物量是只受气候影响的地上生物量，而围栏外则是受气候和牲畜活动共同影响下的地上生物量，将围栏内外数据对比，就可以提取出单纯受牲畜活动影响的地上生物量，即牲畜消耗的地上生物量。利用所得的草地地上生物量模型，在气候数据和 NDVI 影像的基础上，可以得到高原地区不同年份的高寒草地围栏内、围栏外及牲畜消耗生物量的时空变化情况。

第 23 条 日食量（daily feed intake，DFI）的计算和评估对草地的合理利用具有重要意义。从实测数据中得到的草地生物量的实际利用情况，获得家畜消耗的地上生物量。在此基础上，根据家畜的数量和放牧天数计算出家畜的日食量。

$$DFI = \frac{AGB_H}{N \times D}$$

式中，DFI 为当年每只标准羊单位的日食量，kg/d；AGB_H 为放牧活动消耗的地上生物量总量，kg；N 为实际牲畜数量，羊单位；D 为放牧天数，d。

第 24 条 食物消费结构又称膳食结构，是指一个国家或地区的人们在膳食中摄取的各类动物性食物和植物性食物所占的比例。

第 25 条　　膳食营养水平通常用热量和营养素摄入量进行衡量，主要包括热量、蛋白质、脂肪等。营养素含量是指用每一类食物中每一亚类的食物所占比例，乘以各亚类食物在食物营养成分表中的食物营养素含量，所得的和即是每一类食物在某一阶段的热量和营养素含量。

$$C_i = \sum_{j=1}^{n} R_{ij} f_{ij}$$

式中，C_i 为第 i 类食物的某一营养素含量；R_{ij} 为第 i 类种食物的第 j 个品种在第 i 类食物中多占比例；f_{ij} 为第 i 类种食物的第 j 个品种在"食物成分表"中的某一营养素含量。

第 26 条　　基础数据。耕地面积、农作物种植面积、农作物产量、草地面积、草地产草量、牲畜数量、肉蛋奶畜产品产量等；城镇居民食物消费种类与数量、农村居民食物消费种类与数量、牲畜日食量等。

第 27 条　　数据来源。统计数据：主要来自《西藏自治区统计年鉴》《拉萨市统计年鉴》《日喀则市统计年鉴》《阿里地区统计年鉴》《中国农村统计年鉴》《西藏自治区人口普查资料》等。LUCC 数据：来自资源环境科学与数据中心（http：//www.resdc.cn）；食物消费数据：入户调研和地方政府统计部门。草地数据：草地面积来自侯学煜院士主编的《1：1000000 中国植被图集》。草地产草量根据野外采样数据与气候数据和遥感数据拟合得到的地上生物量模型求出，其中地上生物量（AGB）来自藏北高原上采样带，该采样带自东向西穿越高寒草甸、草原和荒漠草原三个草地类型。遥感数据：本书中所用到气象数据来自中国气象局国家气象信息中心（http：//data.cma.cn/en），通过计算和插值，时间精度为 1 个月，空间分辨率为 1km。遥感数据为 MODIS 数据中的 NDVI 产品（https：//ladsweb.modaps.eosdis.nasa.gov/），时间精度为 1 个月，空间分辨率为 1km。为了进一步消除裸露和植被稀疏区域的影响，未纳入 $\text{NDVI}_{\max} < 0.1$ 的区域。

8.3　水资源承载力与承载状态评价

第 28 条　　水资源承载力主要反映区域人口与水资源的关系，主要通过人均综合用水量下，区域（流域）水资源所能持续供养的人口规模 / 人或承载密度 /（人 /km²）来表达。计算公式为

$$\text{WCC} = W/W_{\text{pc}}$$

式中：WCC 为水资源承载力，人或人 /km²；W 为水资源可利用量，m³；W_{pc} 为人均综合用水量，m³/ 人。

第 29 条　　水资源承载指数是指区域人口规模（或人口密度）与水资源承载力（或承载密度）之比，反映区域水资源与人口之关系。计算公式为

$$\text{WCCI} = P_a/\text{WCC}$$
$$R_p = (P_a - \text{WCC})/\text{WCC} \times 100\% = (\text{WCCI} - 1) \times 100\%$$
$$R_w = (\text{WCC} - P_a)/\text{WCC} \times 100\% = (1 - \text{WCCI}) \times 100\%$$

式中，WCCI 为水资源承载指数；WCC 为水资源承载力；P_a 为现实人口数量，人；R_p 为水资源超载率；R_w 为水资源盈余率。

第 30 条 水资源承载力分级标准根据水资源承载指数的大小将西藏水资源承载力划分为水资源盈余、人水平衡和水资源超载三个类型八个级别（表 8.9）。

表 8.9 基于水资源承载指数的水资源承载力评价标准

水资源承载力		指标	
类型	级别	WCCI	R_p 或 R_w
水资源盈余	富富有余	<0.33	$R_w > 67\%$
	富裕	0.33～0.50	$50\% < R_w \leqslant 67\%$
	盈余	0.50～0.67	$33\% < R_w \leqslant 50\%$
人水平衡	平衡有余	0.67～1.00	$0 \leqslant R_w < 33\%$
	临界超载	1.00～1.33	$0 \leqslant R_p < 33\%$
水资源超载	超载	1.33～2.00	$33\% < R_p \leqslant 100\%$
	过载	2.00～5.00	$100\% < R_p \leqslant 400\%$
	严重超载	>5.00	$R_p > 400\%$

第 31 条 基础数据及来源。水资源数量与质量、水资源供给数据，消耗端主要包括人均与畜均水资源消耗、社会经济发展水资源使用数据，主要来自各级行政单元水资源公报。

8.4 生态承载力与承载状态评价

第 32 条 生态承载力是指在不损害生态系统生产能力与功能完整性的前提下，生态系统可持续承载具有一定社会经济发展水平的最大人口规模。

第 33 条 生态承载指数用区域常住人口数量与生态承载力比值表示，作为评价生态承载状态的依据。

第 34 条 生态承载状态反映区域常住人口与可承载人口之间的关系，本书中将生态承载状态依据生态承载指数大小分为三类六个等级：富余，富富有余、盈余；临界，平衡有余、临界超载；超载，超载和严重超载。

第 35 条 生态供给是生态系统供给服务的简称；是生态系统服务最重要的组成部分，是生态系统调节服务、支持服务和文化服务的基础，也是人类对生态系统服务直接消耗的部分。

第 36 条 生态消耗是生态系统消耗的简称；是指人类生产活动和生活需求对各种生态系统服务的消耗、利用和占用。本书中生态消耗分为生产消耗与生活消耗两个部分：生产消耗是指农牧业生产活动消耗的生态资源量，生活消耗是指城镇与乡村居民为满足基本生活需求所消耗的生态资源量。

第 37 条 生态供给量基于生态系统净初级生产力（NPP）空间栅格数据，进行空间统计加总得到，用于衡量生态系统的供给能力，计算公式为

$$\text{SNPP} = \sum_{j=1}^{m} \sum_{i=1}^{n} \frac{(\text{NPP} \times \gamma)}{n}$$

式中，SNPP 为生态供给量；NPP 为生态系统净初级生产力；γ 为栅格像元分辨率；n 为数据的年份跨度；m 为区域栅格像元数量。

第 38 条 可持续利用生态供给量，在生态供给量的基础上，考虑植被地上地下生物量分配关系，关键生物多样性区域和生态资源利用效率，得到可供人类可持续利用的生态资源供给量，计算公式为

$$\text{SNPP}_{\text{su}} = (\text{SNPP} - \text{SNPP}_{\text{KBA}}) \times \alpha \times \beta$$

式中，SNPP_{su} 为可持续利用生态供给量；SNPP 为生态供给量；SNPP_{KBA} 为关键生物多样性区域生态供给量；α 为地上生物量占总生物量的比重；β 为生态资源利用效率。

第 39 条 生产消耗量包括农业（种植业）生产消耗量与畜牧生产消耗量两个部分，用于衡量人类农牧业生产活动对生态资源的消耗强度，计算公式为

$$\text{CNPP}_{\text{P}_{\text{a}}} = \frac{\text{YIE} \times \gamma \times (1 - \text{Mc}) \times \text{Fc}}{\text{HI} \times (1 - \text{WAS})}$$

$$\text{CNPP}_{\text{P}_{\text{s}}} = \frac{\text{LIV} \times \varepsilon \times \text{GW} \times \text{GD} \times (1 - \text{Mc}) \times \text{Fc}}{\text{HI} \times (1 - \text{WAS})}$$

$$\text{CNPP}_{\text{P}} = \text{CNPP}_{\text{P}_{\text{a}}} + \text{CNPP}_{\text{P}_{\text{s}}}$$

式中：CNPP_{P} 为生产消耗量；$\text{CNPP}_{\text{P}_{\text{a}}}$ 为农业生产消耗量；$\text{CNPP}_{\text{P}_{\text{s}}}$ 为畜牧业生产消耗量；YIE 为农作物产量；γ 为折粮系数；Mc 为农作物含水量；HI 为农作物收获指数；WAS 为浪费率；Fc 为生物量与碳含量转换系数；LIV 为牲畜存栏出栏量；ε 为标准羊转换系数；GW 为标准羊日食干草重量；GD 为食草天数。

第 40 条 生活消耗量包括城市居民生活消耗生态资源量与乡村居民消耗生态资源量两个部分，用于衡量人类基本生活需求对生态资源的消耗强度，计算公式为

$$\text{CNPP}_{\text{LU}} = \frac{\text{FOOD}_{\text{U}} \times \zeta \times (1 - \text{Mc}) \times \text{Fc}}{\text{HI} \times (1 - \text{WAS})} \times \text{POP}_{\text{U}}$$

$$\text{CNPP}_{\text{LR}} = \frac{\text{FOOD}_{\text{R}} \times \zeta \times (1 - \text{Mc}) \times \text{Fc}}{\text{HI} \times (1 - \text{WAS})} \times \text{POP}_{\text{R}}$$

$$\text{CNPP}_{\text{L}} = \text{CNPP}_{\text{LU}} + \text{CNPP}_{\text{LR}}$$

式中：CNPP_{L} 为生活消耗量；CNPP_{LU} 和 CNPP_{LR} 分别为城市居民生活消耗生态资源量和乡村居民生活消耗生态资源量；FOOD_{U} 和 FOOD_{R} 分别为城市居民人均每年消耗生活必需品（食物）量和乡村居民人均每年消耗生活必需品（食物）量；POP_{U} 和 POP_{R} 分别为城镇人口数量和乡村人口数量；ζ 为折粮系数；Mc 为农作物含水量；HI 为农作物收获指数；WAS 为浪费率。

第 41 条 人均生态消耗表示当前社会经济发展水平下，区域满足居民生活需求，人均每年需要消耗的生态资源量，计算公式为

$$\text{CNPP}_{\text{st}} = \frac{\text{CNPP}_{\text{L}}}{\text{POP}}$$

式中，$CNPP_{st}$ 为人均生态消耗；$CNPP_L$ 为生活消耗量；POP 为人口数量。

第 42 条　生态承载力表示当前人均生态消耗水平下，生态系统可持续承载的最大人口规模，计算公式为

$$ECC=\frac{SNPP_{su}}{CNPP_{st}}$$

式中，ECC 为生态承载力；$SNPP_{su}$ 为可持续利用生态供给量；$CNPP_{st}$ 为人均生态消耗。

第 43 条　生态承载指数用区域人口数量与生态承载力比值表示，作为评价生态承载状态的依据。

$$ECI=\frac{POP}{ECC}$$

式中，ECI 为生态承载指数；ECC 为生态承载力；POP 为人口数量。

第 44 条　生态承载状态根据生态承载状态分级标准以及生态承载指数，确定评价区域生态承载力所处的状态，生态承载状态分级标准见表 8.10。

表 8.10　生态承载状态分级标准表

生态承载指数	<0.6	0.6～0.8	0.8～1.0	1.0～1.2	1.2～1.4	>1.4
生态承载状态	富富有余	盈余	平衡有余	临界超载	超载	严重超载

第 45 条　基础数据。生态系统净初级生产力数据、关键生物多样性区域（key biodiversity areas，KBA）矢量数据、土地利用变化数据、人口数据、农作物产量数据、牲畜出栏量数据、牲畜出栏量数据、畜牧产品产量数据、各类生活消费必需品人均消耗量数据等。

第 46 条　数据来源。NPP 数据：文献（Xiao et al.，2004）。KBA 数据：网页（International Union for Conservation of Nature，World Database of Key Biodiversity Areas[DB/OL]. http://www.keybiodiversityareas.org/home[2020-03-01].）。LUCC 数据：网页（http://www.resdc.cn/data.aspx?DATAID=99）。统计数据：《西藏自治区统计年鉴》《拉萨市统计年鉴》《日喀则市统计年鉴》《中国农村统计年鉴》等。

参考文献

陈百明. 1992. 中国土地资源生产能力及人口承载量研究. 北京: 中国人民大学出版社.

樊江文, 邵全琴, 王军邦, 等. 2011. 三江源草地载畜压力时空动态分析. 中国草地学报, 33(3): 64-72.

樊杰, 王亚飞, 汤青, 等. 2015. 全国资源环境承载能力监测预警(2014版)学术思路与总体技术流程. 地理科学, 35(1): 1-10.

封志明, 陈百明. 1992. 中国未来人口的膳食营养水平. 中国科学院院刊, (1): 21-26.

封志明, 唐焰, 杨艳昭, 等. 2007. 中国地形起伏度及其与人口分布的相关性. 地理学报, 62(10): 1073-1082.

封志明, 杨艳昭, 闫慧敏, 等. 2017. 百年来的资源环境承载力研究: 从理论到实践. 资源科学, 39(3): 379-395.

封志明, 杨艳昭, 游珍. 2014. 中国人口分布的土地资源限制性和限制度研究. 地理研究, 33(8): 1395-1405.

封志明, 杨艳昭, 张晶. 2008. 中国基于人粮关系的土地资源承载力研究: 从分县到全国. 自然资源学报 23(5): 865-875.

封志明, 张丹, 杨艳昭. 2011. 中国分县地形起伏度及其与人口分布和经济发展的相关性吉林大学社会科学学报, 51(1): 146-152

贾绍凤, 周长青, 燕华云, 等. 2004. 西北地区水资源可利用量与承载能力估算. 水科学进展, 15(6): 801-807.

贾幼陵. 2005. 关于草畜平衡的几个理论和实践问题. 草地学报, 13(4): 265-268.

李猛, 何永涛, 付刚, 等. 2016. 基于TEM模型的三江源草畜平衡分析. 生态环境学报, 25(12): 1915-1921.

李猛, 何永涛, 张林波, 等. 2017. 三江源草地ANPP变化特征及其与气候因子和载畜量的关系. 中国草地学报, 39(3): 49-56.

李青丰. 2011a. 草畜平衡管理系列研究(1)——现行草畜平衡管理制度刍议. 草业科学, 28(10): 1869-1872.

李青丰. 2011b. 草畜平衡管理系列研究(2)——对现行草地载畜量计算方法的剖析和评价. 草业科学, 28(11): 2042-2045.

李青丰. 2011c. 草畜平衡管理系列研究(3)——草畜平衡核算方法改革. 草业科学, 28(12): 2190-2194.

李文娟, 马轩龙, 陈全功. 2009. 青海省海东、海北地区草地资源产量与草畜平衡现状研究. 草业学报, 18(5): 270-275.

李艳波, 李文军. 2012. 草畜平衡制度为何难以实现"草畜平衡". 中国农业大学学报: 社会科学版, 29(1): 124-131.

李哲敏. 2007. 中国城乡居民食物消费及营养发展研究. 北京: 中国农业科学院.

买小虎, 张玉娟, 张英俊, 等. 2013. 国内外草畜平衡研究进展. 中国农学通报, (20): 1-6.

钱拴, 毛留喜, 侯英雨, 等. 2007. 青藏高原载畜能力及草畜平衡状况研究. 自然资源学报, 22(3): 389-397.

曲云鹤, 余成群, 武俊喜, 等. 2014. 发达国家草原管理模型的发展趋势. 中国草地学报, 36(4): 110-115.

水利部水利水电规划设计总院. 2014. 中国水资源及其开发利用调查评价. 北京: 中国水利水电出版社.

唐焰, 封志明, 杨艳昭. 2008. 基于栅格尺度的中国人居环境气候适宜性评价. 资源科学, 30(5): 648-653.

唐焰. 2008. 基于GIS 的中国人居环境自然适宜性评价. 北京: 中国科学院大学.

汪诗平. 2006. 天然草原持续利用理论和实践的困惑——兼论中国草业发展战略. 草地学报, 14(2): 188-192.

王建华, 姜大川, 肖伟华, 等. 2017. 水资源承载力理论基础探析: 定义内涵与科学问题. 水利学报, 48(12): 1399-1409.

王开运. 2007. 生态承载力复合模型系统与应用. 北京: 科学出版社.

吴宁. 2004. 川西草地的传统利用——关于游牧的辩驳. 山地学报, 22(6): 641-647.

熊小刚, 韩兴国, 周才平. 2005. 平衡与非平衡生态学下的放牧系统管理. 草业学报, 14(6): 1-6.

徐敏云, 贺金生. 2014. 草地载畜量研究进展: 概念、理论和模型. 草业学报, 23(3): 313-324.

徐敏云. 2014. 草地载畜量研究进展: 中国草畜平衡研究困境与展望. 草业学报, 23(5): 321-329.

闫慧敏, 甄霖, 李凤英, 等. 2012. 生态系统生产力供给服务合理消耗度量方法——以内蒙古草地样带为例. 资源科学, 34(6): 998-1006.

杨月欣. 2005. 中国食物成分表(2004). 北京: 北京大学医学出版社.

游珍, 杨艳昭, 姜鲁光, 等. 2012. 基于DEM 数据的澜沧江—湄公河流域地形起伏度研究. 云南大学学报 (自然科学版), 34(4): 393-400.

于红霞, 徐贵发, 乔新发. 2002. 山东省8个大中城市居民食物消费趋势. 中国公共卫生, (5): 96-97.

张永勇, 夏军, 王中根. 2007. 区域水资源承载力理论与方法探讨. 地理科学进展, (2): 126-132.

赵东升, 郭彩赟, 郑度, 等. 2019. 生态承载力研究进展. 生态学报, 39(2): 399-410.

中国人口分布适宜度研究课题组. 2014. 中国人口分布适宜度报告. 北京: 科学出版社.

中国营养学会. 2016. 中国居民膳食指南(2016). 北京: 人民卫生出版社.

周道玮, 孙海霞, 刘春龙, 等. 2009. 中国北方草地畜牧业的理论基础问题. 草业科学, 26(11): 1-11.

朱一中, 夏军, 谈戈. 2002. 关于水资源承载力理论与方法的研究. 地理科学进展, 21(2): 180-188.

左其亭. 2017. 水资源承载力研究方法总结与再思考. 水利水电科技进展, 37(3): 1-6.

Beck H E, de Roo A, van Dijk A I J M. 2015. Global maps of streamflow characteristics based on observations from several thousand catchments. Journal of Hydrometeorology, 16(4): 1478-1501.

Beck H E, Vergopolan N, Pan M, et al. 2017a. Global-scale evaluation of 22 precipitation datasets using gauge observations and hydrological modeling. Hydrology and Earth System Sciences, 21(12): 6201-6217.

Beck H E, van Dijk A I J M, Levizzani V. et al. 2017b. MSWEP: 3-hourly 0.25° global gridded precipitation (1979-2015) by merging gauge, satellite, and reanalysis data. Hydrology and Earth System Sciences, 21(1): 589-615.

Briske D D, Fuhlendorf S D, Smeins F E. 2003. Vegetation dynamics on rangelands: a critique of the current paradigms. Journal of Applied Ecology, 40(4): 601-614.

Briske D D, Fuhlendorf S D, Smeins F E. 2005. State-and-transition models, thresholds, and rangeland health: A synthesis of ecological concepts and perspectives. Rangeland Ecology & Management, 58(1): 1-10.

Cao Y N, Wu J S, Zhang X Z, et al. 2019. Dynamic forage-livestock balance analysis in alpine grasslands on the Northern Tibetan Plateau. Journal of Environmental Management, 238: 352-359.

Costanza R, Darge R, de Groot R, et al. 1998. The value of the world's ecosystem services and natural capital. Ecological Economics, 25(1): 3-15.

Erb K H, Krausmann F, Lucht W, et al. 2009. Embodied HANPP: Mapping the spatial disconnect between global biomass production and consumption. Ecological Economics, 69 (2): 328-334.

Feng Z M, Yang Y Z, You Z, et al. 2010. A GIS-based study on sustainable human settlements functional division in China. Journal of Resources and Ecology, 1 (4): 331-338.

Feng Z M, Yang Y Z, Zhang D, et al. 2009. Natural environment suitability for human settlements in China based on GIS. Journal of Geographical Sciences, 19 (2): 437-446.

Fernandez G M E, Allen D B. 1999. Testing a non-equilibrium model of rangeland vegetation dynamics in Mongolia. Journal of Applied Ecology, 36 (6): 871-885.

Friedman J H. 2001. Greedy function approximation: a gradient boosting machine. Annals of Statistics, 1189-1232.

Haberl H, Erb K H, Krausmann F, et al. 2007. From the Cover: Quantifying and mapping the human appropriation of net primary production in earth's terrestrial ecosystems. Proceedings of the National Academy of Sciences, 104 (31): 12942-12947.

Hansen M C, DeFries R S, Townshend J R, et al. 2000. Global land cover classification at 1 km spatial resolution using a classification tree approach. International Journal of Remote Sensing, 21 (6-7): 1331-1364.

Hargreaves G L, Hargreaves G H, Riley J P. 1985. Irrigation water requirements for Senegal River basin. Journal of Irrigation and Drainage Engineering, 111 (3): 265-275.

Kothmann M, Teague R, Díaz-Solís H, et al. 2009. Viewpoint: new approaches and protocols for grazing management research. Rangelands, 31 (5): 31-36.

Loarie S R, Duffy P B, Hamilton H, et al. 2009. The velocity of climate change. Nature, 462 (7276): 1052-1055.

Poggio L, Simonetti E, Gimona A. 2018. Enhancing the WorldClim data set for national and regional applications. Science of the Total Environment, 625, 1628-1643.

Sandford S. 1983. Management of pastoral development in the third world. Population & Development Review, (2): 157-158.

Walker B, Abel N. 2002. Resilient Rangelands-Adaptation in Complex Systems. Washington, DC: Island Press.

Westoby M, Noy M I. 1989. Opportunistic management for rangelands not at equilibrium. Journal of Range Management, 42 (4): 266-274.

Wu J S, Zhang X Z, Shen Z X, et al. 2012. Species richness and diversity of alpine grasslands on the Northern Tibetan Plateau: Effects of grazing exclusion and growing season precipitation. Journal of Resources and Ecology, 2: 1-6.

Xiao C W, Feng Z M, Li P, et al. 2018. Evaluating the suitability of different terrains for sustaining human settlements according to the local elevation range in China using the ASTER GDEM. Journal of Mountain Sciences, 15 (12): 2741-2751.

Xiao C W, Li P, Feng Z M. 2018. Re-delineating mountainous regions with three topographic parameters in

Mainland Southeast Asia using ASTER GDEM. Journal of Mountain Science, 15 (8): 1728-1740.

Xiao X, Zhang Q, Braswell B, et al. 2004. Modeling gross primary production of temperate deciduous broadleaf forest using satellite images and climate data. Remote Sensing of Environment, 91 (2): 256-270.

Yi S L, Wu N, Luo P, et al. 2007. Changes in livestock migration patterns in a Tibetan style agro pastoral system: a study in the Three-Parallel-Rivers Region of Yunnan, China. Mountain Research and Development, 27 (2): 138-145.

Zhang H Y, Fan J W, Wang J B, et al. 2018. Spatial and temporal variability of grassland yield and its response to climate change and anthropogenic activities on the Tibetan Plateau from 1988 to 2013. Ecological Indicators, 95: 141-151.

南亚通道资源环境基础与承载能力考察日志 (2018 ～ 2019 年)

南亚通道资源环境基础与承载能力考察日志
（2018 年 8 月 22 日～9 月 12 日）

第一天：北京市飞抵拉萨市，开始高原适应

日　　期： 2018 年 8 月 22 日　　　**天　　气：** 晴（夜间小到中雨）

考察主题： 北京飞抵拉萨，适应高原反应；进一步确定考察线路与日程安排

参加人员： 封志明、余成群、杨艳昭、李鹏、邱琼、何永涛、游珍、孙维、田原等 17 人

时间安排： 北京出发为 14：50，抵达拉萨为 18：45，酒店入住为 21：10，讨论为 22：00～23：50（00：20）

　　2018 年 8 月 22 日（周三）下午，中国科学院地理科学与资源研究所封志明、杨艳昭、李鹏、游珍、肖池伟、董宏伟、贾琨、张超、梁玉斌、李文君、何飞、王玮以及国家统计局国民经济核算司一级调研员邱琼等一行 13 人，于 14：50 分乘坐飞机从北京首都国际机场飞往拉萨贡嘎国际机场。抵达拉萨贡嘎机场时间是 18：45。中国科学院地理科学与资源研究所拉萨高原生态综合试验站（简称拉萨站）的田原博士生与杨军平师傅（司机）在机场接机。其他科考队员统一乘坐机场大巴前往拉萨市区。当晚，入住拉萨市某饭店。

　　由于部分博士/硕士研究生是首次到西藏并参加此次为期 22 天的野外考察活动，封志明老师在抵达后的简餐上，就高原反应常见症状及其注意事项作了相关说明，并将个人经验与队员（特别是首次到藏的研究生）进行了分享与交流。

　　来拉萨之前，封志明研究员会同李鹏副研究员提前设计了中国科学院第二次青藏高原综合科学考察研究 2018 年南亚通道资源环境基础与承载能力考察的初步路线与日程安排（初稿）。杨艳昭、游珍两位老师就此次考察的野外租车（含司机等）、地方部门座谈联络等与拉萨站余成群站长进行了深入沟通。

　　入住当晚 22：00～23：50，其他队员按时休息。封志明、杨艳昭、李鹏、邱琼、游珍和拉萨站余成群、何永涛、孙维、田原等诸位同仁，在饭店六楼休息室就考察路线（初稿）及其每日行程（包括部门/地方座谈、入户问卷调查等事宜）的可行性进行了讨论。此前设计的考察路线总体呈顺时针方向，先"南线"（从拉萨市、日喀则市、吉隆县、普兰县到噶尔县）再"北线"（从噶尔县、改则县、班戈县回拉萨市）。由于正值日喀则与哈尔滨两市联合举办"2018 西藏珠峰文化节"节庆活动（8 月 26 日～9 月 1 日），原考察路线不得不做出重大调整，改为逆时针方向，即先"北线"（从拉萨市、班戈县、改则县到噶尔县），后"南线"（从噶尔县、普兰县、日喀则市回拉萨市）。就考察区域海拔而言，是先高后低。在考察路线选择上，此次考察一反常规路线方向，

海拔激增,适应难度有所加大。在广泛讨论后,李鹏与田原一起又对考察路线、食宿地点、交通路况等细节进行了再讨论,并形成了考察路线初稿。

　　经封志明队长、余成群站长审阅考察路线初稿,并对相关细节进行规范后,最终于次日上午形成此次考察路线最终稿。

第二天：在拉萨适应高原，确定与地方政府座谈函件，拜访相关机构

日　　期：2018 年 8 月 23 日　　天　　气：晴（夜间小到中雨）

考察主题：在拉萨继续高原适应；确定地方座谈函件；与西藏自治区科技厅、统计局等部门相关领导会面

参加人员：封志明、余成群、杨艳昭、李鹏、邱琼、何永涛、游珍等 17 人

时间安排：拜会科技厅为 15：00 ～ 15：45；与统计局座谈为 16：00 ～ 17：30，19：30 ～ 20：30

　　8 月 23 日（周四）早饭时，科考分队一行开始出现了不同症状、不同程度的高原反应，包括头痛、头胀、胸闷、气短、小腿或大腿无力等症状。为减缓并适应高原反应，当日所有科考队员均在酒店及拉萨市区停留休整。

　　当天上午，李鹏副研究员在余成群站长的指导下分别完成了阿里地区科技局、阿里地区普兰县人民政府、日喀则市科技局、日喀则市吉隆县人民政府、日喀则市聂拉木县两地 / 市三县的"关于商请协助安排南亚通道建设考察研究座谈会的函"等相关函件。并由余成群站长通过传真、邮件等形式正式发到阿里地区科技局、日喀则市科技局办公室及其县政府办公室。并确定了各地方部门座谈联系人及其联系方式，分别为：阿里行署秘书长次仁桑布（1388907****）[1]、普兰县人民政府办公室主任裴瑞堂（1363897****）、阿里地区科技局局长米玛（1398997****）、阿里地区科技局科长张凯福（1770897****/1398907****）和日喀则市科技局局长德夹（1390892****）。

　　当日下午至晚上，封志明、余成群、杨艳昭、邱琼、何永涛与游珍六人先期拜会了西藏自治区科技厅厅长赤列旺杰（15：00 ～ 15：45），并就南亚通道关键区科考计划做了汇报和沟通，厅长表示大力支持。后与西藏自治区统计局副局长郝胜龙（16：00 ～ 17：30）举行了座谈，副局长表示支持科考分队工作，并就基层调研和数据准备做出了具体安排，拉萨市统计局相关职能部门领导参加了座谈会。晚上，封志明等人又与普兰、吉隆、聂拉木、定日和亚东等五个边境县统计局（19：30 ～ 20：30）相关领导就此次南亚通道考察与数据准备进行了交流和座谈（附图 1），为实地调研与基层座谈做好了前期准备。

（一）与西藏自治区统计局举行座谈会

　　座谈会由国家统计局一级调研员邱琼主持，会上封志明队长首先介绍了科考分队正在执行的南亚通道科考任务的基本情况（附图 1），以及本次科考的调研线路安排，希望统计局能在数据收集方面提供帮助。对此，自治区统计局郝胜龙副局长迅速安排了统计部门的对接和协调工作。

---

① 本日志中，凡涉及地方部门对接联络与参与座谈人员的联系方式，均对手机号码作此处理（下同）。

接下来,科考分队与西藏自治区统计局围绕自然资源资产负债表编制的国家顶层设计、科学研究和西藏地方应用三个方面,开展了探讨,并就负债表编制的问题与难度进行了讨论,同时提出了进一步努力的方向。此外,国家统计局一级调研员邱琼向西藏自治区统计局和拉萨市统计局的工作人员调研了藏区统计工作存在的人力不足等实际困难。

最后,封志明队长代表科考分队向国家和自治区各级统计部门的支持表示感谢。

(二)与口岸各县统计局同志座谈

根据西藏自治区统计局相关领导日程安排,封志明、余成群、杨艳昭、邱琼、何永涛与游珍六人又于当日晚 19:30～20:30 在西藏自治区统计局五楼会议室与自治区综合处副处长康美华及各口岸县统计局相关负责领导(包括多吉仁次、苏鑫、胡亚峰、陆萍、旦增尼玛等人)就此次考察地方调研事宜(附图2)、数据收集清单进行了沟通协调。相关会议纪要由张超整理,座谈纪要附后。

附图1 封志明等与西藏自治区统计局　　　　附图2 封志明等与口岸各县统计局
　　　相关同志座谈　　　　　　　　　　　　　相关同志座谈

与口岸各县统计局座谈会纪要

会议时间: 2018 年 8 月 23 日 19:30～20:30

会议地点: 西藏自治区统计局五楼会议室

参会人员: 西藏自治区统计局综合处、定结县统计局、普兰县统计局、吉隆县统计局、亚东县统计局、聂拉木县统计局等相关人员,科考分队封志明、杨艳昭、游珍、邱琼、何永涛、张超

会议议题: 与自治区、县统计局沟通地方调研、数据收集等事宜

整理人: 张超

会议各项记录如下。

一、封志明研究员介绍本次调研和座谈会背景

研究团队承担课题：

第二次青藏高原综合科学考察研究专题：南亚通道资源环境基础与承载能力考察研究。

需要各地方统计局协助提供相关的统计资料，希望在座各位能够提供帮助。

二、国家统计局一级调研员邱琼发言

一级调研员邱琼就课题组资料收集资料的大致情况向与会者做了简要说明，并提出希望地方统计局给予支持！

三、杨艳昭研究员发言

杨艳昭研究员就课题组所需的具体数据资料做说明，主要包括：

1）各县统计资料（历史资料、2000 年、2005 年、2010 ～ 2017 年）；

2）各县环境保护、生态建设、耕地面积等方面资料；

3）各县市农牧户调查资料；

4）边境口岸贸易、人口流动资料；

5）其他方面资料。

四、地方统计局人员发言

各地方统计局均表示对第二次青藏高原综合科学考察工作给予支持，普兰县统计局就该县历史资料留存情况作了说明，亚东县统计局就亚东口岸开放情况及贸易数据统计作了说明，定结县统计局指出涉及环境、生态的具体数据在新成立的环保局，聂拉木县统计局就樟木口岸通行情况作了介绍，吉隆县环境保护局（现生态环境局）就吉隆口岸通关和贸易情况作了介绍。

此外，封志明还就西藏人口数据、调研日程安排、调研对接函等事宜与各县区作了探讨和商定。游珍留存了地方统计局联系人的联络方式，为后续调研对接奠定基础。

第三天：在拉萨市区继续适应高原，收集资料，与相关机构座谈

日　　期：2018 年 8 月 24 日　　天　　气：晴（夜间小到中雨）
考察主题：继续适应高原；与西藏自治区人民政府发展研究中心综合处座谈
参加人员：封志明、杨艳昭、李鹏、邱琼、何永涛、游珍等
时间安排：与西藏自治区人民政府发展研究中心综合处座谈为 19：30 ～ 21：00

　　当日中午，在余成群站长的联络下，此前发给阿里地区科技局的座谈函件因对方时间冲突等原因而未能协定具体座谈日期。之后，李鹏重新修改了发往阿里地区行政公署办公室的座谈与入户开展"资源环境承载力问卷调查"的函件。最后，双方确定了在阿里地区行政公署进行座谈的时间、地点及相关议题等事项。

　　当日晚上，在西藏自治区人民政府发展研究中心综合处办公室，封志明、杨艳昭、邱琼、何永涛与游珍五人与西藏自治区人民政府发展研究中心综合处处长李大庆就"南亚通道建设到底是做什么？""其资源环境承载力（RECC）有多强？"两个主题多个内容进行了座谈。座谈期间，封志明先就南亚通道的缘起、中央对西藏发展的定位，以及第二次青藏高原综合科学考察有关南亚通道部分进行了汇报。之后，发展研究中心综合处相关人员就西藏自治区对南亚通道建设的诉求、南亚通道建设与西藏地区发展的关系等与科考分队成员进行了广泛讨论。最后，双方还就南亚通道建设可能存在的困难进行了讨论。

　　相关会议内容由杨艳昭研究员整理，座谈纪要附后。

　　其他队员，继续在拉萨市区适应高原反应。并就数据收集与生态环境、水利等相关部门联系，同时为野外考察做前期准备工作。

封志明率科考队员与西藏自治区人民政府发展研究中心综合处处长进行座谈

会议时间：2018 年 8 月 24 日 19：30 ～ 21：00
参会人员：西藏自治区人民政府发展研究中心综合处相关人员，中国科学院地理
　　　　　科学与资源研究所封志明、杨艳昭、游珍等
会议主题：①南亚通道建设到底是做什么？② RECC 有多强？
整 理 人：杨艳昭

　　会议各项记录如下。
一、南亚通道由来
　　"南亚通道"提法早于"西部大开发战略"，中央第六次西藏工作座谈会

上提出："要把西藏打造成为我国面向南亚开放的重要通道。"

二、双方诉求

1）希望双方能够积极参与到第二次青藏高原综合科学考察具体工作中，培养一批踏实的、能吃苦耐劳的科学考察人才；

2）借助科学考察，进一步摸清发展优势和劣势，为西藏自治区发展特有产业奠定一定的基础。

三、南亚通道建设与西藏地区发展关系

西藏是祖国安全稳定的前哨，与尼泊尔、印度具有历史联系，南亚通道在"一带一路"倡议背景下地位更加凸显，主要体现在以下三个方面。

一是守边。建设"南亚通道"成为巩固边防的重要抓手，对于稳定边疆具有重要意义。

二是发展。建设南亚通道是西藏参与"一带一路"倡议的路径选择，对于推动西藏自治区完善高原交通网络，发展边境贸易、边境旅游、物流产业等产业发展具有重要意义。

三是生态屏障建设。南亚通道建设的资源环境承载力评估有助于把握区域人居环境基础"底线"、摸清资源环境承载"上线"，对建设国家重要生态屏障具有重要现实意义。

四、南亚通道建设面临的困难

1）受机理、空间制约明显，一定时期内南亚通道建设上升到国家决策层面较为困难。一方面，印度对"一带一路"倡议的态度比较复杂、一直处于发展变化中，对"南亚通道"建设敏感；另一方面，西藏远离国内经济发达地区，交通运输距离长、成本高，西藏发展受区位因素制约明显。

2）受地质条件等自然地理环境限制，交通基础设施建设投入大，资金回收周期较长，给南亚通道建设增加了困难。

此外，封志明研究员就口岸贸易、调研事宜向与会人员进行了咨询，并讨论了西藏自治区地缘政治、地缘经济、发展旅游等方面的问题。

第四天：拉萨市区→当雄县→那根拉山口→途经纳木错→巴木错→班戈县

日　　期： 2018年8月25日　　**天　　气：** 阴/晴

考察主题： 耕地（青稞种植）高度线、藏北植被（沿线沼泽化草甸湿地、嵩草草甸）、
　　　　　建设用地（居民点）、当雄站、无人机测试、纳木错

考察人员： 封志明、杨艳昭、李鹏、邱琼、何永涛、秦基伟、普布贵吉、游珍、肖池伟、
　　　　　董宏伟、贾琨、张超、梁玉斌、李文君、何飞、王玮及司机师傅（6人）

时间安排： 出发为08：00，抵达为22：30

行驶里程： 367.38km

　　野外考察、实地调查与机构座谈正式开始。早7：30大堂集合，与6位司机会面，并明确领队事宜。8：00正式出发。

　　耕地高度线（青稞种植）：从拉萨出发沿青藏公路①和109国道②对沿线青稞种植以及耕地分布海拔上限进行考察。西藏耕地面积直接关系到南亚通道资源环境承载力尤其是土地资源承载力的评价。通过手持GPS观测发现，海拔在4200m以上基本没有发现青稞种植，更别提成片了。对于这个海拔界线在西藏是否具有一般性？从大北线再到南线甚至到吉隆沟、樟木沟等西南季风可以深入的地方，估计这个界线会有明显差异。接下来还有待于在"北线"—"南线"考察中，不断修正。鉴于此，可考虑对西藏青稞种植面积进行遥感监测。例如，基于堆龙德庆区青稞种植基地（附图3、附图4），能否用Landsat进行监测识别（从云量数据看，是支持的），但物候特征有待

附图3　堆龙德庆区青稞种植基地现场

---

① 青藏公路，起点在青海省西宁市，终点在拉萨市，全长1937km，为国家二级公路干线。于1950年动工、1954年通车。是世界上海拔最高、线路最长的柏油公路，也是目前通往西藏里程较短、路况最好且最安全的公路。沿途景观包括草原、盐湖、戈壁、高山、荒漠等。一年四季可通车，是5条进藏路线最繁忙的公路。

② 109国道，即京拉公路，起点在北京西四环定慧桥，终点为西藏拉萨，全长3922km。2005年9月开工，2009年12月全线通车，经过北京、河北、山西、内蒙古、宁夏、甘肃、青海和西藏8个省（自治区、直辖市）。

附图 4　堆龙德庆区青稞种植基地现场

进一步分析。

堆龙德庆区净土健康产业园区：立足青藏高原水、土壤、空气、人文环境"四不污染"的独特地域优势，结合拉萨市净土健康产业发展规划而发展的国家级现代农业示范区。

建设用地（居民点海拔、交通建设）方面：科考分队沿青藏公路和 206 省道，采集了城镇及农村居民点及定居点相关信息（附图 5）。此举主要是服务于西藏乃至青藏高原居民点海拔上限分析，开展西藏、青藏的"无人区"范围研究。沿线初步调研发现，牧区藏民住宅一般在 4700m 以下。对于这个海拔界线在西藏是否具有一般性，接下来还有待于在"北线"—"南线"考察中，不断修正。同时，还注意到在青藏公路（部分路段正在进行改扩建）与青藏铁路周边还有正在建设的拉萨－那曲高速公路（属 G6 京藏高速公路的一段）。在 2016 年 8 月的考察中，尚未见到拉萨－那曲高速公路建设。可以推断，不久的将来从拉萨往北将形成"普通公路－高速公路－普通铁路"的综合交通体系，将进一步助力于拉萨乃至整个西藏的经济发展。

附图 5　城镇及农村居民点

当雄县自然地理："当雄"藏语意为"挑选的草场"，其为拉萨市纯牧业县，位于西藏中部，藏南与藏北的交界地带，面积为 10036km^2。当雄县属高原大陆性气候，冬季寒冷、干燥,昼夜温差大;夏季温暖湿润,雨热同期,干湿季分明,天气变化大;年日照时数约 2880h,年降水量 481mm;8 级以上大风年均可达 74 天,最多可达 128 天,主要自然灾害为雪灾,其次为风灾、旱灾、虫灾、鼠灾等。

拉萨站当雄实验基地:科考分队在前往班戈县的途中,中途去中国科学院地理科学与资源所拉萨生态试验站当雄实验基地进行了调研(附图 6、附图 7)。该基地是中国科学院地理科学与资源所拉萨生态试验站在当雄县设立的一个半定位研究基地,主要开展全球气候变化对高原草地生态系统影响的长期定位观测和研究。科考分队一行人员主要了解了该基地的长期观测设施、试验布设等,并与正在该基地开展野外调查工作的付刚副研究员等人进行了交流。付刚副研究员等人在藏北一线艰苦、执着的科研精神,对大家尤其是参加考察的博士研究生、硕士研究生产生了触动。在高原地区对第一手科研资料的获取既要付出艰辛的劳动,还要克服身体上的不适,数据来之不易。

附图 6 中国科学院地理科学与资源所拉萨生态试验站当雄实验基地现场

附图 7 实地调研中国科学院地理科学与资源所拉萨生态试验站当雄实验基地

无人机测试:鉴于北线尽管土地利用与自然景观单调,但也存在许多国家级保护动物,此次考察科考分队还携带了一款简易版的"大疆"无人机。科考分队抵达纳木错时,进行了试飞测试;之后,还在沿线其他区域进行了三次试飞。在测试过程中发

第二次青藏高原综合科学考察研究丛书
中尼廊道及其周边地区 资源环境基础与承载能力考察研究

现了一些野生动物，如黑颈鹤（附图8）、藏狐（附图9）、高原鼠兔（附图10）等。

附图 8　科考分队偶遇一群黑颈鹤

附图 9　科考分队用高倍相机"捕捉"到一只藏狐

附图 10　科考分队用高倍相机观察到的高原鼠兔

244

那根拉山口：位于念青唐古拉山脉，其（纳木错）观景台处海拔达 5190m，可短暂休息。但观景台总体上位于山口或者风口处，科考分队在 2016 年和 2018 年途经此地时，每次都是狂风大作。因为风大，这里号称为"生命禁区"。该山口位于西藏自治区拉萨市当雄县境内，是通往纳木错的必经之地，也是藏民心中的神圣之地。从观景角度看，这里也是近距离接触纳木错之前远处眺望的绝佳之处。若是天气晴好，便可眺望到不远处的纳木错，恰似一颗"明珠"镶嵌在大高原之上。2016 年科考分队曾有幸领略。而这一次，纳木错上空乌云笼罩，观景效果差了很多。

纳木错："错"在藏语中指湖泊的意思，如纳木错、色林错等。纳木错位于西藏自治区中部，是西藏第二大湖泊，也是中国第三大的咸水湖。纳木错湖面海拔 4718m，形状近似长方形，东西长 70 余千米，南北宽 30 余千米，面积约 1920km^2。纳木错是西藏的"三大圣湖"之一，也是著名的佛教圣地之一。

纳木错国家公园：拉萨市首座国家公园，是西藏继雅鲁藏布大峡谷国家公园后的第二个国家公园。其位于拉萨市当雄县与那曲市班戈县之间，面积为 1.06 万 km^2，包括念青唐古拉山主峰、湖泊鸟岛、岩画石刻、羊八井等。

班戈县：隶属于西藏自治区那曲市，因境内的湖泊班戈错而得名，地处藏北西部，位于藏北高原的纳木错、色林错两大湖之间，属高原亚寒带半干旱季风气候区。班戈县气候寒冷，空气稀薄，四季不分明，冬长夏短，多风雪天气，年温差相对大于日温差。班戈县境内由于群山隔断，印度洋潮湿空气难以进入，属高原亚寒带季风半干旱气候区，空气稀薄，寒冷干燥，天气变幻无常，昼夜温差大。

巴木错：又为布喀池，意思是"勇士湖"。巴木错位于班戈县城以东，与纳木错是姐妹湖，同为咸水湖。海拔约 4555m，面积约 180km^2，湖区年均降水量为 300～400mm，年均气温为 0～2℃。湖水主要靠地表径流补给，湖畔是天然牧场。

藏北嵩草沼泽化湿地、嵩草草甸：当雄县号称"藏北明珠"，考察沿线河岸湿地、嵩草草甸分布广泛（附图 11～附图 13），是藏北畜牧业发展条件最好的地区之一。嵩草广泛分布于青藏高原水分条件较好的湿润地区，适口性好、蛋白质含量高，是优质的天然牧草，也是牦牛的主要食物来源。

科考分队在巴木错短暂停留后，再上路已近傍晚 7 点了。美景过后是两个小时在夜色中漫长的颠簸，路况可谓再糟糕不过了（附图 14）。由于近期雨水不断，路面受损特别严重，坑坑洼洼加雨天积水，夜色又逐渐降临，这无疑是雪上加霜。当晚，领队封志明研究员在班戈县和大家用晚餐时，表示在这段路行驶的过程中，既钦佩司机领队陈师傅（50 岁出头）对路况的把握，也对师傅们在这样的路况中表现出的平和心态表示赞许。

游珍在翻过那根拉山口，途经巴木错时，表现出严重的高原反应，但仍坚持于晚上到班戈县人民医院入院检查治疗。详细过程由张超记录，处理过程简记附后。第一天考察，就一个队员因高反严重并住院而不能继续后续考察行程，这着实让科考分队有点不安。

当晚 22:30，入住班戈县纳木错宾馆。

附图 11　沼泽化草甸湿地

附图 12　藏北嵩草草甸

附图 13　藏北嵩草草甸与牦牛景观

附图 14　巴木错往班戈县方向的路况

游珍野外科考高原反应过程及处理

时　　间：2018 年 8 月 25 日　　地　　点：拉萨市区至班戈县途中

2018 年 8 月 25 日 14：30 左右，考察队车队翻越那根拉山口（海拔 5190m）后，游珍老师突感恶心，有呕吐感，晕车症状明显，同车队成员随即取出备用晕车药品，并打开车上氧气罐供其使用，同时将情况报告给科考分队队长封志明研究员。封志明队长当即仔细询问了游珍情况，游珍考虑到科考行程的既定安排，坚持认为自己身体状况可以跟随车队继续前行。15：30 左右，游珍发生呕吐，呕吐过后，游珍服用备用高原反应药品并吃了些水果，情况稍显好转。因担心会影响科考行程，游珍要求不向封志明队长汇报，认为可坚持到目的地。17：30 左右，由于路况颠簸，游珍发生第二次呕吐，小组成员在对游珍做了保暖措施后，车队继续前行。同时联系了班戈县人民医院，提前做好了到达目的地后入院检查治疗工作。由于路况极坏和下雨，48km 路程耗时 2 个多小时，原计划于 20：00到达目的地的行程延滞到 22：30。

医生检查后，判定游珍属于高原反应，血压的收缩压 / 舒张压为 186mmHg/124mmHg，体温 37.3℃，有发生肺水肿的可能，但班戈县人民医院医疗条件有限，建议留院观察后立即将其送往那曲市人民医院进一步诊治。

一、事件应急处理

1）封志明队长与值班医生详细询问游珍病情，并听从医生建议先行留院观察；

2）安排杨艳昭研究员对游珍进行陪护；

3）在得知医院无法提供救护车协助可能发生的后续转院治疗后，立即联系拉萨站余成群站长，与其交换意见，并请求协助联系救护车；

4）次日凌晨 6 时，在经输氧和输液后，游珍病情好转，经医生判定，具备使用非救护车转院治疗条件，封志明队长当即要求由杨艳昭研究员和西藏自治区农牧科学院秦基伟共同陪护，使用科考车辆将游珍经那曲市转送至拉萨市进行治疗。

二、事后经验教训

游珍出发前参与了三场座谈会，且出发前一日仍忙于参与协调调研相关事宜，疏于休息是导致此次突发事件的主要原因。科考分队队长封志明基于先前经验，准备了充足的药品和氧气，并考虑到应对突发状况使用的车辆（每车 4 人，留有余地）以及邀请熟悉藏区情况的当地科研人员参与科考，及时有效地处理了这一突发事件。事件处理后，封志明再次向大家强调了科考途中的注意事项，要求大家坚持身体第一的原则，鼓励大家在身体力行的前提下，高标准、严要求完成此次科考任务。

第五天：班戈县→班戈错→申扎县→色林错→尼玛→双湖→改则县

日　　期： 2018 年 8 月 26 日　　　**天　　气：** 晴（时有阵雨）
考察主题： 耕地上限、藏北植被类型、无人机测试、野生动物监测、居民点、色林错
考察人员： 封志明、李鹏、邱琼、普布贵吉、何永涛、肖池伟、董宏伟、贾琨、张超、
梁玉斌、李文君、何飞、王玮及司机师傅（5 人）
时间安排： 出发时间为 08：00，抵达时间为 21：30
行驶里程： 691.0km

　　耕地分布考察： 当天从班戈县至改则县沿线海拔均在 4500m 以上，再未发现用于种植（如青稞或其他作物）的耕地。今日考察再次验证了昨天从拉萨市到班戈县对耕地分布海拔的推断，即青稞的种植上限（4200m），我们可初步认为青藏高原的耕地上限为 4200～4500m，需要根据后面的考察和相关研究成果，进一步将上限范围缩小。

　　藏北植被类型（高寒草原、高寒草甸）： 由于平均海拔在 4500m 以上，沿 206 省道（317 国道[①]），发现两侧牧草较多，但较为稀疏。刚开始我们以为是由过度放牧造成的，后来向同行拉萨站何永涛博士请教了解到，主要还是因为随着深入高原北部腹地，降水量逐渐减少，从班戈县到尼玛县年平均降水量为 400～200mm，植被类型从高寒草甸转变为以高寒草原为主，草地覆盖度低，冬季刮大风的话，容易产生风蚀，且鼠害相当严重，易造成草地退化。因此，如何治理恢复退化的草地，国家相关生态保护工程的效益如何，都是值得深入开展研究的科学问题。何永涛博士表示拉萨站的同事正在做相关的项目研究，目前已经从那曲市到阿里地区建立了藏北草地样带，开展了相关观测和研究工作。此外，沿途发现的牦牛数量明显少于当雄县，草地承载能力的下降应该是主要原因。除了生长有价值的饲用植物外，往往还混生一些家畜不食或不喜食的植物，有时甚至滋生对家畜有害或有毒的一些植物。这些饲用价值低，妨碍优良牧草生长、直接或间接伤害家畜的植物，统称为草地杂草（附图 15、附图 16）。杂草与草地生态环境变化和过度利用等有关。目前，由于草地退化，有害和有毒植物的分布面积在逐步扩大。

　　居民点海拔： 沿 206 省道（317 国道），居民点较少，利用 GPS 采集了居民点信息（附图 17），发现大部分居民点（房屋外表装饰为藏式，但结构大部分为汉式）海拔在 4800m 以下，海拔以上有零星的游牧牧民帐篷和牛（羊）圈。

　　无人机测试、野生动物监测： 沿 206 省道（317 国道），特别是在尼玛县境内，利用无人机对野生动物进行了监测，如黄羊（附图 18）、藏羚羊（附图 19）、藏野驴（附图 20、附图 21）等。特别地，今天（8 月 26 日）发现的野生动物要比昨天

[①] 317 国道，也称为川藏公路北线，318 国道支线，起点为四川成都，到西藏那曲市，约 2030km。1951 年 5 月，中国人民解放军第 18 军第 53 师等部队开始在达玛拉山修筑公路，终点阿里地区噶尔县，是西藏公路主骨架网"三纵两横六通道"中北横线的组成部分。

附图 15　高寒草原上的毒杂草——狼毒

附图 16　高寒草原及其主要物种——紫花针茅

附图 17　湿地与居民点景观

（8 月 25 日）多得多。此外，利用高倍相机发现了藏羚羊。由于距离公路太远，对于非专业人才而言，肉眼很难识别出来。一方面，这可能与今天的调研范围居民点较少，人与野生动物存在各自的生存空间有关；另一方面，表明沿途主要是草原，生态环境较好，适合野生动物生存。

　　申扎县：藏语意即"洁白、透明，无瑕的精盐"，是那曲市的一个纯牧业县，以

附图 18 科考分队用高倍相机观察到的黄羊

附图 19 科考分队用高倍相机观察到的藏羚羊

附图 20 科考分队在当天首次偶遇藏野驴

饲养牦牛、绵羊、山羊为主。申扎县地处藏北高原腹地南部、冈底斯山和藏北第二大湖色林措之间,属高原亚寒带半干旱季风气候区,空气稀薄,气候寒冷干燥。

色林错:藏语意为"威光映复的魔鬼湖",曾名奇林湖、色林东错。面积约1866km²,是申扎县与班戈县的界湖,也是西藏第一大湖泊及中国第二大咸水湖。它是青藏高原形成过程中产生一个构造湖,为大型深水湖。

附图 21　科考分队头车在公路上偶遇藏野驴

尼玛县：藏语语意为"太阳"，是西藏自治区那曲市下辖县，位于西藏自治区北部、那曲市西北部。平均海拔 5000m 以上。属高原亚寒带半干旱季风性气候和高原寒带干旱气候。空气稀薄、降水量少、日照充足、气温低、多风雪。

双湖县：位于藏北高原西北部，是国家级羌塘保护区的核心区。地处羌塘高原湖盆地带。境内山势平缓，草原开阔。属高原亚寒带干旱气候，气候寒冷，多风雪天气，年温差相对大于日温差，没有绝对无霜期。

改则县：位于西藏阿里地区东部，藏北高原腹地。地处南羌塘高湖盆区，均为高山河谷地带，无平原。是阿里地区面积最大的一个纯牧业县（附图 22），约占阿里地区总面积的 1/3。属高原亚寒干旱高原季风型气候。干旱，多大风，昼夜温差大，日照时间长。以隆仁为界，南北气候差异较大。301 省道和 216 国道（中心是新藏公路二线）通过该县。

其他考察到内容还包括黑颈鹤、赤麻鸭、长嘴鹬等。

由于今天里程较远，行程较紧，午餐在草原上简单应对了之（附图 23）。天黑之前（附图 24），科考分队还在赶路。当晚 21：30，入住改则县某酒店。在夜色中找酒店，花了很长时间。第二天出发才发现县城在修路，绕了个大圈，"白天才知道夜的黑"。

附图 22　改则县境内的成群牧羊

附图 23　科考队员的草原午餐

附图 24　夜幕降临前高原湿地景观

第六天：改则县→革吉县→噶尔县

日　　期：2018 年 8 月 27 日　　天　　气：晴
考察主题：居民点、耕地（青稞）、无人机拍摄羊群、高山灌丛（锦鸡儿）、高原湿地
考察人员：封志明、邱琼、普布贵吉、何永涛、李鹏、肖池伟、董宏伟、贾琨、张超、
　　　　　梁玉斌、李文君、何飞、王玮及司机师傅（5 人）
时间安排：出发时间为 09：00，抵达时间为 19：30
行驶里程：491.67km

　　居民点：沿 317 国道，居民点仍然较少（附图 25），利用手持 GPS，发现居民点海拔大都在 4600m 左右，海拔以上有零星的游牧牧民帐篷和牛（羊）圈。

附图 25　藏北高原居民点定位拍摄

　　耕地：当天海拔均在 4500m 左右，在革吉县城周边发现了少量耕地，种植油菜（附图 26）和园艺林木。另外，在噶尔县狮泉河镇加木村（靠近噶尔县城），远处发现了一些收割后的青稞茬。

附图 26　在藏北高原发现一块耕地（种植油菜，海拔 4500m）

无人机拍摄羊群：利用无人机对羊群进行跟踪拍摄测试（附图27和附图28）。

附图27　藏北高原羊群地面拍摄

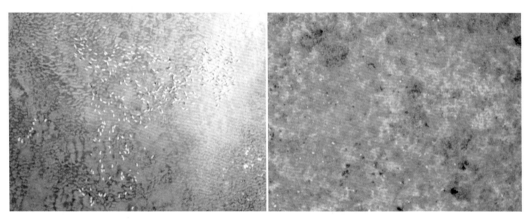

附图28　藏北高原羊群无人机测试拍摄

高山灌丛（锦鸡儿）：沿317国道，不时在道路两侧看到一簇簇的灌丛，从车上目测有的高度达50cm左右。后来向同行何永涛老师了解到，这些高山灌丛叫锦鸡儿，多分布在青藏高原相对较为温暖的高山山洼（附图29）。

高原湿地：从革吉县到噶尔县，沿线发现了大量高原沼泽化草甸湿地（属狮泉河流域，附图30），并发现了较多的野鸟，说明狮泉河流域生态环境整体良好。

革吉县：为阿里辖区，地处西藏西部，狮泉河的源头，面积47225km²。革吉县境在羌塘高原大湖盆区，为纯牧业县。革吉县平均海拔在4800m以上，有"世界屋脊的屋脊"。革吉县属高原亚寒干旱气候区，日照充足，无霜期短，风大寒冷。

噶尔县：位于西藏最西部、沿狮泉河和噶尔藏布流域，是西藏18个边境县之一。噶尔县面积17197 km²，四周环山，中部低平，海拔4350m左右，最高海拔为6554m。噶尔县境内的主要公路有三条，即叶狮公路、阿日公路和黑阿公路，属高原亚寒带干旱气候区。干燥寒冷，太阳辐射强，日照时数长。

当天19：30较早到达狮泉河，入住噶尔县某宾馆。

附图 29　藏北高原高山灌丛 (锦鸡儿) 景观

附图 30　藏北高原沼泽化草甸湿地 (狮泉河流域)

第七天：噶尔县→阿里地区行政公署（上午座谈）→札达县

日　　期： 2018年8月28日　　**天　　气：** 晴
考察主题： 阿里地区行政公署座谈/入户调查；居民点、耕地、荒漠等
考察人员： 封志明、李鹏、邱琼、普布贵吉、何永涛、肖池伟、董宏伟、贾琨、张超、
梁玉斌、李文君、何飞、王玮及司机师傅（5人）
时间安排： 上午工作为10：30～12：30；下午出发为15：00，抵达为20：30
行驶里程： 296.04km；

上午机构座谈/入户调查。

当天上午10：30，科考队员分为两组分别开展机构座谈与入户问卷调查。座谈人员由封志明、李鹏、邱琼、何永涛、普布贵吉、肖池伟、张超组成。由封志明带队参加了由阿里地区行政公署组织的关于南亚通道建设考察的座谈会（附图31～附图34）。会议纪要原文附后。

其余6人，分3个小分队，即土地承载力（贾琨和梁玉斌）、水资源承载力（何飞和李文君）、生态承载力（董宏伟和王玮），分别由阿里地区行政公署派藏族干部专人陪同下乡入村，首次开展入户/村问卷调查，并完成8份问卷。3个小分队调查日志，原文附后。在人员搭配与分工上，土地承载力小分队由梁玉斌负责问卷调查、贾琨负责记录与日志整理；生态承载力小分队由王玮负责问卷调查、董宏伟负责记录与日志整理；水资源承载力小分队由李文君负责问卷调查、何飞负责记录与日志整理。

此次入户调查也暴露了处理方式不足问题。由于缺乏经验，其中一组远至昆莎机场，才找到调研对象，完成问卷调研返回狮泉河已是下午2点多，直接影响了下午行程。

附图31　科考分队与阿里地区行政公署进行座谈

附图 32　阿里地区行政公署
副专员巴桑罗布讲话

附图 33　科考分队封志明队长与阿里地区
行政公署巴桑罗布副专员合影

附图 34　考察队与阿里地区统计局工作人员合影

中国科学院南亚通道考察队赴阿里地区调研工作座谈会纪要

会议时间： 2018 年 8 月 28 日 10：30 ～ 12：30（星期二）

会议地点： 行署会议中心二楼圆桌会议室

主　持　人： 阿里地区副专员巴桑罗布

参会人员： 阿里地区行政公署办公室、普兰口岸管理委员会、生态环境局、经济和信息局、农业农村局、水利局、商务局等相关人员，科考分队封志明、邱琼、何永涛、李鹏、普布贵吉、肖池伟、张超

整 理 人：李鹏

会议各项记录如下。

一、封志明简单介绍队员组成，以及另外两名考察队员（杨艳昭、游珍）未参加此次座谈的原因。

二、阿里地区巴桑罗布副专员致欢迎辞、介绍考察队员，介绍阿里地区参加座谈的人员与机构。

三、发展和改革委员会人员首先介绍阿里基本情况，包括地理（山脉、河流等）、人口（民族构成等）、经济（财政收入等）等。其次，从"加强口岸基础设施及配套设施建设""强化交通基础地位，加快交通体系建设"等方面表达了阿里地区对南亚建设的诉求。

四、封志明简要介绍了地理资源所的基本情况，以及南亚通道的基本情况。

五、封志明利用 PPT 进行"南亚通道关键区科考计划"汇报，内容包括科考背景、科考目标、科考任务、预期成果、科考方案以及进展情况等。

六、行政公署办公室及相关局委领导分别进行了汇报。

1）生态环境局：主要情况已提供材料。

2）农业农村局：主要情况已提供材料。

3）经济和信息局：规模以上工业企业（两家，供暖与电网），普兰天然饮用水。

4）水利局：主要情况已提供材料。农业用水占大头，其余依次是工业用水与生活用水。

5）生态环境局：本地区污染少，环境承载力及林地、草地等监测数据今年刚开始启动。

6）普兰口岸管理委员会：口岸位于三国交界，普兰口岸与樟木口岸、吉隆口岸是沿边国家级公路口岸（相关介绍材料见"资料汇编"）。

7）商务局：阿里地区贸易进出口，内贸与外贸在逐年增加。受国际大环境影响，边贸互市点投资建设是季节性开放。

七、封志明建议请各部门再提供 1 ～ 2 页存在相关问题与发展措施，包括农牧民的草畜平衡与人粮平衡问题、阿里地区野牦牛栖息地遥感监测（经常出没区域可考虑遥感监测）。

八、阿里地区行署副专员巴桑罗布总结。

九、封志明最后再次感谢阿里地区各部门领导参加此次座谈，并祝愿阿里地区与西藏发展越来越好。

土地承载力小分队第 1 次入户问卷调查日志

阿里地区日土县格巴甲乌村入户调查日志

调查时间： 2018 年 8 月 28 日

调查地点： 阿里地区日土县格巴甲乌村

位置信息： 79.67°E，32.90°N，海拔为 4410.62 m

调查对象： 格巴甲乌村农牧民

调查人／整理人： 贾琨、梁玉斌

调查过程：

2018 年 8 月 28 日 10：30，调研小组在阿里地区水利局设计所工程师曲旺的带领下，从噶尔县出发，沿叶孜线对沿线的农牧户进行入户问卷调查。因为牧民季节迁移，所以沿路走访了多家牧户都没有人。之后，调研小组在曲旺的建议下，沿线找到最近的村庄，对村庄的农牧民进行了调查。由于时间原因，小组仅对两户农牧户进行了问卷访谈（附图 35）。

附图 35　调查人员与阿里地区日土县格巴甲乌村受访对象进行问卷访谈

调研初步认识：

1）青稞是格巴甲乌村的主要种植作物，灌溉形式主要是大水漫灌的形式，主要养殖的牲畜为羊，饲料来源主要为天然草场。

2）格巴甲乌村土地类型主要为草地，耕地面积较少。

3）格巴甲乌村水资源量较为充沛，农业用水获取较易，农民生活用水主要来源为井水，生活取水较易。

4）生活消耗中粮食主要为糌粑，来源主要是自产；蔬菜和水果主要来源为购买，肉类与奶制品主要来源为自产。

水资源承载力小分队第 1 次入户问卷调查日志

阿里地区噶尔县昆莎乡噶尔新村入户调查日志

调查时间： 2018 年 8 月 28 日星期二

调查地点： 阿里地区噶尔县昆莎乡噶尔新村

位置信息： 80.086127°E，32.079532°N，海拔为 4294m

调查对象： 噶尔新村农牧民

调查人 / 整理人： 何飞、李文君

调查过程：

　　10：50 左右，何飞和李文君从噶尔县城出发，去的是昆莎机场方向，机场方向村庄较少。由于去的时候时间恰巧在中午，经过两个较大村庄，村庄里均没有人。我们认为很可能农牧民出去放牧了，中午不回家，不过，很快我们路途偶遇一名藏族群众。据他介绍，这附近好几个村庄都移居到了一个更大的村落，后来了解到这个更大的村落叫噶尔新村。据介绍，该处村落是由其他多个村落聚集形成的，很大一方面原因是此处水资源较丰富，另外还跟国家的补贴政策有关（附图 36）。

　　噶尔新村简介：位于西藏阿里地区噶尔县中北部，西邻索麦村，南邻那木如村，属高原亚寒带干旱气候区，干燥寒冷，太阳辐射强，日照时数长。2013 年，噶尔新村共有农牧民 212 户共 584 人。2018 年 6 月，噶尔新村合作社有奶牛 333 头、公牛 10 头，业务范围扩展到奶牛养殖、奶制品销售、商店、茶馆、牧家乐、装载机租赁、建设项目承包、加油站、砖厂等十余个项目。

附图 36　调查人员与阿里地区噶尔县昆莎乡噶尔新村受访对象进行问卷访谈

调研初步认识：

　　1）该村落较大，主要种植青稞，面粉、大米均需要购买，牛羊出售不多，主要自食。

2) 由于政策的限制，每家养牛羊的数量得到限制，政府推动牧民减畜来保护生态。第一户情况是分家，人口变少导致畜牧变少，第二户情况是政策的限制导致牲畜量变少。

3) 就水资源来说，水资源较丰富，生活用水主要使用地下水，整个村子打了六口水井，统一集体使用。农业灌溉是村集体集中组织进行，并且免费灌溉，使用传统的浇灌方式，无法精确统计农业用水量。

生态承载力小分队第 1 次入户问卷调查日志

阿里地区噶尔县狮泉河镇加木村入户调查日志

调查时间： 2018 年 8 月 28 日
调查地点： 阿里地区噶尔县狮泉河镇加木村
位置信息： 80°08′41.72″E；32°28′58″N
调查对象： 加木村村民
调查人 / 整理人： 董宏伟、王玮
调查过程：

2018 年 8 月 28 日 10：30，调研人员在阿里地区自然资源局局长的带领下，一行三人自噶尔县县城驱车来到狮泉河加木村进行入户调查。村支部书记很热情地接待了我们，并叫来四位具有代表性的村民来到村委会办公室进行调研访问。虽然语言不通，但明显能够感觉到村民们的热情。在自然资源局长的翻译帮助之下，工作开展得很顺利，在 13：00 左右顺利完成四份高质量的调查问卷（附图 37）。

附图 37　加木村村委会办公室与受访对象问卷访谈现场

调研初步认识：

1）农业生产：农作物为青稞，产量在200～250kg/亩，耕地质量在变差，河水灌溉。

2）畜牧业情况：牧民定居，草场质量没有变差，有春休和禁牧政策，由于2010年开始实施草畜平衡政策，每年的载畜量有严格数量控制。

3）生活消耗：粮食以青稞、大米和面粉为主，青稞占80%的比例，蔬菜水果消费量很小，肉类消费较多，一户人家一年平均要消费一头牦牛和8～9只羊。

4）水资源情况：水源充足，无污染，具体用水量难以数量表达。

下午从噶尔县到札达县开展沿线考察。

札达县：意为"下游有草的地方"，隶属西藏自治区阿里地区，阿里地区下辖县，位于西藏自治区西部、象泉河流域，为阿里地区边境县之一。总面积为24601.59km²。属高原亚寒带干旱气候区，日照时间长，空气稀薄，干燥多风。平均海拔为4000m，是阿里地区以牧为主、牧农并举的县。

居民点：沿219国道①，居民点较少（附图38），利用手持GPS，发现居民点的海拔大都在4500m左右。

耕地：在噶尔县城区周边发现了少量耕地（如种植油菜），用于绿化植被培育。在进县城的主干道上，有一条由两行小树装饰的"迎宾大道"，在这高原之上见到这样的风景实属不易。

高寒荒漠：沿219国道，发现噶尔县境内土地荒漠化较为严重（附图38、附图39），高原风蚀现象严重（附图40）。黄昏恰巧抵达札达土林（地质学上称为河湖相），顺路考察了札达土林地貌景观。当第一眼看到一望无际、苍茫起伏的札达土林时，我

附图38　噶尔县境内零星分布的居民点

---

① 219国道（叶孜线），是在中国西北、西南地区的一条国道，起点为喀什地区叶城县，终点为日喀则市拉孜县，全程2140km，经过新疆和西藏。

附图 39　噶尔县境内荒漠化景观

附图 40　高原荒漠上的风蚀

们被大自然的鬼斧神工大大地震撼了！阳光下，黄褐色的、高低起伏的土林千姿百态、千变万化，远远望去，在高而平的山脊之下，严整的山体宛若一排排鳞次栉比的古城堡，高低错落，在晚霞及喜马拉雅雪山的衬托下，千姿百态（附图 41）。同时，也利用无人机从高空认识土林。

当天 20：30，入住札达县城某宾馆。

附图 41　札达县土林地貌（暮拍）

第八天：札达县→札达土林（古格王朝）→冈仁波齐→
　　　　玛旁雍错→拉昂错→普兰县

日　　期： 2018年8月29日　　　**天　　气：** 晴

考察主题： 古格王朝遗址、居民点、土林地貌、岩羊、冈仁波齐、拉昂错、中印/尼边
　　　　　　贸交易市场

考察人员： 封志明、李鹏、邱琼、普布贵吉、何永涛、肖池伟、董宏伟、贾琨、张超、
　　　　　　梁玉斌、李文君、何飞、王玮及司机师傅(5人)

时间安排： 出发为07：00，抵达为19：30

行驶里程： 374.25km

　　早起看日出，迟归赏晚霞。

　　古格王朝遗址位于札达县城以西15km。早晨7点，科考分队在夜色与月光下直奔
遗址。限于考察行程较为紧张，我们仅在遗址东北方向的一块观景平台上领略了遗址
的宏伟，欣赏了第一缕阳光下古格王朝遗址（附图42）。除了朝阳映衬出遗址的金碧辉
煌，古格王国最神秘的地方就在于，拥有如此成熟、灿烂文化的王国是如何在一夜之
间突然、彻底消失的？这可能是吸引一批又一批游人到此游览的重要原因。

附图42　札达县古格王朝遗址(晨拍)

　　居民点分布海拔：沿219国道，居民点较少，利用手持GPS，发现居民点的海拔
大都在4600m左右。该海拔以上有零星的游牧牧民帐篷和牛(羊)圈。值得注意，札
达县境内考察沿线家养牦牛较少，仅在普兰县门士乡附近才开始发现一定规模的牦牛
群。相对而言，羊群略多一些(附图43)。

　　岩羊[①]：又叫崖羊、石羊、青羊等。在札达县境内、海拔5166m的龙嘎拉达坂以

---

① 岩羊，两性具角，雄羊角粗大似牛角，但仅微向下后上方弯曲。主要以苔草、针茅等高山荒漠植物和杜鹃、绣线菊、
金露梅等灌木的枝叶为食。其栖息在海拔2100～6300m的高山裸岩地带，无固定兽径和栖息场所，主要天敌是雪豹、
豺、狼，以及秃鹫和金雕等大型猛禽，属国家二级重点保护野生动物。

附图 43　札达县境内的牧羊群

东方向的山腰上发现了一群岩羊。此前听农牧科学院的普布贵吉老师讲，这种动物一般较为少见，通常活动在山上、半山腰上，成群数量在 18 ～ 50 只。我们所碰到的岩羊群，经用尼康 P900 高倍相机观察到，数量在 20 只以上（附图 44）。

附图 44　科考分队在札达县境内"偶遇"一群岩羊

从拉萨往北走大北线以来，利用尼康相机先后观察到了黑颈鹤、藏狐、高原鼠兔、黄羊、藏羚羊、藏野驴与岩羊。其中，以黄羊与藏野驴最为常见，而藏狐发现两次，拍摄一次，藏羚羊与岩羊仅发现一次，拍摄一次。

冈仁波齐：冈仁波齐（海拔 6656m）与梅里雪山、阿尼玛卿山脉、青海玉树的尕朵觉沃并称藏传佛教四大神山。冈仁波齐高高扬起的头，如一座大金字塔，耸立在阿里高原上（附图 45）。

玛旁雍错：位于普兰县城东 35km、岗仁波齐峰之南。其周围自然风景非常美丽，自古以来佛教信徒都把它看作是圣地"世界中心"，是中国蓄水量第二大的天然淡水湖、湖水透明度最大的淡水湖，藏地所称三大"神湖"之一。

拉昂错：藏语意为"有毒的黑湖"，即人畜皆不能饮用其湖水。据了解，拉昂错

附图 45　普兰县 318 国道眺望冈仁波齐主峰

一开始是叫"拐湖"，时间一长被叫成"鬼湖"（Lhanag-tso）了。在实地考察过程中，发现拉昂错湖边植被稀少，也没有牦牛或羊群。此外，结合遥感影像发现，该湖于今年 1 月底（2018 年 1 月 22 日）出现了结冰现象。

中印 / 中尼边贸交易市场：科考分队部分队员在晚饭之后，实地考察了西藏普兰县边贸市场，即中印 / 中尼边贸交易市场。从入住酒店王老板了解到，边贸市场一般是早上 8：00 ～ 9：00 开市，当天 23：00 闭市。边贸市场主要交易诸如羊毛毯、玛瑙、瑞士手表等商品，一般是由印度商人租赁商铺或者本地人从印度 / 尼泊尔购货进行经营。

普兰县：隶属于阿里地区，位于西藏西南部、阿里地区南部、喜马拉雅山南侧的峡谷地带，为中国、印度、尼泊尔三国交界地带，是中国与邻国三国交界的 12 县之一。普兰县土地总面积 12539km²，平均海拔 3900m，耕地（青稞种植）在谷地可见，多位于居民点附近（附图 46）。普兰县地处孔雀河（马甲藏布）流域，以高寒草甸、山地草甸、山地草原等为主，灌丛、沼泽、荒漠草场分布少。普兰县属高原亚寒带干旱气候区，日照充足，日温差大，年温差相对也较大，气温低，降水少。

附图 46　普兰县耕地与居民点景观

　　当天 19：30，入住普兰县某酒店。西藏许多县城驻地多分布在高山之间，如噶尔县城与普兰县城。

　　杨艳昭研究员今天由拉萨飞抵阿里，下午先于科考分队抵达普兰县，与科考分队汇合一起开始后续的考察与座谈。

第九天：普兰县（上午座谈）→普兰口岸→中印通道

日　　期：2018 年 8 月 30 日　　天　　气：晴（局部有阵雨）

考察主题：普兰座谈、青稞种植、居民点、中尼口岸、中印通道、中印 / 尼边贸交易市场

考察人员：封志明、杨艳昭、李鹏、邱琼、普布贵吉、何永涛、肖池伟、董宏伟、贾琨、张超、梁玉斌、李文君、何飞、王玮及司机师傅（5 人）

时间安排：出发为 15：00，抵达为 19：10

行驶里程：109.74km

上午机构座谈 / 入户调查。

当天上午，科考队员分为两组分别开展机构座谈与入户问卷调查。10：10 左右，普兰县政府党组成员、口岸管理委员会主任蒲东和县政府办公室副主任琼拉来到酒店迎接座谈组与问卷组成员前往普兰会堂（陕西路，陕西对口援建）进行座谈。座谈人员由封志明、邱琼、杨艳昭、何永涛、李鹏、普布贵吉、肖池伟、张超等 8 人组成。在普兰县关于南亚通道建设考察的座谈会会议纪要（附图 47 ～附图 50）全文附后。

附图 47　普兰县座谈地址 (普兰会堂)

附图 48　封志明率队在普兰县座谈现场

附图 49　普兰县政府党组成员、口岸管理委员会主任蒲东讲话

附图 50　科考分队封志明队长介绍"南亚通道关键区科考计划"

科考分队赴普兰调研工作座谈会议纪要

会议时间：2018 年 8 月 30 日（星期四）10：30 ～ 12：15

会议地点：普兰会堂二楼圆桌会议室

主 持 人：普兰县政府党组成员、口岸管理委员会主任蒲东

参会人员：普兰县发展和改革委员会、自然资源局、生态环境局、农业农村局、水利局、统计局等相关人员，科考分队封志明、邱琼、杨艳昭、何永涛、李鹏、普布贵吉、肖池伟、张超

整 理 人：李鹏

会议各项记录如下。

　　一、普兰县口岸管理委员会蒲东主任致欢迎辞，介绍普兰县参加座谈的人员 / 机构。

　　二、封志明队长介绍科考分队参加座谈的人员。

三、普兰县口岸管理委员会蒲东主任介绍普兰县基本情况、重点工作开展情况(经济建设、基础设施、农牧业与生态建设与环境保护)、普兰口岸发展建设,以及存在困难与下一步计划。其中,重点工作开展情况主要包括农村危房改造、综合廊道建设、公路建设、电力建设(新增电力线路)、水利建设(小型农田水利、水利工程维修与养护等)、民生事业(住院分娩、包虫病等)、农牧区生产(马铃薯、油菜、青稞等)、生态建设与环境保护(水–气–土壤行动计划、河长制、水源地保护等);口岸建设包括口岸发展历程,以及口岸基础设施建设情况;存在困难与下一步计划包括:属于自然灾害多发区、专业人才匮乏、贸易水平较低和贸易主体发育不足。

四、封志明队长利用 PPT 进行"南亚通道关键区科考计划"汇报,包括科考背景、科考目标、科考任务、组成队伍、预期成果、科考方案以及进展情况等。

五、封志明队长与各局委(每个局 3～5 个人)互动。

1)发展和改革委员会(含经济和信息):"五网"建设。边贸与旅游是普兰的主要产业。但边贸上存在问题。

2)统计局:印、尼来华贸易人员的人口统计(8000 余人,县府驻地镇 4000余人),普兰人口增长较低,多年来一直未超过 1 万人。需要弄清楚普兰县"人主要在哪里、地主要在哪里"。

3)自然资源局:耕地扩展空间有限,占补平衡难度很大,有地占,没地补,耕地非常有限。

4)农业农村局:普兰县有五大粮仓,粮食可自给。印度、尼泊尔人到普兰县购买粮食。

5)生态环境局:普兰县最大的污染问题是生活垃圾。"转山转湖"游客造成的"随手"垃圾问题。印度、尼泊尔的香客带来的垃圾也较严重。

6)口岸委员会:一口岸多通道。席尔瓦山口(对应尼泊尔)、丁嘎山口(对应尼泊尔,有小山路)和强拉山口(印度)。

最后,封志明队长感谢普兰县各局领导对此次座谈的支持。座谈后将与各局委加强数据对接与联系。下午普兰县口岸管理委员会主任蒲东将陪同去口岸进行深入考察。

其余六人,分三个小分队,即土地承载力(贾琨和梁玉斌)、水资源承载力(何飞和李文君)、生态承载力(董宏伟和王玮),分别由阿里地区行政公署派藏族干部专人陪同下乡入村,开展问卷调查,成功完成 9 份问卷。三个小分队考察日志,原文附后。其中土地承载力小分队由梁玉斌负责问卷调查、贾琨负责记录与日志整理;生态承载力小分队由王玮负责问卷调查、董宏伟负责记录与日志整理;水资源承载力小分队由李文君负责问卷调查、何飞负责记录与日志整理。

土地承载力小分队第 2 次入户问卷调查日志

阿里地区普兰县普兰镇吉让村入户调查日志

调查时间： 2018 年 8 月 30 日

调查地点： 阿里地区普兰县普兰镇吉让村

位置信息： 81.18°E，30.28°N，海拔为 3864.61 m

调查对象： 吉让村农牧民

调查人 / 整理人： 贾琨、梁玉斌

调查过程：

2018 年 8 月 30 日早上 10：30，在普兰口岸管理委员会工作人员的陪同下，调研小组来到普兰镇附近的吉让村展开调研工作。村委会主任向我们介绍了村里的大致情况，在此基础上，调研人员进一步询问了 4 位当地村民，深入了解了当地村民的农业生产情况、畜牧业养殖和牧场草场情况、生活消耗与水资源利用情况（附图 51）。

附图 51　调查人员与阿里地区普兰县普兰镇吉让村受访对象进行问卷访谈

调研初步认识：

1）青稞是吉让村主要农作物。

2）畜牧业整体规模较小，以放养牛为主。

3）生活食物消费主要是粮食、蔬菜、肉类和奶制品，水果消费相对较少。

4）水资源整体缺乏，但水质良好，整个村内无水井。

水资源承载力小分队第 2 次入户问卷调查日志

阿里地区普兰县普兰镇多油村入户调查日志

调查时间： 2018 年 8 月 30 日星期四

调查地点： 阿里地区普兰县普兰镇多油村

位置信息： 81°9′41.54″E，30°19′43.32″N，海拔为 3974m

调查对象： 多油村农牧民

调查人 / 整理人： 何飞、李文君

调查过程：

　　今天去的村落是普兰县普兰镇多油村，多油村是普兰县一个行政村，附近有仁贡村、科加村、赤德村、细德村，绿荫成林，空气好，广聚人气，物产丰富。村内企业包括丝厂、生物化工厂、蓄电池厂、化工厂、肉联厂。主要农产品包括白萝卜、韭菜花、洋菇、卷心菜、苹果、葱、莴苣。本次调查一共调查了三位农牧民（附图 52）。

附图 52　调查人员与阿里地区普兰县普兰镇多油村受访对象进行问卷访谈

　　第一户概况，问卷编号为 03 普兰（该户农业产量和畜牧产量都有出售情况）；

　　第二户概况，问卷编号为 04 普兰（该户农业产量无外售，无放牧，主要收入来自打工）；

　　第三户概况，问卷编号为 05 普兰（有耕种，无农业产量售出，不能扩种，限制因素为空间较小；有养牲畜，但无牲畜售出；村委会有工作）。

调研初步认识：

　　1) 由于工厂企业的存在，相当一部分人从事务工，而不是以农业、畜牧为生。农业主要种植青稞、豌豆、油菜，出售较少，且每户种植面积不大，基本自食。

　　2) 生活消耗方面，村民主要粮食为青稞、大米、面粉，其中大米、面粉来自购买，蔬菜部分购买，部分自产，如萝卜、白菜。水果 100% 来自购买。

3）由于集体福利的存在（免费供水），灌溉水量、生活用水量无法得到统计。该区域水资源丰富，水质优良，无使用地下水（打井）情况，沟渠良好，灌溉条件良好，使用浇灌，农业用水取用容易。

生态承载力小分队第 2 次入户问卷调查日志

阿里地区普兰县普兰镇赤德村入户调查日志

调查时间： 2018 年 8 月 30 日

调查地点： 阿里地区普兰县普兰镇赤德村

位置信息： 81°10′33″E，30°17′55″N，海拔为 3852m

调查对象： 赤德村农牧民

调查人 / 整理人： 董宏伟、王 玮

调查过程：

2018 年 8 月 30 日早晨十点与口岸办工作人员简单交流后，问卷调研小分队便随向导一同前往调研目的地普兰镇赤德村。驱车前往途中，通过向导简单了解了普兰镇赤德村及其周边的基本情况，普兰县有一镇两乡，其中普兰镇主要产业为农业，而其他两乡则以牧业为主。受访人年龄分别为 52 岁和 46 岁，都非常热情的配合了问卷调查（附图 53）。

附图 53 调查人员与阿里地区普兰县普兰镇赤德村受访对象进行问卷访谈

调研初步认识：

1）当地耕地多以种植青稞为主，占到六成以上，其余耕地多种植豌豆和油菜，

由于附近土质的较差，并不能多开垦耕地，所以与之前相比作物种植面积并无多大变化。近几年青稞和油菜会进行轮耕，作物单产较之前变高。

2）赤德村的用水主要来源为雪山融水，区域水资源相对充沛且水质较好，生活取水比较容易，农业灌溉也不需投入费用。

3）两户家里草场面积较小，以养牛为主，在 11 月到第二年 5 月圈养，其余时间以放养为主，由于 2010 年草畜平衡政策的实施，两户家里养殖的牲畜数量和种类均较之前有不同程度的减少。

4）家庭肉类消费以牦牛肉为主，并且占家庭食物消费比重较大，粮食消费以糌粑为主，也会购买少量面粉和大米食用，水果和蔬菜食用较少。

下午路线考察 / 口岸调查。

普兰县傍依孔雀河（马甲藏布），西南与印度毗邻（强拉山口），南与尼泊尔接壤（丁嘎拉山口及众多小道），是全国为数不多的 12 个三国交界县之一，有 21 个通外山口。全县边境线长 414.75km，其中中尼边境线长 319.70km，中印边境线长 95.75km。普兰县对外开放通道有多处，主要是：强拉山口、丁喀拉（丁嘎）、拉则拉、柏林拉、纳热拉、尼提山口、斜尔瓦口岸。

下午在普兰口岸管理委员会蒲东主任的带领下，从县城分别前往中尼边境口岸（普兰 – 雅犁口岸）和中、印、尼三国交界的边民通道（强拉山口）进行野外考察和实地调查。

普兰口岸：考察队先后实地考察了中尼边境口岸（普兰口岸①）。从县城到口岸，已修建有柏油路，道路行驶畅通。参观了新建的中华人民共和国普兰口岸（附图 54、附图 55），也近距离拍摄了尼泊尔的雅犁口岸（附图 56）。

普兰自古以来作为青藏高原西部的重要对外贸易通道。在考察过程中发现，整个普兰口岸及边检站均位于孔雀河深切峡谷之中，有滑坡和泥石流的潜在风险。后面在和口岸管理委员会主任的聊天中也证实了这一点，他告知 2014 年普兰口岸尼泊尔侧的山体发生过大规模的雪崩（崩塌）。

普兰口岸建设历程：1961 年 12 月，国务院第 114 次全体会议通过《国务院关于在西藏地区设立海关的决定》，决定中明确了在普兰设立海关。1962 年，因中印边境形势恶化被迫关闭对印度通道。1978 年，国务院批准普兰口岸为对外开放的国家一类开放口岸。1991 年 7 月，恢复通关，设立了海关、边检等边贸服务机构。2012 年，中尼双方在加德满都签订《中华人民共和国政府和尼泊尔政府关于边境口岸及其管理制度的协定》，双方再次重申"普兰 – 雅犁口岸"为国际性口岸，口岸两侧分别为中国

---

① 普兰口岸：现为普兰县的二类口岸，是以县为区域的特种口岸，有陆路通道和水路通道，包括 21 个通外山口、水道桥道和相关边贸市场。

附图 54　中华人民共和国普兰口岸远眺

附图 55　中华人民共和国普兰口岸近照

附图 56　尼泊尔雅犁口岸近照

西藏自治区普兰县普兰镇与尼泊尔胡木拉地区雅犁。2015 年，《国务院关于支持沿边重点地区开发开放若干政策措施的意见》（国发〔2015〕72 号）"沿边重点地区名录"

中明确了西藏的樟木、吉隆、普兰为"沿边国家级公路口岸"。2018 年 1 月，普兰口岸正式被列为药材进口边境口岸。

　　普兰县北部有神山冈仁波齐和圣湖玛旁雍错，是著名的佛教朝圣地区。在普兰口岸中国一侧，口岸管理委员会蒲东主任介绍了口岸建设历史、近期发展（见当日上午座谈纪要）以及印度、尼泊尔香客来普兰"转山（冈仁波齐）转湖（玛旁雍错）"的过程（附图 57）。尼泊尔的香客主要是通过多条通道进入中国，辗转来到普兰县。而印度的富有香客则搭乘本国民航飞机到加德满都，再搭乘尼泊尔运营的直升机飞抵雅犁口岸简易起降坪（附图 58），进入普兰口岸搭乘普兰这边提供的旅游班车到"神山"与"圣湖"。在普兰口岸停留的半小时内，我们看到了 5 架直升机频繁运载着印度、尼泊尔的香客抵达雅犁口岸，然后步行通过孔雀河上面的简单吊桥进入普兰境内。

　　中印尼三国强拉山口（通道）：在结束普兰口岸考察后，又驱车回到普兰县城再

附图 57　普兰口岸管委会蒲东主任在现场介绍口岸建设等相关情况

附图 58　尼泊尔直升机在频繁运送印度、尼泊尔来华朝圣香客

考察了中国、印度、尼泊尔三国交界的边民通道强拉山口（海拔 5334m）①。

  在前往强拉山口的途中，发现一群工人正在热火朝天地新修公路（附图 59）。在达到制高点时，遇到一群印度人正在用骡子搬运从中国购置的生活必需品（附图 60）。在口岸管理委员会蒲东主任的带领下，我们一行 18 人大约花了半小时时间徒步登上了强拉山口，并远眺了印度，只能大致判断印度一侧的坡度较和缓（附图 61），而中国一侧的山体更为陡峭（附图 62）。

附图 59 中国正在抓紧打通通往强拉山口的公路

附图 60 印度北部邦居民正在用骡子搬运从中国购置的生活必需品

  耕地（青稞、油菜等）种植：在普兰县县城周边（该县总共有 7086 亩耕地）发现了较多青稞（附图 63），主要集中分布于普兰县城周边、沿孔雀河至中尼边境止。耕地海拔

---

① 强拉山口位于阿里地区普兰县县城西南约 30km 处，是三国在喜马拉雅山脉的一个山口，连接中国西藏普兰县和印度北阿坎德邦库马盎地区，属于古代丝绸之路的一个分支。自古以来，里普列克山口两侧的边民，越过该山口进行易货贸易。这里也是印度教教徒前往普兰县的玛旁雍错及冈仁波齐神山朝圣的必经之路。印度的印藏边境警察在此山口印度一侧设有一个边防哨所。

附图 61 中印强拉山口通道印度一侧地形地貌特征 (照片中为印度人)

附图 62 中印强拉山口通道中国一侧地形地貌特征 (照片中为考察队员)

附图 63 普兰县城周边青稞种植

遵循此前的海拔上限（4200 ～ 4300m）。利用 Sentinel-2 影像与实际地块对比，发现青稞地在谷地自下至上成规则块状分布，且与周边色差明显（2018 年 7 月 8 日影像）。这为利用遥感影像监测藏区（或典型区域 / 流域）青稞种植分布增强了信心，提供了可能性。

　　普兰县城平均海拔约为 3700m，城区及周边有一定面积的柳树种植，部分种植在山腰以下的树苗已经初具规模。

　　中印／中尼边贸交易市场：晚饭后，科考分队部分成员（杨艳昭、李鹏、普布贵吉、肖池伟、张超、李文君）对贸易市场进行了考察。据了解，该贸易市场以尼泊尔商人为主，物品涉及中、印、尼三国。

第十天：普兰县→玛旁雍错→帕羊→仲巴县→萨嘎县

日　　期： 2018年8月31日　　　**天　　气：** 晴（局部阵雨）

考察主题： 普兰青稞、藏野驴群、居民点、仲巴沙丘、雅鲁藏布江源头（马泉河）等

考察人员： 封志明、杨艳昭、李鹏、邱琼、普布贵吉、何永涛、肖池伟、董宏伟、贾琨、张超、梁玉斌、李文君、何飞、王玮及司机师傅（5人）

时间安排： 出发为08：00，抵达为19：10

行驶里程： 560.60km

　　青稞：刚出普兰县城，就发现在一处低洼地发现了较大一片的青稞地，已经成熟，利用手持GPS，发现海拔为4400m左右（减去目视估计高差200m，和前期4200m的种植上限基本一致）。

　　印度香客：玛旁雍错藏语意为"不败、胜利"，有"神湖"之称。每年，都有许多印度、尼泊尔的香客来到圣湖玛旁雍错湖滨进行朝圣（附图64、附图65）。

附图64　印度香客在玛旁雍错湖滨朝圣

附图65　印度男子在玛旁雍错湖滨祈祷

藏野驴群：在普兰县霍尔乡境内，省道 207 与玛旁雍错之间，经用高倍相机目测发现有 100 只左右的藏野驴群（附图 66）。这是这次考察中发现的最大藏野驴群。之前在与阿里地区与普兰县机构座谈时了解到，现在驴群数量已达到泛滥的地步，但是其又是保护动物，对草原退化的影响大于家畜。通过高倍相机，可以发现这群驴群中年幼的小野驴占有很大比例。由于天敌较少，加上人为影响小，驴群得到飞速的发展。地方机构也建议加强相关研究。

附图 66　科考分队在普兰县霍尔乡境内用高倍相机拍摄到的藏野驴群

仲巴县：地处中国的西南边陲、日喀则市最西端，喜马拉雅山以北，马泉河两岸，南与尼泊尔接壤，总面积 43594km²。雅鲁藏布江发源于仲巴县境内的杰玛央宗冰川，而被列为国家级生态功能保护区。仲巴县属高原亚寒带半干旱气候区；气候干燥、寒冷、风沙大、日照充足；年温差较大，无霜期短。仲巴县为较典型的高原山地地貌，以畜牧业为主，饲养绵羊、山羊、牦牛、马。

马攸木拉山口：海拔 5211m，位于阿里地区霍尔巴乡西侧，是日喀则市仲巴县和阿里地区普兰县的地理分界，过了这个山口，就进入日喀则市的仲巴县（附图 67）。马攸木，藏语的意思是"母亲的恩惠"。雅鲁藏布江是藏族同胞的母亲河，它哺育了藏族儿女，

附图 67　马攸木拉山口（海拔 5211m）

孕育了高原文明，把它的发源地命名为"带来母亲恩惠的神山"。山北接冈底斯山脉，南连喜马拉雅山脉，就好像在两大山脉之间的宽广谷地上拦截了一道坎，雅鲁藏布江的最西端就止在这道坎上。这道坎的东边，是宽阔的马泉河谷地，西边则是玛旁雍湖等内流湖谷地，再往西，就是象泉河谷地。山口视野较好，广阔的高山草甸荒无人烟。

居民点：当天继续行驶在 219 国道上，利用手持 GPS，发现居民点的海拔大都在 4700m 左右，游牧（帐篷）则在 5000m 以下。

仲巴县沙丘：仲巴县是日喀则市最西边一个行政区。仲巴，藏语意为"野牛之地"。1951 年以前称珠珠宗，属阿里噶本管辖。1960 年设仲巴县，由阿里专署管辖。1962 年 9 月，仲巴县划归日喀则专署管辖。建县时机关驻岗久，1964 年 3 月迁扎东。由于当地沙害严重，1986 年，经国务院批准，决定将县址由扎东搬迁到扎东偏西 20km 的马泉河与柴河汇合处刮那古塘。1990 年 8 月 27 日，经国务院批准，县址迁至托吉。县府现驻帕羊。

仲巴县有较典型的高原山地地貌，雅鲁藏布江发源于仲巴县境内的杰玛央宗冰川，现正式被列为国家级生态功能保护区。由于属于高原亚寒带半干旱气候区。气候干燥、寒冷、风沙大。在仲马县无际的草原上，散布着一排排、一片片的黄灰色的新月形沙丘（附图 68）。沙丘在阳光的照耀下，呈现出五彩的光芒，这就是传说中的五彩沙漠。

附图 68 仲巴县沙丘景观

马泉河：马泉河，即雅鲁藏布江上游、源头，在仲巴县境内，平均海拔 5200m 以上。相传，马泉河（当却藏布）、狮泉河、象泉河和孔雀河是神山冈仁波齐雪山的四个子女。我们实地考察了有雅鲁藏布江源头之称的马泉河，她对西藏象雄文明的孕育、形成和发展起过重大作用。马泉河河谷两侧是由高山嵩草组成的沼泽化草甸景观。

萨嘎县：藏语意为"可爱的地方"，水草丰美，牛羊成群，畜牧业比较发达；隶属西藏自治区日喀则市，县人民政府驻加加镇；地处喜马拉雅山北麓，冈底斯山脉以南的西南边缘，属边境县之一，全县边境线长 105km；境内 219 国道横贯全县东西，也是拉萨通往阿里普兰的交通要道。全县平均海拔 4600m 以上，北有冈底斯山，南有喜马拉雅山，中间夹有强拉山、同日伦布山等众多高山，山与山之间隔着开阔不等、互不连通的平川、沟谷。萨嘎县气候属高原严寒带半干旱气候区，高寒严酷，为典型的高原性气候。

当天 19：10，入住萨嘎县某宾馆。

第十一天：萨嘎县→吉隆县→翻越孔唐拉姆山口→吉隆镇→吉隆口岸

日　　期：2018 年 9 月 1 日　　天　　气：晴（局部阵雨）

考察主题：萨（嘎）—吉（隆）路况、车辆陷河与自救、吉隆县城（宗嘎镇）/吉隆镇 /
　　　　　吉隆口岸、"一江两河"、青稞种植、吉隆藏布 /吉隆沟 /吉隆藏布峡谷、
　　　　　开热瀑布、216 国道、帕巴寺、查嘎尔达索寺等

考察人员：封志明、杨艳昭、李鹏、邱琼、普布贵吉、何永涛、肖池伟、董宏伟、贾琨、
　　　　　张超、梁玉斌、李文君、何飞、王玮及司机师傅（5 人）

时间安排：出发为 08：00，抵达为 17：00

行驶里程：296.78km

　　萨（嘎）—吉（隆）路况：萨嘎进吉隆前半段路况整体非常糟糕，土路、泥浆路
（附图 69）、油路、水路（附图 70)、烂路都有（可形象地称为"搓衣板路"）。在老路
旁边正在新修"加（加镇）—吉（隆）线"，但沿途进展十分缓慢。受雨水和冰雪融水
的影响，部分路段十分泥泞，还需要涉水，对行程极其不利。

附图 69　萨嘎县城到雅鲁藏布江的泥浆路

附图 70　科考分队行驶在雅鲁藏布江河畔

在过萨嘎大桥之后，3 号车年轻司机曹师傅为躲避道路中的大水坑（附图 71），向左打方向盘，哪知路基不稳加上湍急的河流对道路的侵蚀，一不小心将车左半部陷进了旁边的雅鲁藏布江，情况十分危急，差点导致侧翻（附图 72）。还好同行的陈师傅和赵师傅经验丰富，临危不乱，从容指挥。先是积极稳定曹师傅的情绪，并要王玮、董宏伟、张超和普布贵吉老师四人同时站在右边迎宾踏板（侧杠），以避免车身因湍急的流水而再次侧翻。然后，指挥 4 号车后退式地对 3 号车进行拖拉，但明显感觉力度不够，于是要 6 号车也加入进来，利用 2 辆车成功将 3 号车拖出水面。从车陷进雅鲁藏布江到成功拖出前后耗时 20 余分钟，其中 4 号车与 6 号车将 3 号车拖出雅鲁藏布江耗时约 9 分钟（李鹏等录有全程视频）。3 号车被拖上岸时，陈师傅等又对该车发动机、线路板进行了检查（附图 73），所幸并无大碍。但是，左前轮因为完全没水时间较长，且在被拖的过程中频繁高速运转和紧急刹车，导致左前轮刹车系统（片）侵入大小不等的石子，尽管 6 号车司机赵师傅凭借其丰富经验在开阔地方来回溜车，但部分石子直到正常上路后才完全掉落出来。本来今天的行程相对宽松，但一出宾馆不久便遭遇这一突发事件，可谓险象环生，好在有惊无险。之后，封志明队长再次叮咛大家要保证安全第一。

附图 71　坑坑洼洼的软基路面

附图 72　科考分队 3 号车不慎陷入雅鲁藏布江

附图 73　车队司机在检查 3 号车发动机等进水情况

　　耕地高度线：沿 216 国道[①]，翻过孔唐拉姆山（海拔 5236m，附图 74、附图 75），在进入吉隆县城的检查站（附图 76）附近发现了一大片河谷耕地，利用手持 GPS 发现，耕地的海拔高度大约 4400m 以下（附图 77），主要农作物有土豆、青稞、油菜。

附图 74　吉隆县孔唐拉姆山口（海拔 5236m）

　　216 国道：孔唐拉姆山南北盘山路段有明显冻裂和修补现象，路上泥石流与落石较为常见，雨雪天行驶可能会有一定风险。从吉隆县城到吉隆镇，多蜿蜒路段和滚石路段，而且部分路段被湍急的吉隆藏布冲断（附图 78）。

　　吉隆县所属的大部分区域位于喜马拉雅山南麓，吉隆县县政府驻宗嘎镇。吉隆县的地形地貌，北部为高原宽谷湖盆地，南部为深切高山峡谷，大致以喜马拉雅山段至希夏邦玛山峰至脊线为界，其北翼表现为南高北低，南部位于喜马拉雅中段。吉隆北

①216 国道，早期是新疆阿勒泰—新疆巴伦台的国道，全程 857km，现称旧 216 国道。新 216 国道两头都有延伸，路线为新疆红山嘴口岸（在阿勒泰地区）—阿勒泰（政府驻地）—库尔勒—轮台县—民丰县—西藏改则县—吉隆口岸。

附图 75　吉隆县境内美丽的 216 国道 (翻过孔唐拉姆山口)

附图 76　吉隆县界大门

附图 77　吉隆县境内耕地分布 (青稞 / 油菜种植，海拔超过 4300m)

部地区为藏南的半干旱高原河谷季风气候区，年平均气温为 2℃，年降水量为 300 ～
600mm，属于温湿半干旱的大陆性气候区。而吉隆南部地区则为亚热带山地季风气候
区，年平均气温可达 10 ～ 13℃，年降水量达 1000mm 左右，年无霜冻日数在 200 天

附图 78 被吉隆藏布侵蚀的 216 国道（局部）

以上。

查嘎尔达索寺：噶举派第二代祖师米拉日巴的修行圣地之一，米拉日巴在此地修行成佛。寺庙坐落于吉隆县城至吉隆沟途中。建筑在现已干涸的隆达湖山崖顶巅，海拔 4200m，距地面高差约 200m。整个寺庙依山势而建（附图 79），起伏错落，呈东西方向展开，占地面积约 8400m^2，由西至东大致可以划分为五大建筑群落。

附图 79 吉隆县依山势而建的查嘎尔达索寺（紧临吉隆藏布与 216 国道）

吉隆县城（宗嘎镇）、吉隆镇（附图 80）、吉隆口岸（附图 81、附图 82）：对于初次来到吉隆县的人来说，可能容易将其弄混。从县城到口岸海拔整体下降，其中县城海拔约 4300m，吉隆镇约 2800m，口岸约 1800m。

吉隆县"一江两河"：同样是"一江两河"，在吉隆县的"一江"是雅鲁藏布江，而两河分别是吉隆藏布与东林藏布。其中，雅鲁藏布江为吉隆县与萨嘎县的分界线。正是因为有"一江两河"贯穿全境，所以形成了极其丰富的水利资源网络，河流湍急、

附图 80　吉隆县吉隆镇门牌

附图 81　中华人民共和国吉隆口岸

附图 82　尼泊尔热索瓦口岸近照

落差较大，水能资源丰富（如吉隆口岸电站）。境内有约 300km² 的吉隆盆地，人均占有耕地 1.85 亩。吉隆，为藏语"舒适村""欢乐村"之意寓。全县平均海拔在 4000m 以上，县城海拔约为 4200m。

吉隆藏布 / 吉隆沟 / 吉隆藏布峡谷：发源于西藏自治区吉隆县县治宗嘎镇西部，流经吉隆镇后，于热索附近流入尼泊尔境内。它是恒河支流根德格河支流特耳苏里河上游中国境内河段名称。

吉隆藏布峡谷从吉隆县吉隆镇一直延续到 25km 外的中尼边境边的热索村，仅 25km 距离落差却高达 1100m。这是一个位于喜马拉雅山深处、几乎与世隔绝的高原峡谷。特殊的地理环境使该峡谷形成了在喜马拉雅地区具有典型代表性的垂直生态体系，被誉为"高原地区最丰富的物种基因库"和"世界上最美丽的峡谷"。特别适合开展生物多样性研究。

该河流经过的峡谷就是吉隆沟。吉隆沟是日喀则地区 5 条沟中最靠西的一条，从这里往西，印度洋暖湿气流越发稀少，由此往西，山谷（沟）并不罕见，但像吉隆沟这样温暖湿润的地方却不见了。据了解，中尼铁路规划路线基本上位于吉隆藏布一带，直抵吉隆口岸，不走路线艰险的樟木口岸。吉隆沟是喜马拉雅山日喀则五条沟中最深的一道。在喜马拉雅山的峰群中，马拉山的海拔并不算突出，但它却成了吉隆沟北面的起点。从此往北，是青藏高原的高寒世界；从此往南，是印度洋暖湿气流徘徊徜徉的亚热带地盘。

东林藏布：吉隆藏布向南转东而行，并与东林藏布（尼泊尔称伦德河）汇合热索桥以西（附图 83）。在汇合处，两河河水"泾渭分明"。吉隆藏布河水浑浊，挟带泥沙量很大，而东林藏布河水清澈。

附图 83　吉隆藏布与东林藏布汇合于热索桥以西

开热瀑布：在吉隆公路旁边，峡谷谷坡东侧公路之上，山地十分险峻，近乎直立。开热瀑布从岩壁上直泻而下，近前仿佛沐浴在细雨中（附图 84）。

高山植被：从萨嘎到吉隆，特别是进入珠穆朗玛峰国家级自然保护区以后，随着海拔的下降和西南暖湿气流的增强，高山植被逐渐由荒漠、草地、草甸等变为灌木、森林，植被垂直地带性逐渐明显（在开热瀑布附近气温约 14℃，而同纬度的南昌市气温为 31℃，3000m 的高差气温相差 17～18℃），生物多样性也丰富起来。特别地，在吉隆县，高山松、云杉等树木随处可见（附图 85）。

附图 84　吉隆县开热瀑布近照

附图 85　吉隆沟常绿高山针叶林

　　吉隆口岸：中尼边境贸易的通道，是进入加德满都最近的口岸，与樟木口岸隔山为邻。位于吉隆县吉隆镇热索村境内，在东林藏布与吉隆藏布两条河流的交界处。1987 年国务院正式批准吉隆为国家一类陆路口岸。值得注意，吉隆口岸也是 G216 公路的终点。据了解，在建设"南亚陆路贸易大通道"的总体目标下，西藏已经确立了"重点建设吉隆口岸，稳步提升樟木口岸，积极恢复亚东口岸，逐步发展普兰口岸和日屋口岸"的发展建设思路，并积极推进相关配套设施建设工作。

　　到达吉隆镇时，副县长已在入住酒店大厅等候。随后在吉隆县口岸负责人的带领下，科考分队从吉隆镇驻地出发，翻过横亘在吉隆沟谷中的姆拉山，沿峡谷陡峭的山坡和悬崖一路曲折盘旋向下，穿过珠穆朗玛峰国家级自然保护区江村核心区，就进入了热索村地界。从吉隆镇驻地到热索村越 25km 的路程，通过手持 GPS 观测发现，海拔从 2800m 降到了 1800m，两者相差近千米。随着海拔的下降，气候越来越湿润炎热，植被越来越繁茂，古树参天、藤萝缠绕。在吉隆沟，首先映入眼帘的便是威武大气的国门，其实，吉隆口岸每天通过的人很少，据了解，每天通过人数在 100～200 人，大多是尼泊尔人出入境和少部分中国游客出入境。口岸负责人告诉我们吉隆口岸及周边居民点和贸易场所原先是一块耕地，后被政府征用，原先口岸占地约 43 亩、居民及贸易互市点共占地 13 亩。

帕巴寺：位于吉隆镇东部，毗邻口岸国际大酒店。其海拔 2850m。建于公元 637 年左右。与松赞干布联姻的尼泊尔赤尊公主进西藏时随身带有三尊释迦牟尼佛像，其中的瓦帝桑布之尊被安放在吉隆镇，并为它建造了帕巴寺。帕巴寺整体形状为一楼阁式石木结构建筑，塔身方形，塔中心有楼梯可盘旋至顶。

在县人民政府负责同志协助下，当天 17：00 较早入住吉隆镇某酒店。

第十二天：吉隆镇 (上午座谈) →吉隆县→聂拉木县

日　　期：2018 年 9 月 2 日　　　天　　气：晴 (局部阵雨)

考察主题：居民点、耕地高度线、青稞、希夏邦马峰、聂拉木县城灾后重建

考察人员：封志明、杨艳昭、李鹏、何永涛、秦基伟、肖池伟、董宏伟、贾琨、张超、
梁玉斌、李文君、何飞、王玮及司机师傅 (5 人)

时间安排：出发为 12：30，抵达为 19：30

行驶里程：345.98km

　　上午机构座谈 / 入户问卷调查。

　　上午 10：00 ~ 12：00，封志明队长率杨艳昭、何永涛、李鹏、肖池伟、张超一
行同吉隆县人民政府领导、口岸管理委员会及相关委 / 局领导在吉隆县机关后勤服务中
心三楼会议室关于南亚通道建设等相关主题进行了座谈 (附图 86、附图 87)。在聂拉
木县关于南亚通道建设考察的座谈会会议纪要，全文附后。

附图 86　科考分队与吉隆县人民政府相关委 / 局座谈

附图 87　吉隆县常务副县长格桑顿珠出席座谈会

科考分队赴吉隆调研工作座谈会议纪要

会议时间： 2018 年 9 月 2 日（星期日）上午 10：00 ～ 12：00
会议地点： 吉隆县机关后期服务中心三楼会议室
主 持 人： 吉隆县常务副县长格桑顿珠
参会人员： 吉隆县常务副县长、副县长，吉隆县发展和改革委员会、自然资源局、
　　　　　　生态环境局、农业农村局、水利局、林业和草原局、口岸管理委员会
　　　　　　等相关人员，科考分队封志明、杨艳昭、何永涛、李鹏、秦基伟、肖
　　　　　　池伟、张超
整 理 人： 李鹏

会议各项记录如下。

一、吉隆县常务副县长格桑顿珠致欢迎辞，介绍吉隆县参加座谈的人员 /
机构。

二、封志明队长介绍南亚通道考察队参加座谈的人员情况，并简要介绍了
中国科学院地理科学与资源所的基本情况以及与西藏自治区过去的合作情况。

三、吉隆县格桑顿珠副县长介绍吉隆县基本情况（脱贫情况）。建议建立
边境经济合作区、免税区。随着南亚通道建设，未来电力将会输送到尼泊尔。
吉隆口岸的优势是历史悠久，也因为樟木口岸地震而提升了吉隆口岸的地位。
封志明队长口述简要介绍"南亚通道关键区科考计划"，内容包括科考背景、
科考目标、科考任务、组成队伍、座谈主题、预期成果、科考方案以及进展
情况等。

四、与各局委进行互动。①吉隆口岸管理委员会：南亚通道包括铁路通道
与高等级公路，其中高等级公路建设目前只是到县城，从县城到口岸考虑对
现有公路进行升级改造。②生态环境局：在生态环境方面问题也很小，现在
在执行严格的标准，县城的生活污水处理正在加紧，吉隆镇的生活污水处理
已经开始。③生态环境局：加强游客"随手垃圾"的问题。④发展和改革委
员会：相关材料可提供。珠峰保护区从严格管理到精细化管理。已有居民点
在保护区划分之前就已世代居住。⑤自然资源局：可用地极度缺少。林业用
地保护与林木禁伐。林地变更存在很大困难。口岸用地应该从重点项目、重
大项目走单列指标。⑥农业农村局：粮食（以青稞为主，吉隆沟还包括荞麦
等）可自给。定居点与游牧点分开。对原先的定居点，提升其抗震等级。定
居点主要是灾后重建与搬迁用途。新农村建设与人畜分开。每个村都有人工
种植饲草基地，特殊情况政府有应急措施。⑦水利局：吉隆县水资源问题基
本很少。

五、封志明队长感谢吉隆县等各位领导对此次座谈的支持。座谈后将与各机构加强数据对接。希望二次科考能为自治区、日喀则市与吉隆县建设做出贡献。

六、吉隆县常务副县长格桑顿珠对此次科考分队莅临本县开展座谈会表示感谢。

其余 6 人，分 3 个小分队，即土地承载力（贾琨 + 梁玉斌）、水资源承载力（何飞 + 李文君）、生态承载力（董宏伟 + 王玮），分别由阿里地区行政公署派藏族干部专人陪同下乡入村，开展问卷调查，成功完成 6 份问卷。3 个小分队考察日志，原文附后。其中土地承载力小分队由梁玉斌负责问卷调查、贾琨负责记录与日志整理；生态承载力小分队由王玮负责问卷调查、董宏伟负责记录与日志整理；水资源承载力小分队由李文君负责问卷调查、何飞负责记录与日志整理。

土地承载力小分队第 3 次入户问卷调查日志

日喀则市吉隆县吉隆镇充堆达曼村入户调查日志

调查时间： 2018 年 9 月 2 日
调查地点： 日喀则市吉隆县吉隆镇充堆达曼村
位置信息： 8°24′51″N，5°17′52″E，海拔为 2851.14 m
调查对象： 充堆达曼村农牧民
调查人 / 整理人： 贾琨、梁玉斌
调查过程：

早上 10：30，在吉隆县政府的安排下，由充堆达曼村委会工作人员陪同下，调研小组来到吉隆镇附近的充堆达曼村展开调研工作。充堆达曼村是由充堆村与达曼村合并而成，达曼村村民大部分是由吉隆沟搬迁而来（附图 88）。

调研初步认识：

1）充堆村有良好的农牧业发展，而达曼村由于村民是搬迁而来，几乎没有农牧业。

2）充堆村耕地主要包括青稞、土豆、油菜等作物。

3）草场没有退化，限制牲畜数量增加的主要原因是草畜平衡政策。

4）生活食物消费主要是粮食、蔬菜、肉类和奶制品，水果相对较少。

5）水资源整体缺乏，但水质良好，水源主要为山上来水。

附图 88　调研人员与日喀则市吉隆县吉隆镇充堆达曼村调研对象进行问卷访谈

水资源承载力小分队第 3 次入户问卷调查日志

日喀则市吉隆县吉隆镇吉隆村入户调查日志

调查时间：2018 年 9 月 2 日星期日

调查地点：日喀则市吉隆县吉隆镇吉隆村

调查位置：28.396370°N，85.326864°E，海拔为 2834m

调查对象：当地农牧民

调查人 / 整理人：何飞、李文君

调查过程：

　　本次入户调查就在吉隆村，离我们住宿的地方很近。在当地干部的带领下，在村委会完成了问卷调查工作。

　　吉隆镇简介：位于西藏自治区日喀则市吉隆县南部，东邻聂拉木县，西、南邻尼泊尔，距县城 73km，距离尼泊尔边境 23.5km。地处喜马拉雅山脉南麓，素有"喜马拉雅后花园"之称。海拔 2600m。2015 年尼泊尔地震之后，樟木镇被迫封闭，现如今吉隆镇已经成为中尼之间最重要的边境贸易城镇，发展建设迅速（附图 89）。

调研初步认识：

　　1）吉隆村由于地形原因，耕地较少，所以每户的耕地面积不多。

　　2）耕地种植作物主要为土豆、荞麦、油菜、青稞。但是青稞种植不多，主要因为野生动物以青稞为食，破坏庄稼。且农业生产收入主要来自土豆。

附图 89 调研人员与日喀则市吉隆县吉隆镇吉隆村调研对象进行问卷访谈

3) 生活消耗方面，由于畜牧量少等原因，生活支出主要在蔬菜、水果、肉类。除土豆自产外，其他蔬菜均来自购买。水果完全来自购买。

4) 当地由于地形原因，牲畜养殖不多，并且从大约十几年前，每年的 6 ～ 9 月都实施了禁牧政策，这在一定程度上保护了生态环境。

5) 当地年降水量大，农业灌溉问题不复存在。

6) 生活用水方面，当地主要使用自来水，由于水量丰富、政府支持等原因，自来水不收费，无法统计用水量。

生态承载力小分队第 3 次入户问卷调查日志

日喀则市吉隆县吉隆镇吉甫村入户调查日志

调查时间： 2018 年 9 月 2 日

调查地点： 日喀则市吉隆县吉隆镇吉甫村

位置信息： 8°23′41″N，5°19′42″E，海拔为 0m

调研对象： 吉甫村村民

调研人 / 整理人： 董宏伟、王玮

调研过程：

2018 年 9 月 2 日上午 10：30，调研人员与驻村代表黄治富同志在村口碰面，随即来到村委办公室，村委第一书记叫来两位村民代表进行访谈，主要了解此次调研内容，访谈结束驻村代表还带领我们简单在村里考察了一番，以加深对该村的感性认识（附图 90）。

附图 90　调研人员与日喀则市吉隆县吉隆镇吉甫村调研对象进行问卷访谈

调研初步认识：

1）农业生产，由于该村海拔较低，降水量充沛，因此该村作物种植结构较西藏其他地区要复杂，产量也较高，主要种植作物有青稞、土豆、玉米，水果有苹果、梨和桃等。

2）畜牧业情况，牧民定居，草场无退化，无春休和禁牧政策，每年的9月到次年5月实行圈养，其余时间在山上放养，养水牛和奶牛，不养牦牛，由于2010年开始实施草畜平衡政策，每年的载畜量有严格数量控制。

3）生活消耗，以青稞、荞麦和面粉为主，青稞占40%，荞麦占35%，蔬菜消费以土豆为主，水果消费量很小，肉类消费较多，一户人家一年平均要消费一头牦牛。

4）水资源情况，水源充足，无污染，具体用水量难以数量表达。

下午实地考察与路线调查。

居民点：沿318国道，采集了居民点信息（附图91），以用于分析居民点海拔。利用手持GPS发现，居民点大都在4800m以下。

耕地高度线（青稞种植）：沿318国道通过手持GPS观测发现，在5300m发现了青稞种植。聂拉木县亚来乡有成片的青稞种植，规模较大，有的处于成熟收割期，有的处于灌浆乳熟期（附图92）。（与此前在北线观察到的上限差异较大，需要进一步强化原因分析）。在喜马拉雅山北麓及高原地区耕地海拔高度多在4200m以下，而到了喜马拉雅山南麓，青稞等耕地分布海拔有明显上升趋势。这是否与西南暖湿气流有一定关系？

214县道/318国道：翻过海拔5236m的孔唐拉姆山口，山后就驶入新修的214县道，在214县道上行驶80多千米，就转入著名的318国道，可以直接通往拉萨或樟木口岸。在318国道5266km路桩处前往樟木口岸方向。

附图 91 沿线居民点分布信息考察

附图 92 吉隆县青稞种植（灌浆乳熟期）

聂拉木县隶属于日喀则市，喜马拉雅山与拉轨岗日山之间，东、北、西三面分别与定日、昂仁、萨嘎、吉隆四县交接，南与尼泊尔毗邻。聂拉木县面积 8684.39km²，县城附近海拔 3800m，适合青稞等农作物生长。聂拉木县主要河流有波曲、朋曲。其中，波曲环绕县城流经樟木口岸至尼泊尔汇入印度洋。在聂拉木县境内发现了单只赤麻鸭（附图 93）及较多的藏野驴。

聂拉木县以喜马拉雅山脉主脊线为界，可分为南北两大气候类型区。南区以樟木镇为主的气候特征是：气温高，雨量大，年均气温在 10～20℃，降水量为 2000～2500mm，无霜期在 250 天左右。北区的气候是：高寒，干旱少雨，年均气温为 3.5℃，县城至亚来乡降水量为 1100mm。

希夏邦马峰：取藏语"气候严寒、天气恶劣多变"之意。坐落在喜马拉雅山脉中段，是一座完全在中国境内（聂拉木县）8000m 以上的高峰（海拔 8012m），在世界上 14 座 8000m 级高峰中排名 14。是喜马拉雅山脉现代冰川作用的中心之一。远眺希夏邦马峰，令人心旷神怡，其景象形态甚是奇异，宛若"冰晶园林"，但其上又布满了纵横交错的冰雪裂缝和时而发生巨冰雪崩留下的痕迹。

附图93　在聂拉木县境内发现的单只赤麻鸭

　　聂拉木县定居点：尼泊尔"4·25"大地震后，聂拉木县及日喀则市新建了许多灾民安置点或定居点，整齐划一，与周边自然景观很和谐（附图94）。

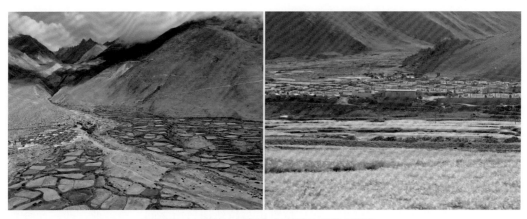

附图94　聂拉木县亚来乡青稞与定居点景观

　　聂拉木县城灾后重建：沿318国道，经过一段盘山路之后，首先映入眼帘的是处于半山腰上的聂拉木县城，整个县城处于重建之中。受尼泊尔"4·25"大地震的影响，整个聂拉木县遭受重大灾害，县城也处于一片废墟之中（附图95）。为保证县城灾后重建，聂拉木县仅允许施工车辆进入县城。一般的旅游车或自驾车不允许进入县城，需有县人民政府和公安局联合颁发的特别通行证方能通过，更别提进入樟木口岸。科考分队之前已通过日喀则市科技局把座谈与考察函件下发到聂拉木县人民政府办公室，经沟通协调，科考车队得以进入县城。县城处于热火朝天的重建之中，地下管道也正在铺设，空气中弥漫着灰尘的味道。仿佛地震就发生在前几个星期或一个月有之前，狭窄的公路上到处是挖掘机、钢筋水泥。车速极为缓慢，我们4号车紧跟在6号车后，眼瞅前车刚启动一会，我们的4号车的左前轮差5～10cm就陷入一个大坑（地下水井）。据观察，尽管受灾严重，但无论是小孩，还是老人都十分乐观，脸上挂着纯真的笑容。实际上，在进入聂拉木县境内之时，便随处可见西藏民

附图 95　聂拉木县城灾后重建 (局部)

政救灾的帐篷，由此不难想象当时抗震救灾的情形。沿 318 国道，灾后重建的聂拉木县各个村落都非常漂亮、整齐划一，一派田园风光。

当天 19：30，入住聂拉木县某宾馆。

第十三天：聂拉木县→聂拉木镇（下午座谈）→樟木口岸

日　　期：2018 年 9 月 3 日　　　**天　　气**：晴

考察主题：自然景观垂直地带性变化、樟木口岸、口岸重建、中尼友谊桥、猕猴、聂拉木县城座谈

考察人员：封志明、杨艳昭、李鹏、何永涛、秦基伟、肖池伟、董宏伟、贾琨、张超、梁玉斌、李文君、何飞、王玮及司机师傅（5 人）

时间安排：出发为 09：20，抵达为 13：30

行驶里程：90.04km（往返）

路线考察与口岸调查。

上午，在封志明队长和聂拉木县自然资源局相关工作人员的带领下，我们前往樟木镇、樟木口岸进行了路线考察与野外调查。

自然景观垂直地带性变化：沿 318 国道，从聂拉木县城出发到樟木口岸，约 34km，道路较为险峻，海拔由 3700m 上升到 4300m 及以上，然后急剧下降至 1750m。海拔变化再叠加持续西南暖湿气流双重影响，植被类型也发生了明显变化，由高山荒漠、草甸递次变为高山灌木、针叶林、针阔混交林、再到阔叶林，郁郁葱葱，生机盎然（附图 96）。特别地，当我们一行沿盘山公路缓缓驶入樟木镇时，阳光下、蓝天、白云、悬崖瀑布群飞溅起来的水汽、原始森林与山谷流淌的溪流交相辉映，恰如人间仙境。除去车来车往，就是林间的鸟语与瀑布击打悬崖的声音。部分路段由于修建在山腰且山体外凸而路似藏于山体之下，公路有点类似于从悬崖下穿行而过，经常形成许多大小不等、宽度不均的"水帘"（就差在山体中凿一个洞了）。这种自然景观在以往的考察中甚为罕见。我们车队一行五辆汽车排队争相免费"洗车"，来回途中把车顶、车身洗了个遍。沿线有许多明洞和几处隧道（如樟木隧道），特别是明洞（如康山桥明洞），既增加了通行的安全（防止落石或泥石流），也增加了考察的趣味性（在明洞中也能领

附图 96　樟木沟自然植被（针叶林）

略外面的美景）。在樟木沟里，由于植被茂盛，水汽与含氧量非常高，在这里可以尽情陶醉在别样的藏域风情中，丝毫不用担心会有高原反应。对于这种垂直地带性变化，由于我们对具体植被种类并非专业出身，上述描述可能会有些纰漏。但沿线的植被变化，特别适合开展植被与生物多样性研究。

樟木镇：樟木镇总体依山傍山而建，全镇坡度在 30° ～ 45°。城中仅有一条主干道（最窄处可通行两辆机动车），蜿蜒向沟里延伸。公路两旁时而高楼（旧式民居 2 ～ 3 层，新式楼房 3 ～ 5 层）林立，即便是山间公路也极为昏暗；时而又视野开阔，对面山腰绿意无限。虽然此时人去楼空（附图 97），但是沿线众多的商铺（门牌上标有印度、尼泊尔的标识）依然向我们传递出一种信号。可以想象，作为中尼廊道一个最为重要的通商口岸，过去街道上肯定非常繁忙，车水马龙、商贩叫卖吆喝声不绝于耳。在去口岸途中，远眺樟木镇，只见房屋高低错落有致，楼房色彩与自然环境相得益彰。整个小镇大体坐北朝南，在阳光照耀下给人一种"城在山中，山中有城""山即是城，城即是山"的自然和谐、浑然一体的视觉感受（附图 98）。

附图 97　樟木镇街景

附图 98　樟木镇外景

尽管樟木镇也遭遇了尼泊尔"4·25"大地震，但从外光上初步判断樟木镇的建筑在整体上毁损的并不严重，但局部影响较大（附图99）。沿318国道两旁各种漂亮的建筑鳞次栉比地排列着：涉外饭店、外贸大楼、邮电大楼、医院和学校等，仿佛诉说着昔日樟木镇的繁华。现在，从樟木镇到樟木口岸的中尼公路沿线正在进行热火朝天的重建（附图100）。然而，在下午与聂拉木县人民政府及樟木口岸管理委员会的座谈过程中，也了解到现在对聂拉木县城及樟木口岸的重建或改造还没有最后"定性"，究竟是按什么标准或要求来重建还不明确。事实上，这段路程除了受尼泊尔"4·25"大地震的影响外，更多的是受到2017年泥石流的影响，导致了二次破坏。这对聂拉木县城及樟口口岸的重建进程无异于雪上加霜。

附图99　樟木镇受损民宅

附图100　樟木镇正在繁忙重建的工地

　　樟木口岸：科考分队实地考察了中尼边境口岸，即樟木口岸（附图101）。樟木口岸位于喜马拉雅山南麓的西藏日喀则市樟木镇樟木沟底部，在喜马拉雅山南坡，东、南、西三面与尼泊尔接壤，樟木口岸距离尼泊尔首都加德满都只有90多千米，是国家一级陆路口岸，尼泊尔"4·25"大地震前一度是中国通向南亚次大陆最大的开放口岸。地震前，樟木口岸对内辐射西藏及相邻省区，对外辐射尼泊尔及毗邻国

附图101　樟木口岸（考察时处于关停状态）

家和地区，曾是西藏最大的边贸中心口岸。沿318国道，利用手持GPS发现，从聂拉木县城出发至樟木口岸（GPS实测海拔1750m）的海拔落差为2500m左右。西藏境内的1000多夏尔巴人主要居聚在这里。尼泊尔"4·25"大地震前，樟木镇常住人口3000多人，外贸、边贸公司20余家，日流动人口1000人左右，年商品交易额已突破2亿元，对内辐射西藏及相邻省区，对外辐射尼泊尔及毗邻国家和地区。周围为樟木口岸自然保护区。在樟木口岸以东有亚东口岸，以西有吉隆口岸。此次考察，正值尼泊尔"4·25"大地震灾后重建过程中。

中尼友谊桥：中尼友谊桥横跨在聂拉木县樟木口岸附近中尼界河上，海拔1800m，1964年建成，是一座横贯东西的钢筋混凝土大桥，连接羊八井至加德满都的中尼公路，是我国318国道（上海—友谊桥）的西端起点。桥宽8m左右，长45m。界河最低处1728m。尼泊尔"4·25"大地震后，中尼口岸关闭，2019年5月恢复运行。

其他相关信息：中尼于1955年建交。2018年6月21日在北京联合发布的《中华人民共和国和尼泊尔联合声明》中，"双方同意加快落实两国政府《关于在'一带一路'倡议下开展合作的谅解备忘录》，加强口岸、公路、铁路、航空、通信等联系，共同打造跨喜马拉雅立体互联互通网络。""双方同意尽快恢复开通樟木口岸，提升吉隆口岸运行水平，确保阿尼哥公路修复保通，实施沙拉公路修复改善和升级项目，推动尽快修建普兰口岸的斜尔瓦界河桥。尼方将尽快完成塔托帕尼口岸周边和阿尼哥公路沿线灾害治理，确保加德满都—沙夫卢比希道路畅通。"

下午座谈与入户调查。

15：30～17：30，封志明队长率杨艳昭、何永涛、李鹏、肖池伟、张超一行同聂拉木县人民政府领导、口岸管理委员会及相关委/局领导在县政府办公大楼六楼会议室关于南亚通道建设等相关主题进行了座谈（附图102）。在聂拉木县关于南亚通道建设考察的座谈会会议纪要，全文附后。

附图 102　科考分队与聂拉木县政府座谈现场

科考分队赴聂拉木调研工作座谈会议纪要

会议时间： 2018 年 9 月 3 日（星期一）15：30 ～ 17：30
会议地点： 聂拉木县政府办公大楼六楼会议室
主 持 人： 县委常委、口岸管理委员会副主任颜谨
参会人员： 聂拉木县委常委、副县长王诗龙、樟木口岸管理委员会副主任颜谨，
　　　　　　聂拉木县发展和改革委员会、自然资源局、生态环境局、农业农村局、
　　　　　　水利局、林业和草原局等相关人员，科考分队封志明、杨艳昭、何永
　　　　　　涛、李鹏、肖池伟、张超
整 理 人： 李鹏

会议各项记录如下。

　　1）聂拉木县副县长颜谨致欢迎辞，介绍聂拉木县参加座谈的人员 / 机构。

　　2）封志明队长介绍科考分队参加座谈的人员情况，并简要介绍了中国科学院地理科学与资源所的基本情况以及与西藏自治区过去的合作情况。

　　3）聂拉木县王诗龙副县长介绍尼泊尔"4·25"大地震灾后聂拉木县重建工作、地理情况（乡镇设置、人口组成）、口岸建设（维稳建设）、森林资源、动物资源等。热烈欢迎科考分队来此调研，积极献策。

　　4）封志明利用 PPT 汇报"南亚通道关键区科考计划"，内容包括科考背景、科考目标、科考任务、组成队伍、座谈主题、预期成果、科考方案、进展情况等主题。

　　5）聂拉木县口岸管理委员会副主任颜谨对调研队非常欢迎。口岸建设经历了一些挫折，但也迎来了曙光。

　　6）聂拉木县王诗龙副县长（分管教育与旅游）：强调印度、尼泊尔的香客从樟木口岸进来，对旅游有拉动作用。在教育方面有个设想，集中办学。

　　7）与聂拉木县各局/委进行互动。①统计局：流动人口与旅游人口等数据可提供。②发展和改革委员会：樟木口岸未来建设是怎样定位的？是重建还是改建？③自然资源局：耕地主要分布樟木沟以北的区域。粮食基本自给，还有剩余。④水利局：水资源可完全保障，存在工程性问题与季节性。⑤生态环境局：樟木口岸已实施水源保护工程、村居环境工程与白色垃圾工程治理。⑥农业农村局：从2010年开始实施草畜平衡以来，现在已经达到平衡。⑦林业和草原局：保护良好，有小熊猫、熊、雪豹、长尾叶猴、猕猴等各种野生动物。

　　8）封志明队长感谢聂拉木县各局、委对此次座谈的支持。座谈后将与各局、委加强数据对接与联系。希望通过第二次青藏高原综合科学考察为西藏自治区、日喀则市与聂拉木建设做出贡献。如果有适当的文字材料与背景材料，可以提供给科考分队。

　　9）聂拉木县王诗龙副县长对此次科考队员莅临本县开展座谈会表示感谢。

　　其余6人，分3个小分队，即土地承载力（贾琨和梁玉斌）、水资源承载力（何飞和李文君）、生态承载力（董宏伟和王玮），分别由聂拉木县派藏族干部专人陪同在县城附近下乡入村，开展问卷调查，成功完成7份问卷。3个小分队考察日志，原文附后。

土地承载力小分队第4次入户问卷调查日志

日喀则地区聂拉木县聂拉木镇宗塔村入户调查日志（一）

调查时间： 2018年9月3日
调查地点： 聂拉木县聂拉木镇宗塔村
位置信息： 28.22°N，85.99°E，海拔为3981 m
调查对象： 宗塔村农牧民
调查人/整理人： 贾琨、梁玉斌
调查过程：

　　2018年9月3日15：30，调研小组在聂拉木县住建部工作人员的带领下，对村庄的农牧民进行了入户问卷调查。就农牧业生产状况、家庭生活消耗、当地水资源状况以及生态状况等进行了访谈调查（附图103）。

附图 103　调查人员与聂拉木县聂拉木镇宗塔村受访对象进行问卷访谈（一）

调研初步认识：

1）由于地震的影响，聂拉木县城的可用耕地较少，部分被征收用于重建。

2）主要种植作物包括青稞、土豆和油茶籽。

3）聂拉木县水资源量较为充沛，农业用水获取较易。

4）生活消耗中粮食主要为糌粑、大米和面粉。

水资源承载力小分队第 4 次入户问卷调查日志

日喀则地区聂拉木县聂拉木镇宗塔村入户调查日志（二）

调查时间：2018 年 9 月 3 日星期一

调查地点：西藏聂拉木县聂拉木镇宗塔村

调查位置：28.228999°N，86.003368°E，海拔为 3980m

调查对象：宗塔村农牧民

调查人 / 整理人：何飞、李文君

调查过程：

　　本次入户调查在聂拉木镇宗塔村进行。在当地干部扎西的带领下，在村委会对两位农牧民完成了问卷调查工作。一位是村委会主任，一位是普通农民。

　　具体情况：宗塔村位于 318 国道两侧，距离聂拉木县县城 10km，驻地海拔3980m，由宗、塔两个自然村组成，全村共 38 户 192 人，耕地总面积 703 亩，草场总面积 47539.95 亩，交通便利，且具有发展反季节蔬菜的条件。宗塔村采用现代栽培技术种植大棚蔬菜，包括白菜、西红柿、青椒、黄瓜、西瓜、萝卜等

20余个蔬菜品种，养殖房7间，主要养殖藏鸡、藏香猪等。温室大棚总共106个，面积约43亩。该村是相对较富裕的村庄，主要在于蔬菜大棚的建立，为村集体带来了收入，村民参与分红，生活得到很大改善（附图104）。

附图104 调查人员与聂拉木县聂拉木镇宗塔村受访对象进行问卷访谈（二）

调研初步认识：

1) 宗塔村耕地较少，且耕地面积分布不平均，有的农户土地较多，而有的农户土地较少。有部分耕地被征收，由于政策限制，开荒是禁止的。

2) 耕地种植作物主要为土豆、油菜、青稞。土豆较多，主要出售土豆，其他作物自食。

3) 畜牧方面，发展重心在农业，畜牧业发展不大，牛羊产量不大，且主要用于自食。

4) 生活消耗方面，主食为大米、面粉、青稞。青稞主要是自产，大米、面粉主要是购买。蔬菜方面，部分蔬菜购买，其他自产，如白菜、土豆、萝卜等。肉类方面，牛羊肉主要是自产，猪肉主要是购买。

5) 水资源方面，当地水资源丰富，无开采地下水，水质优良。

6) 生活用水方面，主要使用自来水。由于水量丰富、政府政策等原因，自来水不收费。

生态承载力小分队第4次入户问卷调查日志

日喀则市聂拉木县聂拉木镇充堆村入户调查日志

调查时间： 2018年9月3日

调查地点： 日喀则市聂拉木县聂拉木镇充堆村

位置信息： 8°09′55″N，5°58′20″E，海拔为 3771m

调查对象： 充堆村农民

调查人 / 整理人： 董宏伟、王玮

调查过程：

2018 年 9 月 30 日下午 3 点，问卷调研生态小分队与向导一同前往调研目的地聂拉木镇充堆村的地震灾后临时安置点后，先后入户了南木嘉和对村情村况熟悉的村书记家进行问卷调研（附图 105）。

附图 105　调查人员与聂拉木县聂拉木镇充堆村受访对象进行问卷访谈

调研初步认识：

1）由于 2015 年尼泊尔"4·25"大地震的影响，充堆村原址受灾损失严重，已无法居住，政府将村民临时就近安置在县城周边房屋内，日常生活得到了保障，并且灾后重建的新房已快竣工。

2）受当地地形因素和土质影响，充堆村可利用耕地面积较少，以种植土豆为主，同时会种植少量平时食用的蔬菜，仅靠雨水即可，不需其他的引水灌溉措施。充堆村的用水主要来源为县城的自来水，生活取水比较容易。

3）在畜牧业养殖方面，村民主要都是养少量牦牛和犏牛，在 11 月到第二年 4 月底圈养，其余时间以放养为主，冬天圈养喂养的草料从周边村子购买。当地草地今年来也无退化现象出现，反而周围草地有轻微恢复趋势出现。

4）日常生活中粮食消费以糌粑为主，面粉和大米为辅。家庭肉类消费以牦牛肉和羊肉为主，蔬菜多食用当地的土豆、白菜，水果消费量很少。奶制品以酥油为主，且都是自家奶牛产奶后制成，以供日常食用。

第十四天：聂拉木县→定日县→中国科学院珠穆朗玛峰大气 与环境综合观测研究站→珠峰大本营

日　　期：2018 年 9 月 4 日　　天　　气：晴

考察主题：青稞、居民点、无人机乃龙乡观测、中国科学院珠穆朗玛峰大气与环境综合观测研究站、珠峰大本营

考察人员：封志明、杨艳昭、李鹏、何永涛、秦基伟、肖池伟、董宏伟、贾琨、张超、梁玉斌、李文君、何飞、王玮及司机师傅（5 人）

时间安排：出发为 09：00，抵达为 20：30

行驶里程：331.99km

青稞：沿 318 国道通过手持 GPS 观测发现，在定日县境内海拔 4000 ~ 4200m 发现成片青稞种植（附图 106）。

居民点：沿 318 国道，利用手持 GPS 采集了居民点信息（附图 107），发现大部分居民点的海拔在 4200m 左右，游牧很少见。

附图 106　聂拉木县沿 318 国道耕地分布 (青稞种植)

附图 107　聂拉木县沿 318 国道居民点分布信息

无人机乃龙乡观测：沿 318 国道，在聂拉木县境内可以看到一个整齐划一、焕然一新的乡镇——乃龙乡。我们考察组利用无人机对乃龙乡进行了航拍（时长 4min 12s）。据了解，聂拉木县乃龙乡是山东烟台对口援建的乡镇。

中国科学院珠穆朗玛峰大气与环境综合观测站：中国科学院珠穆朗玛峰大气与环境综合观测研究站（28.21°N，86.56°E，海拔 4276 m）位于定日县扎西宗乡，距珠峰大本营 30km 左右，距定日县城约 80km，距拉萨约 650km。中国科学院珠穆朗玛峰大气与环境综合观测研究站包括观测场和生活区两个区域，总面积为 30 亩（附图 108）。现已建成 115m² 的活动房和观测场地、配有太阳能供电系统及野外交通工具。中国科学院珠穆朗玛峰大气与环境综合观测研究站建设的长远目标是正确认识喜马拉雅山区大气过程和地表过程本身以及其对我国东亚乃至全球天气气候影响和反馈效应的观测研究基地。

附图 108　南亚通道考察队与中国科学院珠穆朗玛峰大气
与环境综合观测研究站人员合影

珠峰大本营：短暂停留中国科学院珠穆朗玛峰大气与环境综合观测研究站之后，科考分队驱车前往珠峰大本营（海拔 5200m 左右），但天公不作美，在大本营大约停留了 2h，始终没能看到珠穆朗玛峰，其间还下起了小雨和冰雹。珠峰大本营位于绒布寺南方（全球最高的寺庙，海拔 5154m），由一群帐篷旅馆围成，中间树立一面国旗和

一面珠峰保护区旗帜。根据封志明队长的安排，我们利用无人机对珠峰大本营进行了
航拍（附图109），整体对珠峰大本营有了新的认识。

附图109 珠峰大本营一隅

当天20：30，入住中国科学院珠穆朗玛峰大气与环境综合观测研究站。

珠穆朗玛峰108道拐：去珠穆朗玛峰的路蜿蜒崎岖，山路弯弯，九曲连环，据说
有108道弯。这108道拐全部是回头弯，呈螺旋式整齐排列，高差约800m。

绒布寺观珠穆朗玛峰落日：绒布寺位于定日县巴松乡南面珠穆朗玛峰下绒布沟东
西侧的卓玛山顶，全称为"拉堆查绒布冬阿曲林寺"，海拔5100m，距珠穆朗玛峰顶
直线距离约20km，是世界上海拔最高的寺庙，从这里向南眺望，是观赏拍摄珠穆朗玛
峰的绝佳地点。

珠峰大本营纪念碑位于珠峰大本营以南4km处，海拔5200m，需要乘坐环保车或
徒步到达，这段路程异常颠簸。

第十五天：中国科学院珠穆朗玛峰大气与环境综合观测研究站→定日县→拉孜县→萨迦县→日喀则市

日　　期：2018 年 9 月 5 日　　**天　　气：**晴
考察主题：无人机中国科学院珠穆朗玛峰大气与环境综合观测研究站航拍、加吾拉山口、青稞、居民点
考察人员：封志明、杨艳昭、李鹏、何永涛、秦基伟、肖池伟、董宏伟、贾琨、张超、梁玉斌、李文君、何飞、王玮及司机师傅（5 人）
时间安排：出发为 7：00，抵达为 19：30
行驶里程：311.79km

早 7：00 起身前往绒布寺，瞻仰珠穆朗玛峰晨颜和日出，未能如愿。

无人机航拍：在中国科学院珠穆朗玛峰大气与环境综合观测研究站，利用无人机航拍，从而对其全貌有了了解。

加吾拉山口：加吾拉山口观景台，是目前观赏珠穆朗玛峰最佳的观景台，也是世界上最著名的雪山观景台之一。正是在这里，我们远眺了珠穆朗玛峰。在加吾拉山正南方，从东至西（从左到右）依次排列着 5 座海拔 8000m 以上的世界最高山峰：马卡鲁峰 8463m（第 5）、洛子峰 8516m（第 4）、珠穆朗玛峰 8848.86m（第 1）、卓奥友峰 8201m（第 6）、希夏邦马峰 8012m（第 14）。当然，加吾拉山口观景台不仅仅是看世界最高山峰的景色，更令人叫绝是珠峰脚下的景色，以及蔚为壮观的 108 道拐，深刻地反映了人类对大自然的改造。在遵循自然规律的同时，体现了人类智慧的结晶。

青稞：沿 318 国道，在拉孜县、萨迦县、日喀则市境内发现了成片青稞地（附图 110）。通过手持 GPS 观测发现，青稞种植海拔范围为 4000～4200m。特别地，日喀则市有"世界青稞之乡、西藏粮仓"的美称。据了解，日喀则，藏语为"溪卡孜"，意为"最如意美好的庄园"，位于喜马拉雅山脉中段与冈底斯山—念青唐古拉山中段之间。日喀则市每年的青稞产量占西藏自治区青稞总产量的 75%，且品种多，籽粒饱满，成色上佳，

附图 110　318 国道耕地分布信息

有着其他地区青稞无法比拟的特点,因此日喀则市也有着"世界青稞之乡"等美誉。

居民点:沿 318 国道,利用手持 GPS 采集了居民点信息(附图 111),发现大部分居民点的海拔在 4400m 左右。

附图 111 318 国道居民点分布信息

岩羊:在日喀则市区沿 318 国道发现 7 ~ 8 只岩羊在半山腰、路边觅食(附图 112)。既有成年岩羊,也有幼年岩羊。见我们车队过来,成年岩羊一跃而起就跳过了路障,到了半山腰。而幼年岩羊试了几次才成功。资料显示,在悬崖峭壁只要有一脚之棱,岩羊便能攀登上去。一跳可达 2 ~ 3m,若从高处向下更能纵身一跃 10 多米而不致摔伤。

当天 19:30 入住日喀则市某酒店。

附图 112 在去日喀则市方向 318 国道再次发现一群岩羊

第十六天：日喀则市→仁布县→尼木县→曲水县→堆龙德庆区→拉萨市

日　　期： 2018 年 9 月 6 日　　　**天　　气：** 晴
考察主题： 日喀则市政府座谈、青稞、318 国道拉日段（沿雅鲁藏布江大峡谷）景观
考察人员： 封志明、杨艳昭、李鹏、何永涛、秦基伟、肖池伟、董宏伟、贾琨、张超、
梁玉斌、李文君、何飞、王玮及司机师傅（5 人）
时间安排： 出发为 13：00，抵达为 19：30，入住为 19：30
行驶里程： 279.39km

上午机构座谈 / 入户问卷调查。
上午，科考分队成员分为两组分别开展机构座谈与入户问卷调查。座谈人员由封志明、杨艳昭、何永涛、李鹏、秦基伟、肖池伟、张超组成。由封志明带队参加了由日喀则市政府组织的关于南亚通道资源环境基础与承载能力考察的座谈会（附图 113）。会议纪要原文附后。

附图 113　科考分队与日喀则市政府部门座谈现场

科考分队赴日喀则市调研工作座谈会纪要

会议时间： 2018 年 9 月 6 日（星期四）09：30-11：30
会议地点： 日喀则市政府中心会议室 302 会议室
主 持 人： 日喀则市副市长赵兵
参会人员 / 机构： 日喀则市副市长赵兵、科技局党组书记米玛旦增、科技局局长
尼琼，日喀则市发展和改革委员会、自然资源局、经济和信息化、生
态环境局、农业农村局、水利局、统计局、商务局等相关人员，科考
分队封志明、杨艳昭、何永涛、秦基伟、李鹏、肖池伟、张超
整 理 人： 李鹏

会议各项记录如下。

1) 日喀则市副市长赵兵致欢迎辞与感谢，介绍参加座谈的人员 / 机构、议程安排等。

2) 日喀则市科技局党组书记米玛旦增汇报日喀则市推进南亚大通道建设情况。汇报相关材料见会场提供材料，可提供。

3) 中国科学院地理科学与资源研究所封志明队长介绍南亚通道背景，并简要介绍了中国科学院地理科学与资源研究所的基本情况以及与西藏自治区过去的合作情况。并就"南亚通道关键区科考计划"进行口头汇报。①科考背景；②科考目标；③科考任务；④组成队伍；⑤座谈主题；⑥预期成果；⑦科考方案；⑧进展情况；⑨资料收集等。

4) 科考分队与市局进行互动。就以下问题进行讨论：①日喀则市口岸建设方面，樟木口岸未来发展方向，吉隆口岸与樟木口岸协调发展问题等；②五网建设问题（如阿里地区的电网建设（孤网）问题，聂拉木县的水网与季节性、工程性与地方性问题，石油与天然气的管网问题，通信网络问题）；③关于耕地的占补平衡问题；④关于出境河流生态环境监测问题；⑤关于口岸的人口流、货币流、信息流现状及未来发展态势问题；⑥关于村庄、城镇布局的人居环境适宜问题（如交通保障等）。

5) 各委 / 局材料提供（包括相关数据、存在问题、发展建议），发展和改革委员会提供总体空间规划、产业总体规划等材料。

6) 日喀则市副市长赵兵对此次科考分队莅临本县开展座谈会表示感谢，并对南亚通道未来建设存在的问题也有些考虑与认识，如吉隆口岸的体量、结构、层次是否能满足需求。从市一级层面来看，需要加强相关基础设施建设，如村级通 4G 等。

7) 封志明感谢日喀则市各局 / 委领导对此次座谈的支持。座谈后将与各局、委加强数据对接与联系。希望通过第二次青藏高原综合科学考察为西藏自治区与日喀则市建设做出贡献。围绕南亚通道建设相关文字背景材料，可以提供给科考分队。

其余 6 人，分 3 个小分队，即土地承载力（贾琨和梁玉斌）、水资源承载力（何飞和李文君）、生态承载力（董宏伟和王玮），分别由阿里地区行政公署派藏族干部专人陪同下乡入村，开展问卷调查，成功完成 7 份问卷。3 个小分队考察日志，原文附后。其中土地承载力小分队由梁玉斌负责问卷调查、贾琨负责记录与日志整理；生态承载力小分队由王玮负责问卷调查、董宏伟负责记录与日志整理；水资源承载力小分队由李文君负责问卷调查、何飞负责记录与日志整理。

土地承载力小分队第 5 次入户问卷调查日志

日喀则市桑珠孜区曲美乡拉贵村入户调查日志

调查时间： 2018 年 9 月 6 日

调查地点： 日喀则市桑珠孜区曲美乡拉贵村

位置信息： 29°10′58″N，88°47′46″E，海拔为 3862 m

调查对象： 拉贵村农牧民

调查人 / 整理人： 贾琨、梁玉斌

调查过程：

早上 9：30，在日喀则市政府的安排下，由日喀则市科技局工作人员巴桑陪同，调研小组来到日喀则市桑珠孜区曲美乡拉贵村展开调研工作。调研人员调研了拉贵村的农牧民，深入了解了当地村民的农业生产情况、畜牧业养殖和牧场草场情况、生活消耗与水资源利用情况（附图 114）。

附图 114　调查人员与日喀则市桑珠孜区曲美乡拉贵村调研对象进行问卷访谈

调研初步认识：

1) 拉贵村有较好的农牧业发展，其中，农业发展规模要大于畜牧业。

2) 拉贵村耕地主要包括青稞、小麦、油菜等作物，多为自己食用。

3) 草场没有退化，养殖牲畜品种主要为牛、羊，此外，有少量的牦牛与驴。

4) 生活食物消费主要是粮食、蔬菜、肉类和奶制品，水果相对较少。

5) 水资源较为充沛，水质良好，水源为自来水，生活用水主要用于洗衣做饭。

水资源承载力小分队第 5 次入户问卷调查日志

日喀则市桑珠孜区甲措雄乡别扎村调查日志

调查时间： 2018 年 9 月 6 日 星期四

调查地点： 日喀则市桑珠孜区甲措雄乡别扎村

调查位置： 29.203268°N，88.915885°E，海拔为 3850m

调查对象： 别扎村农牧民

调查人 / 整理人： 何飞、李文君

调查过程：

　　本次入户调查从日喀则市区出发，去往火车站方向。调查时间正值当地农民收割小麦的繁忙时节，我们小组在野外顺利完成了问卷调查工作（附图 115）。

附图 115　调查人员在野外与村民进行访谈

具体情况：

　　甲措雄乡 1960 年成立，1988 年 5 月撤区并乡时，由原属甲措区的 5 个乡合并成立甲措雄乡。乡政府驻塔杰村。甲措雄乡别扎村位于市区东南，年楚河西岸，距市区约 101km。面积 471km²，人口 1.2 万。日（喀则）亚（东）公路横贯乡境。

　　此次调查村庄为甲措雄乡别扎村，距离市区较近，由于城市扩张，征收了村民大量土地，导致该村耕地减少。并且该村村民大都为农民，牛羊也养一些，但都为圈养，一般不出售。

调研初步认识：

　　1）别扎村耕地较多，但由于地处城市附近，城市扩张导致耕地被征收，耕地减少，草场也减少。

　　2）耕地种植作物主要为冬小麦和青稞。

3）畜牧方面，该村主要发展农业，牛羊产量不大，且主要用于自食。

4）生活消耗方面，主食为大米、面粉、青稞。青稞自产，大米、面粉需要购买。蔬菜方面，部分蔬菜购买，其他来自自产，如白菜、土豆、萝卜等。牛羊肉可自产。

5）水资源方面，当地水资源丰富，无开采地下水，水质优良。生活用水方面，当地主要使用自来水，不同于以往情况，该村处于市郊，自来水收费，0.4 元 /t。

生态承载力小分队第 5 次入户问卷调查日志

日喀则市桑珠孜区边雄乡甲根村入户调查日志

调查时间： 2018 年 9 月 6 日
调查地点： 阿里地区噶尔县昆莎乡噶尔新村
位置信息： 29°20′12″N，89°00′46″E，海拔为 3781 m
调查对象： 甲根村农民
调查人 / 整理人： 董宏伟、王玮
调查过程：

2018 年 9 月 6 日 10：00，问卷调研生态小分队与日喀则市科技局相关人员一同前往桑珠孜区甲根村，由于当地正处于青稞收货的农忙时节，村子里几乎没人，于是我们一行人便一同赶往青稞田里，找到了熟悉本村情况的两位村民，在田里进行了问卷访谈（附图 116）。

附图 116　正在收割的青稞地与问卷调研过程

调研初步认识:

1) 日喀则属于西藏的粮仓,而甲根村所在的桑珠孜区更是粮仓中的粮仓。当地土质好,耕地资源非常丰富,人均耕地面积多,调查的两户村民家中耕地分别有 78 亩和 150 亩,且其中都是约有八成种植青稞,其余多种植小麦、油菜。青稞和小麦的单产分别为 300kg/ 亩、350kg/ 亩,属于西藏市县的粮食作物高产区域。

2) 有部分村民将 200 亩左右的土地整合流转给公司用于枸杞种植,村民可在兼顾自家农田耕种的同时在公司打工,不仅掌握了一门种植技术,还可增加收入。

3) 桑珠孜区属纯农区,无草场,但两户村民家里均有养殖少量牲畜,以奶牛为主,其中巴桑家除养牛外还养有羊和猪,一般不会出售,用来提供日常生活肉类食用。日常饮食中主食一般早上吃糌粑、中午吃米饭、晚饭吃面粉制成的馒头、油饼。蔬菜为家中种植,水果食用较少。

下午野外考察与路线调查。

青稞:沿 318 国道在上日喀则机场高速前,发现了成片的青稞 (附图 117),大部分青稞已经成熟,藏族同胞正在热火朝天地收割青稞 (或已经收割完成,随处可见青稞垛子,据观察,机械化程度不高),好似中国南方 (如江汉平原) 双抢时节农户收割水稻。"世界青稞之乡""西藏粮仓"果然名不虚传。利用手持 GPS 发现,青稞地的海拔在 4100m 左右。

附图 117　日喀则市正在收割的青稞

318 国道拉日段 (沿雅鲁藏布江大峡谷) 景观:此时正值夏汛末期,雅鲁藏布江河水水位明显上升,水质浑浊,水流湍急 (附图 118)。雅鲁藏布江河床宽窄不一,据推测,在大峡谷中有的谷宽仅 100 ~ 300m,水面更不足百米宽,两岸山坡陡峻;有些谷宽可达 5～6km（有浅滩或沙洲，随处可见杨柳），水面亦宽达 1～2km。

当天 19：30，科考分队入住拉萨市某饭店。

附图 118　雅鲁藏布江河面

第十七天：拉萨市区休整，开始考察总结

日　期： 2018 年 9 月 7 日　　**天　气：** 晴

主要工作： 考察总结与相关后续工作安排

留藏人员： 封志明、杨艳昭、李鹏、肖池伟、董宏伟、贾琨、张超、梁玉斌、李文君、何飞、王玮

　　科考队员入住拉萨市某饭店，对此次考察进行集中总结与相关后续工作安排。

　　上午，科考分队队长封志明就相关后续工作主要安排如下：

一、数据收集

　　后续跟进西藏自治区及拉萨市、日喀则市、那曲市、阿里地区市县两级 2000 年以来相关资料收集，具体由杨艳昭负责，贾琨、张超、梁玉斌、何飞、王玮等研究生协助。

二、日志整理

　　南亚通道科考日志整理与完善及照片整理。具体由李鹏负责，肖池伟、李文君协助。

三、问卷总结

　　各入户问卷调查小分队整理、完善日志，并形成调查报告。三组集中总结入户调查中存在的问题，并根据实际情况完善调查问卷；具体由董宏伟、梁玉斌、何飞三人分别负责。

四、初步分析

　　基于已收集的相关资料（数据 / 图件等）开展初步分析评价研究。

　　14：30 ~ 15：30，封志明研究员在饭店会议室向孙鸿烈院士汇报了此次南亚通道资源环境基础与承载能力考察相关经过与主要考察成果（附图 119）。中国科学院院士孙鸿烈是第二次青藏高原综合科学考察研究首期科考成果评估咨询委员会组长。

　　16：00，在中国科学院拉萨高原生态综合试验站副站长何永涛及钟志明副研究员、李少伟博士的陪同下，封志明副所长对中科拉萨地理科学与区域发展研究院办公环境及拉萨高原生态试验站新修选址进行了实地调研，随行队员还有杨艳昭研究员和董宏伟博士。

　　封志明一行首先来到中科拉萨地理科学与区域发展研究院办公室，对崭新宽敞的办公环境赞不绝口，并对拉萨站科研人员在新的办公条件下刻苦钻研、为地区科学发展贡献力量充满期待。封志明一行还来到科研人员的住宿大楼，作为西藏自治区人才引进安置住宅小区，周围配套设施齐全，房间居住面积大。封志明作为副所长很欣慰高原科研人员能够有这么温馨的住宿环境，同时也鼓励大龄单身科研人员要积极主动，有女主人才算作是一个真正的家。

　　最后，封志明一行驱车来到现在的拉萨生态站，慰问并看望了站上一线科研工作人员，并与他们一起在站食堂吃晚饭，晚饭后驱车回酒店入住，这时已经是晚上 9：00（附图 120）。

附图 119　封志明队长向孙鸿烈院士汇报本次南亚通道考察主要进展

附图 120　中科拉萨地理科学与区域发展研究院办公大楼导航图

第十八天：拉萨市区相关职能部门数据收集

日　　期：2018 年 9 月 8 日（星期六）　　　**天　　气**：晴
主要工作：人口 – 社会 – 经济统计数据跟进收集、路线考察与入户调查日志整理
留藏人员：杨艳昭、李鹏、肖池伟、董宏伟、贾琨、张超、梁玉斌、李文君、何飞、
　　　　　　王玮

　　由于此次南亚通道外业考察工作已经完成，且由于地理资源所所务工作需要，队长封志明先期返回北京。在回京之前，队长封志明对接下来在藏的后续工作与安排进行了布置。因此，其余考察队员暂留拉萨进行科考总结、数据收集与归档、数据分析与研究等。

　　当日，杨艳昭研究员、张超博士对在阿里地区行政公署、普兰县、吉隆县、聂拉木县及日喀则市地方调研会议纪要进行了系统整理。同时，对已获取的纸质统计资料进行了整理和归档，对电子资料进行了备份、整理、归档。对于尚未收集到的数据资料，通过电话联系或电子邮件等形式，向前述召开过座谈会的地方政府及相关职能部门进行了电话沟通或发送了水资源、环境状况、土地、草畜平衡、口岸贸易等方面的资料清单，进一步跟踪收集涉及南亚通道资源环境承载力等方面的资料。在此基础上，对照调研计划，整理出仍需通过西藏自治区统计局层面进行收集的资料清单，为进一步收集数据资料理清思路奠定了基础。在人口资料方面，杨艳昭研究员联系了西藏自治区统计局综合处处长，协调了后续与人口处、收支处座谈的时间。在前期联系的基础上，张超博士前往西藏自治区统计局取回前期座谈约定的各地、市统计年鉴电子资料等一套。

　　当日，结合前期每日所采集的景观定位照片与随行笔记，李鹏副研究员等日志整理组成员在宾馆整理沿线考察日志材料。具体工作包括：①汇总收集科考队员所采集的所有照片，并筛选出较好的照片；②补充途径所有县域单元的自然地理与社会经济等基本材料；③结合研究方向，讨论并总结未来围绕西藏、青藏高原学术论文产出的方向与"点子"；④进一步优化了科考日志的写作要点、逻辑结构等。

第十九天：拉萨市区相关职能部门数据收集

日　　期： 2018 年 9 月 9 日（星期日）　　　**天　　气：** 晴
主要工作： 人口 – 社会 – 经济统计数据跟进收集、路线考察与入户调查日志整理
留藏人员： 杨艳昭、李鹏、肖池伟、董宏伟、贾琨、张超、梁玉斌、李文君、何飞、
　　　　　　王玮

　　为深入了解西藏地方发展历史，杨艳昭研究员带领贾琨、张超、何飞等研究生前往西藏自治区图书馆收集地方志资料（附图 121），对《西藏自治区地方志·水利志》《西藏自治区地方志·农业志》《西藏自治区地方志·统计志》《西藏自治区地方志·粮食志》《日喀则地区志》《林芝地区志》《那曲地区志》等地方志中涉及资源环境评价的内容进行了拍照，同时复印了西藏昌都地区土地资源相关书籍一本，并购置西藏拉萨土地资源相关书籍一本。

　　当日，日志整理组成员继续在宾馆整理沿线考察日志材料。入户问卷调查分队集中总结入户调查中存在的问题，并根据实际情况完善调查问卷。

附图 121　西藏自治区图书馆查阅资料

第二十天：拉萨市区相关职能部门数据收集

日　　期： 2018 年 9 月 10 日（星期一）　　**天　　气：** 晴

主要工作： 人口 – 社会 – 经济统计数据跟进收集、路线考察与入户调查日志整理

留藏人员： 杨艳昭、李鹏、肖池伟、董宏伟、贾琨、张超、梁玉斌、李文君、何飞、
王玮

9 月 10 日上午，为进一步收集西藏自治区人口结构、食物消费等方面情况，杨艳昭研究员带领张超博士前往西藏自治区统计局人口处、收支处进行访谈，在访谈过程中对统计局现存的人口、食物消费资料进行记录。

9 月 10 日下午，张超博士、何飞硕士、王玮硕士前往地理资源所拉萨站借用便携扫描仪两台，并返回自治区统计局对若干孤本统计资料进行扫描，对不便扫描的纸质文本在西藏自治区统计局工作人员陪同下进行复印，共收集纸质 / 电子资料 50 余册 / 套（附图 122）。

附图 122 考察队搜集的部分纸质资料

第二十一天：拉萨市区相关职能部门数据收集

日　　期：2018 年 9 月 11 日（星期二）　　**天　　气**：晴
主要工作：人口 – 社会 – 经济统计数据跟进收集、路线考察与入户调查日志整理
留藏人员：杨艳昭、李鹏、肖池伟、董宏伟、贾琨、张超、梁玉斌、李文君、何飞、
王玮

9 月 11 日下午，张超博士、何飞硕士、王玮硕士对前一日未复印完成的统计资料进行复印，复印后归还西藏自治区统计局，并取回了涉及食物消费的部分电子数据。返回住处后，将科考分队其他成员收集的其他统计资料、纸质材料列入资料清单，而后对纸质材料进行整理打包，将从吉隆县发展和改革委员会、聂拉木统计局暂借的统计资料邮寄回原处，其他资料通过快递邮寄至北京。

与此同时，矿产资源数据收集也在同步有序进行。9 月 10 ～ 11 日，李鹏、肖池伟两人两天三次前往西藏自治区国土资源厅（附图 123）收集西藏自治区及拉萨市、那曲市、阿里地区、日喀则市的矿产资源数据。下午，到宾馆之后，将获取的数据同张超博士完成了交接。

附图 123　西藏自治区国土资源厅大楼

第二十二天：拉萨飞回北京

日　　期： 2018 年 9 月 12 日（星期三）　　**天　　气：** 晴

主要工作： 考察活动结束，并返回北京

留藏人员： 杨艳昭、李鹏、肖池伟、董宏伟、贾琨、张超、梁玉斌、李文君、何飞、
　　　　　　王玮

　　当日 6：20，科考分队剩余队员集体乘坐机场大巴去拉萨贡嘎国际机场。并于
9：20 乘坐飞机安全返回北京。飞机安抵北京首都 T3 机场时间为 12：45。

　　至此，第二次青藏高原综合科学考察研究 2018 年南亚通道资源环境承载力基础考
察活动圆满结束。

南亚通道资源环境基础与承载能力考察日志
（2019 年 4 月 4 ~ 12 日）

第一天：北京飞抵西安

日　　期：2019 年 4 月 4 日（星期四）　　天　　气：晴
考察主题：北京飞抵西安，为次日去林芝市作准备
参加人员：封志明、杨艳昭、李鹏、肖池伟、李文君等
时间安排：北京出发为 14：20，抵达西安为 16：15，入住西安某酒店为 17：20

　　4 月 4 日（周四）下午，中国科学院地理科学与资源研究所封志明研究员、杨艳昭研究员、李鹏副研究员、肖池伟博士生、李文君硕士生等一行 6 人，于 14：20 乘坐飞机从北京飞往西安（考察安排通知过晚，已无航班从成都飞往林芝市），飞机抵达咸阳国际机场时间是 16：15。此次飞行，一路多次遭遇不稳定气流，颠簸严重，颇感不适。

　　来西安前，李文君已在网上预定好入住酒店，肖池伟前往海淀区出入境管理办事大厅为每名科考队员办理了口岸等边境地区的边防证（有效期：三个月），并从中国科学院地理科学与资源研究所办公室开具科考介绍信。李鹏联系好了机场往返酒店的接送车辆（次日飞林芝市）。

　　尽管此次考察安排略显仓促（4 月 2 日下午接到组织此次考察通知，建议 4 日或 5 日出发），得益于科考分队近五年的工作积累，特别是在中国科学院拉萨高原生态综合试验站站长余成群研究员、李少伟博士、田原博士生，以及韩福松博士生等同事的协助下，李鹏、肖池伟反复讨论、多次调整并确定了此次考察的路线设置与道路通行情况。之后，又与封志明研究员讨论、并确立了此次考察的具体日程安排（表 1.2）。4 月 3 日，科考队员准备了日喀则市亚东、定结两县《关于商请协助安排南亚通道建设考察研究座谈会的函》，发给中国科学院拉萨高原生态综合试验站余成群研究员，并请协助安排后续座谈、人员对接等事宜。

　　至 4 月 4 日下午，即封志明研究员一行前往西安市转机林芝市前，科考队员已将此次考察路线、日程安排、地方座谈以及其他相关事项准备妥当。

第二天：飞抵林芝市并参加研讨会，考察嘎拉村

日　　期：2019 年 4 月 5 日（星期五）　　天　　气：晴
考察主题：飞抵林芝米林机场；参加"西藏资源环境承载能力现状评价咨询研讨会"；
　　　　　考察嘎拉村桃花林
参加人员：封志明、杨艳昭、李鹏、肖池伟、李文君等
时间安排：西安机场出发为 06：30，抵达林芝米林机场为 09：15，入住林芝市某酒店
　　　　　为 10：35，参加研讨会时间为 10：50

　　10：00 ～ 13：30，"西藏资源环境承载能力现状评价咨询研讨会"在西藏林芝市岷山大酒店辅楼 3 层会议室举行，会议由西藏自治区农牧科学院资源环境所书记田波研究员主持。此次研讨会广泛讨论了科技部第二次青藏高原综合科学考察研究的合作领域与可能性。参加此次研讨会的机构还有中国科学院重庆绿色智能技术研究院三峡生态环境研究所 / 水库生态研究所，以及西藏自治区农牧科学院、西藏大学农牧学院的研究人员、博士后及研究生 20 余人。科考分队一行是在抵达林芝米林机场（附图 124），并赶赴酒店（即会场）后，就立马参加了此次研讨会。

附图 124　科考队员在林芝米林机场合影

　　研讨会上，科考分队队长封志明研究员作了题为"南亚通道资源环境基础与承载能力考察研究 2018 年度报告"的专题汇报（附图 125）。汇报内容包括：科考目标与科考内容、2018 年科考方案与科考活动、2018 年科考成果与研究成果，以及 2019 年科考方案与工作计划等。同时，还就 2019 年科考方案与工作计划跟与会专家进行了交流，包括考察路线与日程安排、与地方机构的合作方向、参与方式，以及参与内容等。

附图 125　科考分队队长封志明研究员专题汇报

　　此外，西藏大学农牧学院动物科学学院党委书记/副院长苗彦军教授、西藏大学农牧学院研究生处/学科规划处处长方江平教授、中国科学院重庆绿色智能技术研究院三峡生态环境研究所/水库生态研究中心陈吉龙研究员三人分别以"西藏草地承载力与放牧研究""西藏生态经济系统结构与功能""西藏边境县资源环境现状分析"为题进行了专题汇报与讨论，共有 20 余人参加此次研讨会（附图 126）。

　　当日下午，科考队员短暂休整。林芝市平均海拔约 3100m，巴县区不到 3000m，科考队员高原反应现象不太明显。鉴于当日与次日路线考察安排，为适应高原，15：30，

附图 126　"西藏资源环境承载能力现状评价咨询研讨会"与会人员合影

科考队员驱车前往林芝镇巴宜区嘎拉村(有"桃花村"之美名,在镇驻地西侧尼洋河谷地,距市区约20km)进行参观考察。

由于此次南亚通道补充考察时间安排紧凑,此前,西藏自治区农牧科学院书记帮助联系了两辆越野车。当天傍晚,科考分队与两位同行司机进一步确定了由林芝市巴宜区,前往米林县、朗县,山南市的加查县、曲松县、桑日县、乃东区、扎囊县、贡嘎县、浪卡子县,日喀则市的江孜县、康马县、亚东县、岗巴县、定结县、定日县、江孜县、萨迦县与桑珠孜区,拉萨市尼木县、曲水县、堆龙德庆区与城关区沿线的交通状况、公路里程、限速情况与时间安排,分别与亚东县政府办副主任、定结县政府副县长、定日县政府常务副县长、珠穆朗玛峰国家级自然保护区管理局局长分别取得了联系,并就亚东、定结两县的机构座谈,以及前往珠峰大本营考察等相关事宜进行了请示、对接与沟通,并得到了相应地方政府在住宿、通行等方面的便利安排。

第三天：林芝市—米林县—朗县—山南市加查县—曲松县—桑日县—乃东区

日　　期：2019 年 4 月 6 日　　天　　气：晴

考察主题：拉林铁路、雅江巨柏、防沙治沙、卧龙奇石、千年核桃树、藏木水电站、光伏发电

参加人员：封志明、杨艳昭、李鹏、肖池伟、李文君及司机师傅（2 人）

时间安排：出发时间为 08：15，午餐时间为 13：30，抵达乃东泽当饭店为 19：40，晚餐时间为 19：50

行驶里程：考察全程 GPS 轨迹 417.15km

　　20 世纪 90 年代，"木头财政"还是林芝地区的主要收入来源。2000 年以来，林芝市通过实施植被恢复、防沙治沙及重点区域造林工程，森林覆盖率达到 47.6%（2016 年），生物多样性得到恢复。2010 年以来，森林恢复项目包括防护林建设、城市景观绿化、拉林铁路和拉林高速公路沿线绿化及经济林建设。

　　拉林铁路：是连接拉萨市拉萨站至林芝市巴宜区林芝站的铁路，是川藏铁路的重要组成部分。地处冈底斯山与念青唐古拉山、喜马拉雅山之间的藏南谷地，雅鲁藏布江中游，海拔在 2800～3700m。山高谷深，气候极端恶劣。它既是川藏铁路、滇藏铁路和甘藏铁路的共同干线铁路，也是青藏铁路的支线工程。该铁路 2012 年 3 月被列入《"十二五"综合交通运输体系规划》，设计时速 160km/h（属于低级快速铁路，比普速铁路快），是国铁 I 级单线电气化快速铁路。2018 年 10 月，川藏铁路拉萨至林芝段昌果特大桥开始铺设行轨排、架设梁片，标志着川藏铁路拉林段正式进入铺轨阶段。

　　该线路西起拉萨火车站（货车线路始于拉萨南站），沿拉萨河而下，经贡嘎县、扎囊县转向东，经山南市、桑日县、加查县、朗县、米林县，多次跨越雅鲁藏布江到林芝站。全线长 433km，其中与拉（萨）—日（喀则）铁路共线近 33km，新建铁路 400 多千米。以雅鲁藏布江为界，拉林高等级公路走北线，拉林铁路走南线，整个铁路沿雅鲁藏布江行进，过江 16 次。此次考察中，沿线可见拉林铁路正在修建或已建好的排排桥墩（附图 127）、隧道与跨江大桥，如藏木特大桥是国内第一座真正的免涂装耐候钢桥梁（附图 128）。

　　雅江巨柏：虽然沙化现象严重，但是考察途中也见到了"雅江千年巨柏绿化带"的宣传语。在 S306 沿线，科考队员也见证了在雅鲁藏布江两岸呈带状分布（雅鲁藏布江南岸尤其明显，附图 129）的巨柏。它们形态各异，或弯或直，或倾或卧，历经千百年沧桑，屹立在江边，聆听滔滔江水。

　　巨柏（亦称为雅鲁藏布江柏木），是柏科，柏木属乔木，树皮纵裂成条状；生鳞叶的枝排列紧密，粗壮，四棱形，常被蜡粉，末端的鳞叶不下垂；鳞叶斜方形，交叉对生，球果矩圆状球形，五角形或六角形，能育种鳞具多数种子；种子两侧具窄翅。

附图 127　正在修建的拉林铁路

附图 128　在建的藏木特大桥（我国第一座真正的免涂装耐候钢桥梁）

附图 129　雅鲁藏布江南岸巨柏

巨柏是国务院 1999 年 8 月 4 日批准的国家 I 级重点保护野生植物，1999 年收入《国家重点保护野生植物名录（第一批）》名单。

有"世界巨柏王"之称的巨柏林，位于雅鲁藏布江和尼洋河下游海拔 3000～3400m 的沿江河谷里，包括沿江地段的漫滩和有灰石露头的阶地阳坡的中下部，组成稀疏的纯林。区域上，分布在中国西藏雅鲁藏布江流域的郎县、米林及林芝等地，甲格以西分布较多。

在林芝巴结乡境内的巨柏自然保护区，散布生长着数百棵千年古柏，是西藏特有的古树，是一片较完整的巨柏林。这些古柏平均高度约为44m，胸径为158cm。在古柏林中央有一株十几人都不能环抱的巨柏，它高达50多米，直径近6m，树冠投影面积达一亩有余。经测算，这株巨柏的年龄已有2000～2500年，被当地人以"神树"之尊加以保护。

防沙治沙：在西藏雅鲁藏布江中下游地区，即山南段与林芝段，两岸地区沙滩地广布（附图130），夏秋季洪水淹没长达2个多月，冬春寒冷大风，沙化现象严重。近年来，林芝、山南两市域沙漠化、荒漠化似有加剧的趋势，如在半山腰下也可以看见沙化现象。

附图130　雅鲁藏布江中下游两岸沙地

长期以来，在没有植被或植被稀少的沙滩区造林很难，由于干沙层很厚，投入大，成活率也低（约10%）。近年来，西藏防沙治沙工作包括"封、固、造、播"等举措。"封"，即全面实施天然林禁伐，大力实施了封山育林和退耕还林工程。"固"，即树草结合、以草护林、以林固沙。"造"，大规模开展造林绿化活动。"播"，即通过企业科技优势，采取驯化乡土植物、改良土壤等方式，探索在荒山荒坡种树种草。

卧龙奇石：位于米林县卧龙镇，是由雅鲁藏布江江水常年冲刷而成。枯水时期，形似蛤蟆（附图131）、大象、猴子、孔雀、宝塔等形状各异的礁石露出水面，展现出大自然的鬼斧神工。此次考察，雅鲁藏布江江水水位还较高，未能全部见到上述各种模样。

加查千年核桃树：行驶在加查县境内，在考察沿线经常可以见到正在发芽长叶的核桃树（附图132）。在加查县安绕镇噶玉附近，有两颗生于1300多年的核桃树，树干粗壮，要七八名青年男子手挽手才能环抱。每年8～9月，核桃成熟。加查被称为"核桃之乡"，加查核桃皮薄、个大、肉嫩、肉满、肉质香醇甜润，是历代达赖喇嘛和达官显贵的贡品。加查核桃含油量达64%～80%，是炼油佳品，也是补脑健身的优良干

附图 131　卧龙镇卧龙奇石与低水位已局部裸露出的奇石

附图 132　加查县境内的千年核桃树

果和中药材。

在西藏，由于海拔和气候的原因，能够长到 10m 以上的大树十分难得，然而在雅鲁藏布江边的嘎玉村，上千棵的茂盛核桃树已经在此存在了千年。村子中央，有一处专门围起来的千年核桃林园。其中十来株核桃树，是村中历史最长、长势最盛的。其中最大的一株核桃王，高达十多米，树围需要七八个人手拉手才能合上。核桃树干有无数道痕迹，树皮坚硬斑驳。粗大的主干上有许多大型的空洞，一眼望去便会看到这片土地千年的变化。

能源建设：2010 年 1 月召开的中央第五次西藏工作座谈会对西藏能源发展做出规划，即西藏要"形成以水电为主，油、气和可再生能源互补的可持续发展综合能源体系"。此次路线考察，主要考察了藏木水电站与光伏发电。

藏木水电站：位于加查县拉绥乡藏木村境内（附图 133），地处雅鲁藏布江中游桑日至加查峡谷段出口处，距拉萨市直线距离约 140km。加查峡谷是雅鲁藏布江上的四大峡谷（分别有岗科峡谷、尼木峡谷、加查峡谷、雅鲁藏布大峡谷）之一，在 37km 的范围内落差达 270m。

加查县藏木水电站是西藏最大的水电开发项目，也是雅鲁藏布江干流上规划建设

附图 133 加查县藏木水电站（远眺）

的第一座水电站。该水电站是雅鲁藏布江干流中游桑日至加查峡谷段规划 5 级电站的第 4 级，上游衔接街需水电站，下游为加查水电站。最大坝高 116m，位于海拔 3260m 处，是世界上海拔最高的大坝。水库正常蓄水位为 3310m，相应库容 0.866 亿 m^3，电站总装机容量 51 万 kW（三峡水库为 2240 万 kW）。

光伏发电：自 2010 年起，西藏山南地区桑日县引进无锡尚德集团、中广核集团公司、中电投集团公司、保利协鑫能源控股有限公司四家企业投资建设太阳能光伏电站项目。

桑日县是一个山清水秀充满民族特色的西部县城，属藏南高原湖盆峡谷区，北靠念青唐古拉山南麓，南接喜马拉雅山东段，雅鲁藏布江横穿县境，具有典型的"两山夹一谷"的地形地貌特征，海拔 3558～3583m，阳光资源丰富，日照时间长，适合大力发展太阳能光伏产业。

据了解，桑日并网光伏电站一期投资 2 亿元、装机容量 10MW。西藏桑日二期 10MW 光伏电站土建工程，共 11 个子方阵，组件多晶硅 255W，采用固定式支架，集中型逆变器，之后并入藏中电网。

保利协鑫（桑日）光伏电力有限公司坐落于西藏山南地区桑日县桑日镇塔木村（附图 134），海拔约 3700m，位于雅鲁藏布江北岸，桑日县以西的山前平原，地势平缓、开阔。

当日考察沿线县域基本概况。

巴宜区：隶属于西藏自治区林芝市，地处中国西藏东南部、念青唐古拉山东南麓，雅鲁藏布与尼洋河在此相汇，是青藏高原海拔最低的区域。受印度洋暖湿气流的影响，境内属温带湿润季风气候，雨量充沛，日照充足，冬季温和干燥，夏季湿润无高温，素有"西藏江南"之美誉。该区面积 10238km²，区政府驻地双拥路街道。下辖 2 街道、3 镇、2 乡、1 民族乡，67 个行政村，4 个社区，134 个自然村。巴宜区平均海拔 3000m，相对高差 2200～4700m，位于巴宜与米林交界的加拉白垒峰，海拔 7294m。境内从亚热带到寒带植物都有生长，素有"绿色宝库"之称。

米林县：隶属于西藏自治区林芝市，位于西藏自治区东南部、林芝市西南部、雅

附图 134 保利协鑫(桑日)10MW 并网光伏项目

鲁藏布江中下游、念青唐古拉山脉与喜马拉雅山脉之间，东南部与墨脱县相连，西部与朗县相接，北部与林芝市巴宜区、西北部与工布江达县毗邻，南部与隆子县相连，总面积为 9471km²。县政府驻地东多村，全县辖 5 乡 3 镇，66 个村民委员会，1 个居民委员会。地势西高东低，平均海拔 3700m，属高原温带半湿润性季风气候，日照充足。

郎县：隶属于西藏自治区林芝市，位于西藏自治区东南部、林芝市西南部，喜马拉雅山北麓，雅鲁藏布江中下游，东与米林县，北与林芝市巴宜区、工布江达县，西与山南市加查县相邻，地域面积约 4106km²，全县辖 3 乡 3 镇，51 个行政村，1 个居委会（朗巴居委会）。属温暖半湿润气候带，夏无酷热、冬无严寒、夏秋多雨、春冬干旱多风，垂直气候复杂多变。

加查县：隶属于西藏自治区山南市，位于西藏自治区南部，雅鲁藏布江中游，东接林芝市朗县，南连隆子县、曲松县，西至桑日县，北达林芝市工布江达县、南连隆子县、曲松县，西至桑日县，北达林芝市工布江达县。土地面积 4646km²。加查县人民政府驻安绕镇，县政区分布于雅鲁藏布江南北两岸，全县辖 2 个镇、5 个乡，89 个行政村，属高原温带半干旱季风型气候区，光照充足，辐射强，日温差大，雨季集中，冬春季干燥多风。

曲松县：隶属于西藏自治区山南市，位于喜马拉雅山北侧、雅鲁藏布江中游南岸，北邻桑日县，南抵隆子县，东靠加查县，西接乃东区。曲松县土地面积 1967km²，县人民政府驻曲松镇。全县辖 2 个镇、3 个乡、21 个行政村。属高原温带半干旱季风气候区，光照充足，辐射强烈，日温差较大，冬春季多大风，夏季雨水集中，多夜雨。

桑日县：隶属于西藏自治区山南市，位于西藏自治区东南部，山南市北部，地处冈底斯山南麓，雅鲁藏布江中游河谷地段，属藏南谷地。桑日县东邻加查县，东南接曲松县，西、南与乃东县毗邻，北靠墨竹工卡县，东北与工布江达县相连；土地总面积 2634km^2，县政府驻桑日镇。全县辖 1 个镇、3 个乡，44 个行政村、83 个自然村；属于高原温带季风半湿润气候，气温偏低，长冬无夏，四季不明显；太阳辐射强，日照时间长，白天地面受热剧烈增温，气温升高，夜间空气保温效应弱，气温迅速降低，造成气温日较差大，年较差小。

第四天：乃东区—扎囊县—贡嘎县—浪卡子县—日喀则市江孜县—康马县—亚东县

日 期： 2019年4月7日 **天 气：** 晴，进入康马县嘎拉乡至亚东县堆纳乡有
沙尘暴，进入帕里镇后有大雪，后变成大雨

考察主题： 现代农业示范园、青稞种植、修建水渠、亚东沟

考察人员： 封志明、杨艳昭、李鹏、肖池伟、李文君等及司机师傅（2人）

时间安排： 出发时间为08：10，午餐时间为12：00，抵达亚东县上海花园大酒店（亚
星酒店）为20：00，晚餐时间为20：10

行驶里程： 考察全程GPS轨迹526.84km

　　扎囊县地处雅鲁藏布江中游，风沙大。2016年，扎囊县引进蒙草集团，注册成立西藏藏草生态科技有限公司，由国家烟草专卖局、西藏自治区林业厅、西藏藏草生态科技有限公司分别投入1亿元，在阿扎乡章达村实施万亩苗圃基地，着力打造全区最大的苗圃科研中心。致力于对经济、绿化类植物及具有药用价值的乡土植物喜马拉雅紫茉莉、打箭菊和甘青青兰等的培育推广，为西藏生态修复、草原草地治理、水土流失治理、城镇绿化、山体生态治理、园林建设及当地脱贫攻坚工作贡献力量。

　　青稞种植：在雅鲁藏布江两岸，藏民正在平整耕地，准备种植青稞（附图135）。青稞在青藏高原上种植约有3500年的历史，是西藏四宝之首糌粑的主要原料。目前，在西藏有以下青稞基地：分别是西藏联乡——历代班禅贡品青稞基地、尼木——历代达赖贡品青稞基地、普兰——古格王朝贡品青稞基地、泽当——吐蕃王朝贡品青稞基地、岗巴——喜马拉雅稀缺物种青稞基地。

附图135 江孜县藏民在平整耕地准备种植青稞

　　青稞栽培技术主要从整地、施肥、备种、播种、田间管理、收获与储藏六方面叙述。此次考察中，正值藏民利用双马进行整地。播种前整地有益于提高播种质量，

结合整地重施底肥是提高青稞产量的重要措施。就青稞播种时间看，西藏存在区域差异，半农半牧区（海拔 2600～3000m）要求在 3 月中旬播种，草地牧区（海拔 3000～3400m）4 月上旬播种。收获时间在 8～9 月。而冬青稞在 10 月上旬播种。

从山南市乃东区、扎囊县、贡嘎县到浪卡子县，经国道 349 线（泽当至贡嘎机场段，高等级公路），沿线自然景观非常单一，以荒漠与沙化最为明显。相比之下，在康马县嘎拉乡至亚东县堆纳乡之间发生的强沙尘暴，以及随后在亚东县帕里镇以南经历的印度洋暖湿气流形态变化，可视为今日路线考察与实地调查的两大重要收获。

强沙尘暴：行驶在康马县 204 省道，经过工布桥（约 2377m，嘎拉乡嘎拉夏村南方向约 8.55km）以后（及其以南），天空开始有沙尘暴迹象（附图 136），大漠高原，尘沙蔽日。"大漠风尘日色昏"跃然纸上。我们始有丝丝不安，大家建议尽快离开此地。当日此前的沿线考察景观过于单调，科考兴致较低，而突遇此景，困意骤散，乏意全无。继续向南走，当车辆行驶至康马县与亚东县交界处，沙尘暴尤为严重（照片及相应视频）。狂风呼啸，沙尘肆意遮天蔽日。此时此地，已是飞沙漫天，扬沙弥漫，地面流沙亦是此起彼伏。偶有来往的车辆，也是急驰而去，沙尘笼罩之中只剩下汽车远去的轰鸣声。尽管车辆并着双闪灯，鸣着喇叭，对于路人（尽管很少见）与野生动物也是相当危险的。对于这种动态的风沙现象，静态照片已不能很好地反映其真实的现场感。为此，专门用手机录制了总长 5 分多钟的 3 个沙尘暴视频。就是这 5 分钟，虽置身于狂风、漫沙之中（附图 137），亦能真实感受到无数极细极细的沙粒杂乱、恣意拍打着脸庞、手机、照相机与衣物的触碰声，噼里啪啦，嘶嘶沙沙。若不计其他，只从体感而言，这种"拍打"还是相当柔和的，能感触到每一粒细沙的"肌肤之亲"。也许是因为从未见过如此壮观的沙尘暴（在北京只是见到过黄沙），当然更多是因为是第二次青藏高原综合科学考察的参与者，才敢或者说愿意完全置身其中，置飞沙与扬沙于不顾，亦要把这真实、狂野的自然现象、自然景观记录下来。这是极为重要的第二次青藏高原综合科学考察视频资料。置身于这样严酷的自然环境之中，或许更能让自己去感受、致敬第一次青藏高原科学考察先辈们的艰辛与执着。为自己能有这样的经历而激动。歌手许巍有句歌词"曾梦想仗剑走天涯"，对于学地理的人而言，也许就只有靠双脚去丈量世界，行走天涯了。原以为这种沙尘天气会很常见，未想到网络上有关亚东县沙尘暴报道很少。

亚东沟印度洋暖湿气流形态变化：高大的喜马拉雅山脉阻挡了印度洋暖湿气流的北进，使得山脊两侧的气候截然不同，呈现出南北两大气候类型。所谓"一山有四季，十里不同天"。

亚东沟是一条南北狭长的河谷，跨越了喜马拉雅山脉。喜马拉雅五条沟中，亚东沟是印度洋暖湿气流走得最远的一条，受印度洋暖流的影响，四季常青。沿着亚东沟一直下坡，树林越来越多也越来越茂密，空气也会温润一些。越过亚东河的分水岭后，亚东沟来到了帕里。帕里尽管背靠海拔 7000 余米的卓木拉日雪山，但这里却是一块海拔 4000 多米的南北狭长地带，为印度洋暖湿气流继续北进打造了一条安全走廊。

此次考察，自亚东县帕里镇往南，至帕里镇西南方向约 7km 下，亚东沟自南向

附图 136 康马至亚东线远处开始兴起的沙尘暴迹象

附图 137 科考队员亲身体验沙尘暴

北吹来的暖湿气流,受地势抬升,水汽先后变成雨水、雨雪与大雪(附图 138～附图 140)。印度洋的暖湿气流从亚东沟进入藏南,并一直延伸到江孜县境,暖湿气流加上年楚河一带高山上的冰川融水灌溉,将这一带的河谷变成了丰饶的"米粮仓"。

途经县域基本情况。

扎囊县:隶属于西藏自治区山南市,位于西藏中南部、雅鲁藏布江中游河谷地带,南北均为高山,沿江两岸为谷地。平均海拔 3680m。东邻乃东和琼结两县,西连贡嘎县,南与措美县和浪卡子县接壤,北与拉萨市城关区和达孜区相连。土地面积 2163km²。辖2镇、3乡,63 个行政村,203 个自然村。扎囊县人民政府驻扎塘镇。属高原温带半干旱季风气候区,冬长夏短,春秋相连,冬季长,且寒冷干燥,冬春季多风沙,降水少,日照充分,辐射强。

贡嘎县:隶属于西藏自治区山南市,位于西藏自治区南部、雅鲁藏布江中游河谷地带。境内高山纵横起伏,地势西高东低,平均海拔 3750m。地势南北高,中间向雅鲁藏布江倾斜,地形平坦、宽阔。全县土地总面积 2386km²,下辖 5 个镇、3 个乡、43个行政村(社区)、168 个村。县人民政府驻吉雄镇,境内有拉萨贡嘎机场。属高原带干旱季风气候区。日照射时间长,气温日差较大,年差较小,冬春寒冷多风,雨季降

附图 138 亚东沟自南向北爬升的暖湿气流在帕里镇境内形成大雪

附图 139 亚东沟自南向北爬升的暖湿气流遇冷变成雨水

附图 140 亚东沟自南向北爬升的暖湿气流

水集中,形成长冬无夏,春秋相边的气候特点。

浪卡子县:隶属于西藏自治区山南市,地处西藏南部的喜马拉雅山中段北麓,与不丹接壤。东与措美县、扎囊县交界,西与日喀则市江孜县、康马县、仁布县为邻,南与洛扎县和不丹接壤，北与日喀则市尼木县和拉萨市曲水县隔江相望。全县总面积 8109km²，辖 16 个乡，110 个行政村（居委会）。县政府驻浪卡子镇。四周边缘高突，中间呈低洼湖泊，平均海拔 4500m。境内山峰众多，是山南市海拔最高的县，其也是西藏自治区的边境县之一。浪卡子县属亚寒带高原气候，日照时间长，风、热、光资源比较丰富。大风持续时间长，风力强。

江孜县：隶属于西藏自治区日喀则市，地处西藏南部，日喀则市东部、年楚河上游。全县土地总面积 3771km²。县辖 1 个镇，18 个乡，151 个村，3 个居民委员会。县人民政府驻江孜镇。经济以农为主，兼有畜牧业。土地肥沃，灌溉条件便利，为西藏商品粮生产基地县和全国水利先进县。江孜县地势南北高，中西部低，平均海拔 4000m 左右。年楚河两岸为峡谷地带，最高海拔为 7191m。江孜县属高原温带半干旱季风气候区，干湿季分明，夏季雨水充沛集中，温暖湿润，冬季干冷，日照充足，太阳辐射强烈，日温差大而年温差小，无霜期短。

康马县：隶属于西藏自治区南部、日喀则地区东部，位于喜马拉雅山北麓。属雅鲁藏布江河谷地形，地势东西部高，中部低，全县平均海拔 4300m 以上。境外与不丹接壤，境内与亚东、白朗、江孜、浪卡子四县相邻。全县土地面积约为 5400km²。县人民政府驻康马镇，下辖 1 个镇、8 个乡、48 个村委会、160 多个自然村。属高原温带半干旱季风气候区，干湿季分明，日照充足，雨水集中，年降水量在 300mm 左右，年日照时数 3200h 左右，年无霜期 110 天左右，年平均气温 4℃，冬春多风，风力在 5 级左右。

亚东县：隶属于西藏自治区日喀则市，位于喜马拉雅山脉中段（北段在北麓、南段在南麓），中部是帕里镇里的卓木拉日雪山，地势是北低中高南低，为西藏自治区边境县之一。有亚东口岸。全县土地总面积 4240km²，平均海拔 3400m。全县辖 2 镇、5 乡、25 个行政村（居）、67 个自然村。县政府驻下司马镇。北面与境内的康马、白朗、岗巴三县相接，向南呈楔状伸入邻国印度和不丹之间。亚东县中北部性属高寒干旱气候，年平均气温 0℃，生长期约 150 天，年平均降水量为 410mm。南部海拔为 2000 ～ 3400m，具有亚热带半湿润季风型特点，气候温和湿润，年平均气温 7.7℃，生长期 210 天，年平均降水量为 873mm。

第五天：亚东县（座谈）—康马县嘎拉乡—岗巴县—定结县

日　　期：2019 年 4 月 8 日　　天　　气：晴

考察主题：嘎拉野生鸟类、岗巴荒漠、定结湿地

考察人员：封志明、杨艳昭、李鹏、肖池伟、李文君等及司机师傅（2 人）

时间安排：上午座谈为 10：30 ~ 12：30，下午出发为 13：30；抵达定结县栾庆农家
　　　　　乐酒店为 20：00

行驶里程：康马县嘎拉乡—定结县（嘎定线）GPS 轨迹 246.22km（其中，亚东至嘎拉
　　　　　段 GPS 轨迹，约 120km），总计 366km

　　上午亚东座谈。

　　2019 年 4 月 8 日（星期一）10：30，南亚通道建设亚东县座谈会在亚东县党政大
楼六楼会议室举行。此次座谈会由亚东县委常委、政府常务副县长刘俭主持。中国科
学院地理科学与资源研究所副所长封志明一行 5 人与亚东县委常委 / 政府副县长、县边
贸管理委员会副主任等各职能部门的 12 名同志进行了座谈（附图 141）。会后，县边贸
管理委员会副主任、商务局局长陪同封志明队长、杨艳昭研究员前往新建的亚东仁青
岗边贸市场进行考察。

附图 141　南亚通道建设考察分队与亚东县政府机构进行座谈

亚东县南亚通道建设考察研究座谈会

会议时间：2019 年 4 月 8 日星期一 10：30

会议地点：党政大楼六楼会议室

主 持 人：亚东县委常委、常务副县长刘俭

参会人员：亚东县委常委、常务副县长刘俭、县边贸管理委员会副主任米玛次仁，亚东县人民政府办公室、县委办公室、发展和改革委员会、自然资源局、水利局、农业农村局、统计局、商务局、生态环境局、人力资源和社会保障局等相关人员，科考分队封志明、杨艳昭、李鹏、肖池伟、李文君共 5 人

整 理 人：李鹏

各项会议记录如下。

第一，封志明队长介绍科考队员。

第二，县委常委、常务副县长刘俭介绍参加此次座谈会的机构与人员组成，接下来以"亚东县南亚通道建设诉求汇报材料"简要介绍亚东县基本情况，主要包括：

1) 基本情况，包括边贸优势、旅游优势、生态优势与军民融合优势五个方面；

2) 南亚通道建设诉求，即①积极融入国家"一带一路"布局，大力推动恢复亚东口岸，打通中印陆路贸易通道，推动环喜马拉雅经济合作建设；②鼓励当地群众积极参与边贸，建立健全贸易正常机制；③积极谋划"旅游＋边贸"新业态；④不断增进中印、中不之间互信互利，不断巩固边境稳定基础。

3) 存在问题及建议，即①清单限制，建议推动制定新的贸易清单。②开放力度受阻，建议推动调整海关开放时间。③会晤机制缺乏，建议推动建立官方会晤机制，打破贸易壁垒。

第三，封志明队长以"第二次青藏高原科学考察－南亚通道关键区科考计划"为题讲解南亚通道建设基础考察研究情况（PPT），内容主要包括①科考背景；②科考目标与科考内容；③预期成果；④科考方案；⑤考察队伍；⑥二次科考基本情况；⑦ 2018 年科考成果与研究进展；⑧ 2019 年科考方案与工作计划。

第四，互动交流环节。①商务局：会晤机制缺乏；贸易清单限制问题；开放时间问题。②自然资源局：县农用地与建设用地不紧张，该县不在喜马拉雅核心保护区，但是因为地形地势，其优势也不明显。日亚铁路建设用地已有预留地，仓储用地放在帕里镇。相对而言，亚东县基础教育、义务教育与高中教育还不错，但考学出去的年轻人很少回来。③水利局与生态环境：水量没有问题，水质良好。但是，夏季会有泥土冲刷造成的污水问题，但水质检测是没有问题。④农业农村局：亚东县农少牧多，而邻县康马县农业较为发达。中北部湖盆主要是牧业用地。目前，亚东县正在力推这些特产。

第五，封志明队长进行总结，希望通过南亚通道建设考察，为当地民众做点有益的事情，促进区政府与中央政府推行积极有效的政策。同时，亚东县刘俭副县长强调座谈会后会安排县人民政府办公室就相关数据收集进行对接、积极配合。

康马县嘎拉乡野生鸟类：包括赤麻鸭、斑头雁、红嘴鸥，在日亚线两个小湖（多庆错以北）。赤麻鸭两只成对出现，斑头雁、红嘴鸥成群出现，三种鸟类在同一个水面活动。

赤麻鸭。

描述：体大（63mm）橙栗色鸭类。头皮黄。外形似雁。雄鸟夏季有狭窄的黑色领圈。飞行时白色的翅上覆羽及铜绿色翼镜明显可见。嘴和腿为黑色；虹膜为褐色；嘴为近黑色；脚为黑色。

叫声：声似 aakh 的啭音低鸣，有时为重复的 pok-pok-pok-pok。雌鸟叫声较雄鸟更为深沉。

分布范围：东南欧及亚洲中部，越冬于印度和中国南方。

分布状况：耐寒，广泛繁殖于中国东北和西北，及至青藏高原海拔 4600m，迁至中国中部和南部越冬。

习性：筑巢于近溪流、湖泊的洞穴。多见于内地湖泊及河流。极少到沿海。

此次考察中，成对出现（附图 142）。繁殖期成对生活，非繁殖期以家族群和小群生活。

附图 142　雄赤麻鸭（黑色领圈）

斑头雁，又名白头雁、黑纹头雁

描述：体型略小（70mm）的雁；顶白而头后有两道黑色条纹为本种特征。喉部白色延伸至颈侧；头部黑色图案在幼鸟时为浅灰色；飞行中上体均为浅色，仅翼部狭窄的后缘色暗；下体多为白色；虹膜为褐色；嘴为鹅黄，嘴尖黑；脚为橙黄。

叫声：飞行时为典型雁叫，声音为低沉鼻音。

分布范围：繁殖于亚洲中部，在印度北部及缅甸越冬。

分布状况：繁殖于中国极北部及青海、西藏的沼泽及高原泥淖，冬季迁移至中国中部及西藏南部。

习性：耐寒冷荒漠碱湖的雁类。越冬于淡水湖泊。

此次考察中，成小群分布（附图 143）。

附图 143　斑头雁 (单拍)

高原红嘴鸥。

描述：中等体型 (40cm) 的灰色及白色鸥。眼后具黑色斑点（冬季），嘴及脚红色，深巧克力褐色的头罩延伸至顶后，于繁殖期延至白色的后颈。翼前缘白色，翼尖的黑色并不长，翼尖无或少量白色斑点。第一冬鸟尾近尖端处具黑色横带，翼后缘黑色，体羽杂褐色斑。与棕头鸥的区别在体型较小，翼前缘白色明显，翼尖黑色几乎无白色斑点（附图 144），虹膜为褐色；嘴为红色（亚成鸟嘴尖黑色）；脚为红色（亚成鸟色较淡）。

叫声：沙哑的 kwar 叫声。

分布范围：繁殖于古北界；南迁至印度、东南亚及菲律宾越冬。

分布状况：甚常见。繁殖在中国西北部天山西部地区及中国东北的湿地。大量越冬在中国东部及 32°N 以南所有湖泊、河流及沿海地带。

习性：在海上时浮于水上或立于漂浮物或固定物上，或与其他海洋鸟类混群，在鱼群上作燕鸥样盘旋飞行。于陆地时，停栖于水面或地上。在有些城镇相对温驯，人们常给它们投食。

定结县湿地：位于喜马拉雅山北麓，东西狭长，东起岗巴县昌龙乡叶如藏布上游，西至定结县郭加乡康孔村叶如藏布大拐弯处，金龙藏布和叶如藏布造就了狭长的高原湿地（附图 145）。连绵的雪山与蜿蜒的叶如藏布，孕育了定结县丰富的湿地系

349

附图 144　高原红嘴鸥（局部）

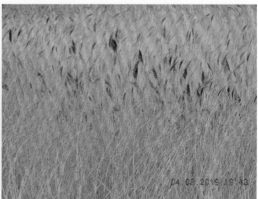

附图 145　定结县叶如藏布湿地（局部）

统，这是我国典型的高寒湿地生态系统和珠穆朗玛峰国家级自然保护区的组成部分。定结湿地平均海拔 4300m。定结县纳入珠穆朗玛峰国家级自然保护区范围的湿地面积达 293.8km²，占全县总面积的 5%。定结县号称"湿地王国"，河流、湖泊、沼泽湿地种类一应俱全。其中，河流湿地 10678hm²、湖泊湿地 8618hm²、沼泽湿地 10076hm²、人工湿地约 12hm²。对重要湿地限牧禁牧，许多湿地恢复成为黑颈鹤、赤麻鸭、斑头雁等候鸟的栖息繁殖地。

第六天：定结县（座谈）—日屋口岸—陈塘口岸

日　　期： 2019 年 4 月 9 日　　　**天　　气：** 晴
考察主题： 日屋口岸、陈塘口岸、陈塘界碑、中尼边境
考察人员： 封志明、杨艳昭、李鹏、肖池伟、李文君等及司机师傅（2 人）
时间安排： 上午座谈为 10：30 ~ 12：00，下午考察出发时间为 12：40，抵达陈塘口岸
　　　　　　某宾馆为 17：20，晚餐时间为 19：30
行驶里程： GPS 轨迹 158.16km

上午定结座谈。

2019 年 4 月 9 日（星期二）10：30，南亚通道建设定结县座谈会在定结县政府大楼二楼会议室举行。此次座谈会由定结县人民政府副县长达瓦扎西主持。中国科学院地理科学与资源研究所副所长封志明一行 5 人与定结县人民政府副县长达瓦扎西，以及发展和改革委员会、自然资源局、农业农村局、统计局、商务局、生态环境局等部门相关同志共 7 人，共 12 人参加了此次座谈会（附图 146）。

9 日 9：00，定结县达瓦扎西副县长到科考队入住酒店，并带领大家前往此次座谈会议地点。一路上，副县长就定结县日屋口岸、陈塘口岸的发展与建设等问题，进行了广泛而深入的交流、讨论。

附图 146　封志明队长讲解南亚通道建设基础考察研究情况

定结县南亚通道建设考察研究座谈会

会议时间： 2019 年 4 月 9 日（星期二）10：30 ~ 12：30
会议地点： 县政府大楼二楼会议室

主 持 人：定结县副县长达瓦扎西
参会人员：定结县委常委、县人民政府副县长达瓦扎西，定结县发展和改革委
员会、水利局、自然资源局、农业农村局、生态环境局、统计局、商
务局等相关人员，科考分队封志明、杨艳昭、李鹏、肖池伟、李文君
共 5 人
整 理 人：李鹏

各项会议记录如下。

第一，封志明队长介绍中国科学院南亚通道考察队成员。

第二，定结县达瓦扎西副县长介绍参加此次座谈会的机构与人员组成，接
下来以"定结县陈塘镇、日屋镇口岸建设基本情况汇报材料"简要介绍了定结县
等基本情况，主要包括：

1）定结县基本情况，包括位置、土地面积、土地利用、经济发展、人口、牲口、
口岸建设等情况。

2）日屋–陈塘口岸基本情况（建设历程、区位、贸易规模、贸易时间、人
流物流）。

3）日屋–陈塘口岸发展定位（国际旅游边贸城镇），待口岸边贸互市发展
成熟，再升级为国家级一类口岸。

4）口岸编制规划情况。根据《定结县日屋–陈塘（2016—2025 年）发展规划》
等，日屋–陈塘口岸发展规划于 2018 年 4 月通过西藏自治区口岸建设与边境贸
易发展领导小组审议。

5）口岸建设情况（边贸市场及互市点、口岸对外贸易情况、出入境检查检
验基础设施建设、一站式服务平台项目等）。

6）制约边贸口岸发展的问题，包括交通设施薄弱、口岸建设项目落实较难
与中尼友谊桥建设问题。

第三，封志明队长以"第二次青藏高原科学考察–南亚通道关键区科考计
划"为题讲解南亚通道建设基础考察研究情况（PPT），内容主要包括①科考背景；
②科考目标与科考内容；③预期成果；④科考方案；⑤考察队伍；⑥二次科考基
本情况；⑦2018 科考成果与研究进展；⑧2019 年科考方案与工作计划。

第四，互动交流环节。①统计局：简要介绍了定结县、日屋–陈塘口岸的
人口及社会经济统计情况。②自然资源局：强调日屋建设基本上是原址重建，土
地利用变化不大；但是，陈塘土地利用紧张。③生态环境局：指出定结县城有工
程性缺水。④农业农村局：指出陈塘地少坡大，并表示会后可提供相关数据资料。
⑤发展和改革委员会：中尼铁路已完成预可研。

第五，南亚通道建设考察队队长封志明研究员进行总结，希望通过南亚通

道建设考察，为当地民众做点有益的事情，促进区政府与中央政府推行积极有效
的政策。

下午路线考察。

座谈后，定结县副县长达瓦扎西以及县发展和改革委员会等有关同志陪同考察队
前往日屋镇，共安排有两辆越野车，我们车队壮大了。由于前几日下了大雪，从日屋
镇到日屋口岸道路积雪深度达 5～6cm。在途中有日喀则市公安边防支队那当检查站。
由于天气不好，加之通行受限，道路积雪完好无损。考虑到通行安全，本次考察到距
日屋口岸约 10km 处就折回了。行驶至日屋口岸、陈塘口岸与定结县城交界处，县发展
和改革委员会的同志因另有安排返回定结县城。之后，副县长达瓦扎西又带领科考分
队前往陈塘镇与陈塘口岸方向。

一路上，达瓦扎西副县长及县发展和改革委员会的同志向科考队介绍了日屋、
陈塘口岸交通情况、口岸选址、边贸互市点对外贸易、边贸市场运营及口岸规划用地
等情况（附图 147）。由于道路施工，科考车队行驶到陈塘镇境内某处（27.84846°N，
87.44229°E，周边距阿润河约 856m），蜿蜒道路被封，副县长等带领科考队员徒步半
小时前往陈塘镇派出所前来接待的地方（27.84587°N，87.44159°E，周边距阿润河约
628m）（附图 148、附图 149）。之后，大家乘坐从陈塘过来的三辆车继续前往陈塘口岸。

日屋镇：是西藏边境小镇，毗邻尼泊尔。镇政府所在地海拔约 4600m，镇上居民
不多。

日屋口岸：边境陆路口岸，位于定结县日屋镇，北距定结县与南距陈塘镇各约

附图 147　达瓦扎西副县长在现场为科考分队介绍夏尔巴新村建设情况

附图148　科考分队封志明队长带领大家徒步经过修路封路段

附图149　科考分队封志明队长带领大家徒步经过修路封路爆破段

75km。南西与尼泊尔接壤，与尼泊尔的哈提亚市场对应。冬季约有3个月的时间雪封山，气候好的年份亦可常年保持通畅。

日屋口岸为中尼传统的边境贸易通道。1972年被国务院批准为国家二类陆路口岸。1986年经国务院批准正式开放。2002年国家投资修建日屋至陈塘的公路，以推动日屋口岸的边贸发展。根据2003年12月3日中尼两国政府间协议，为进一步发展两国贸易，双方政府同意增开两对边境贸易点。在其东部新增边贸点基马塘（尼泊尔）–日屋（中国）。2010年8月10日，农牧民群众参加在西藏日喀则定结县举行的首届日屋口岸边贸物交会。

陈塘沟：位于西藏日喀则市定结县西南部，是朋曲下游峡谷带，其西侧为朋曲支流嘎玛曲所在的嘎玛沟。

嘎玛沟：位于朋曲下游的重要支流嘎玛藏布（或译成甘玛藏布、卡玛曲），从定日县曲当乡南部到定结县陈塘镇东部，主体在曲当乡南部，是雪山河流侵蚀形成的谷地。长约55km，海拔从5000余米下降到2100m。

绒辖沟：位于定日西南部绒辖乡，在中国和尼泊尔边境的日喀则喜马南麓，是两山夹峙中的一片长谷，有绒辖曲。属于珠穆朗玛峰国家级自然保护区。藏语"绒辖"就是深沟，是日喀则喜马南麓六大沟之一。绒辖沟为喜马拉雅南坡断裂深切高山深谷地貌，海拔 7340～2100m，景观类型从寒带到亚热带，跨度巨大。

樟木沟：位于我国西藏聂拉木县境内的希夏邦马峰东南侧，在樟木口岸周围，总面积 68 多平方千米，以森林自然景观为主。沿公路顺着弯曲的河谷，穿入幽深的峡谷。在保护区缓冲区居住着 200 多名夏尔巴人（而陈塘镇有 2000 余人）。

吉隆沟：位于西藏自治区日喀则市吉隆县境内。南北长 93km，北至县城驻地宗嘎镇，南抵热索村，底部是吉隆口岸。吉隆沟是在吉隆县城—吉隆口岸的吉隆藏布一带，日喀则地区 5 条沟中最靠西的一条，位于希夏帮玛峰下、佩枯错旁，藏语意为"舒适村，快乐村"。

陈塘镇：位于定结县境西南部、喜马拉雅山脉中段南坡、珠峰东南侧的原始森林地带，东南与尼泊尔隔河相望，北接定结县日屋镇，西临定日县，距拉萨市 738km，距日喀则市 384km，距定结县县城 150km（日屋到县城、陈塘各约有 75 公里），全镇总面积为 254.55km²，边境线长 12km，有 21 个国界界桩，5 个山口通尼泊尔，与尼泊尔的基玛塘卡遥遥相望。

陈塘镇人口以夏尔巴人为主，他们被列为藏族的一个分支，是夏尔巴人在西藏的两个生活区之一，另一个是樟木镇。

2001 年，萨陈公路（萨尔乡–陈塘镇）开工建设，但最终只修到山下的藏嘎村，从藏嘎村到陈塘镇还要步行近一个小时的水泥台阶（1600 级）。喜马拉雅山脉中段的五条沟中，陈塘沟是最幽闭、最复杂、最清静的一条。由于交通受限，陈塘很少受到现代文明的侵扰和冲击。

陈塘镇：位于喜马拉雅山北麓、珠穆朗玛峰东侧的原始森林地带，处于中尼边界我国一侧的最南边，与尼泊尔一衣带水，隔河相望。

陈塘镇位于朋曲下游，在著名的日喀则喜马拉雅五美沟之一的陈塘沟，西部则是嘎玛沟的底部所在，是夏尔巴人文化宝库。陈塘镇位于半山坡上，周围是一层层黄色的梯田。镇子西边是嘎玛沟，沟左边就是尼泊尔的一个村庄，南北是陈塘沟。这里是边境地区，也是单一的夏尔巴人的聚居地（海拔 2040m），属亚热带季风气候。有 6 个行政村，390 户 1963 人。由于地理闭塞，交通不便，至今进出陈塘镇的所有物资，全靠人背畜驮。被称为"中国最后一座陆路孤岛"。2017 年陈塘镇列入自治区特色小城镇示范点建设名录。2019 年 1 月，其入选第七批中国历史文化名镇。

陈塘镇海拔从 5500m 下降到 2040m，山谷陡峭，河流湍急。受印度洋暖湿气流影响，形成亚热带山地季风气候，无霜期年均在 200 天左右，雨量充足，年均降水量在 1000mm 以上，年均气温 13.76℃，年极端最低气温 1℃。这里原始森林遍布，野生动植物繁多。

四季如春、夏无盛夏、冬无严冬、温和多雨。印度洋暖湿气流沿着陈塘沟，躲过峻岭雪山，滋润着这里每一寸土地。大自然的恩赐，使这里覆盖着 20 万亩原始森林，生长着 30 多种珍贵药材，栖息着 20 多种国家珍稀野生动物。1989 年，陈塘被划入珠穆朗玛峰国家级自然保护区，在地理、环境、气候、生物、民族、历史等方面是世界范围内不可多得的科研基地。

陈塘口岸：陈塘沟口岸防洪工程于 2017 年 5 月开工建设，工程投资 3020 万元，治理河段 1.5km，建设防洪堤近 3km。

樟木、吉隆、日屋三个边境口岸面向尼泊尔，普兰口岸兼容中印、中尼边境贸易，亚东口岸在历史上兼容中印、中印边界锡金段、中不边境贸易。

珠穆朗玛峰国家级自然保护区：位于西藏自治区的吉隆县（吉隆沟）、聂拉木县（樟木沟）、定日县和定结县（陈塘镇）。在定日县，保护区核心区包括扎西宗乡和曲当乡，面积 338.1 万 hm^2，主要保护对象为高山、高原生态系统。

第七天：陈塘口岸—定结县—定日县— 中国科学院珠穆朗玛峰大气与环境综合观测研究站

日　　期： 2019年4月10日　　**天　　气：** 晴
考察主题： 日屋口岸、珠峰露真容
考察人员： 封志明、杨艳昭、李鹏、肖池伟、李文君等及司机师傅（2人）
时间安排： 早餐时间为09：00～09：30，中餐时间为14：40～15：10，抵达中国科学院珠穆朗玛峰大气与环境综合观测研究站时间为21：25，晚餐时间为21：40
行驶里程： GPS轨迹388.06km

　　9：30早餐后，科考分队一行随定结县副县长达瓦扎西由陈塘镇返回定结县。行到前一日接待处，大家又是徒步向山上走。为赶进度，科考分队在盘山公路萨陈三标段作了两次停留，各耽误约10min。

　　途中到嘎尔乡至岗巴与定结分路口（定结县萨尔乡拉康村东南方向约1.50km），因杨艳昭研究员需要前往日喀则市与发展和改革委员会就资源环境面临的相关问题进行讨论，而于13：10前往日喀则市，同行还有李文君。

　　封志明、李鹏、肖也伟则赶往定结县城。行驶到定结县江嘎镇达那村东南方向约3.21km处，考察用车意外被扎胎了（附图150）。同车师傅虽然在西藏开车多年，未曾想他本人竟未换过备用轮胎。原本十几分钟的事，结果大家群策群力，花了45min才换好车胎。根据珠穆朗玛峰国家级自然保护区管理局局长的建议，我们在考察车前后张贴了"第二次青藏高原科学考察资源环境承载力科学考察"标识（附图151）。

　　珠穆朗玛峰真容：2016年8月、2018年8月，部分科考队员先后两次去过珠峰大本营，试图在西坡大本营（定日县扎西宗乡）一睹珠穆朗玛峰的真容。但是，因为天

附图150　考察车辆在定结县境内遭遇扎胎及同行司机与大家忙着更换备用轮胎

附图 151　"第二次青藏高原科学考察资源环境承载力科学考察"标识

气问题，两次均未能如愿。第三次走进西坡大本营，正值春季，终于见得真容，科考队员激动之情，难以言表。特别是晚上的珠穆朗玛峰（附图 152），在夜色的背景下，似一尊山神，或像一座大佛，非常庄严与神圣。

附图 152　春季珠穆朗玛峰现真容（暮景）

　　定日县：隶属于西藏自治区日喀则市，地处喜马拉雅山脉中段北麓珠峰脚下，是珠穆朗玛峰自然保护区的中心地带（扎西宗乡和曲当乡），东邻定结、萨迦两县，西接聂拉木县，北连昂仁县，东北靠拉孜县，南与尼泊尔接壤。定日县驻地协格尔海拔 4300m，平均海拔 5000m，土地总面积约 1.40 万 km^2。全县下辖 2 个镇、11 个乡、有182 个村委会。有著名的嘎玛沟和绒辖沟。属于高原温带半干旱季风气候区，昼夜温差大，气候干燥，年降水量少，蒸发量大，日照时间长。

第八天：中国科学院珠穆朗玛峰大气与环境综合观测研究站—日喀则市—拉萨市

日　　期： 2019 年 4 月 11 日　　**天　　气：** 晴
考察主题： 珠峰大本营、318 沿线考察
考察人员： 封志明、杨艳昭、李鹏、肖池伟、李文君等及司机师傅（2 人）
时间安排： 早餐时间为 09：40 ～ 10：00，抵达拉萨市某饭店为 20：40
行驶里程： GPS 轨迹 582.97km

　　早上 7：00 ～ 9：40，科考分队再次前往珠峰大本营朝拜珠峰（附图 153）。此前，在余成群站长、韩福松博士生等人的帮助下，李鹏已与定日县政府常务副县长、珠穆朗玛峰国家级自然保护区管理局局长取得联系。同时，还要感谢亚东县、定结县政府的领导对此次科考的大力支持，才使得第二次青藏高原综合科学考察暨南亚通道资源环境承载力科学考察得以高效成行（附图 154）。

附图 153　春季珠穆朗玛峰现真容（晨景，新绒布寺处远眺）

附图 154　科考分队队长封志明研究员在加吾拉山

近年来，珠穆朗玛峰国家级自然保护区管理局对进入珠峰大本营的人员限制程度日益增加。武警、公安及保护区检查力度很大。珠峰大本营是指观看珠峰核心区环境而设立的生活地带，中国境内的有两个，西坡大本营在西藏自治区日喀则地区定日县扎西宗乡（也是我们这次考察目的地），东坡大本营在定日县曲当乡的嘎玛沟地带。在扎西宗乡的珠峰大本营位于绒布寺南方，2018年及以前，由一群帐篷旅馆围成，中间树立一面国旗和一面珠穆朗玛峰国家级自然保护区旗帜。珠峰大本营主要是提供游客住宿，有卫生间和帐篷邮局，是我国海拔最高的邮局。

绒布寺：全称"拉堆查绒布冬阿曲林寺"，位于西藏日喀则地区定日县巴松乡南面珠穆朗玛峰下绒布沟东西侧的"卓玛"（度母）山顶，距县驻地90km，海拔5154m，地势高峻寒冷，是世界上海拔最高的寺庙。该寺始建于1899年，寺院分新旧两处。旧寺位于新寺以南3km处，靠近珠穆朗玛峰，尚存有莲花生大师当年的修行洞，以及印有莲花生手足印的石头和石塔等。新寺建成于1902年，绒布寺一度规模较大，曾有十几座属寺，后因历史原因被毁。现今主寺下面有八个附属小寺，包括一个尼姑庵。距珠穆朗玛峰峰顶约20km，从这儿向南眺望，是观赏拍摄珠穆朗玛峰的绝佳地点。1983年寺庙经历了大规模的修建。海拔5200m纪念碑位于珠峰大本营以南4km处，需要乘坐环保车或徒步到达。

13：00左右，杨艳昭研究员和李文君硕士生在日喀则市与封志明队长一行汇合。用完午餐之后，科考分队沿318国道经江孜、仁布、曲水驱车赶往拉萨。途中，高速公路以及国道两旁大面积的青稞已经到了播种季节。眼下，正值春耕备耕时节，处处可见藏民群众忙碌的身影，或犁地松土或育苗定植，也有很多已经平整好的青稞地（附图155）。如果不是青藏高原四月刺骨寒风和手持GPS的提醒，看着忙碌的藏民和平整好的青稞地，还误以为处于家乡江汉平原。此时，同纬度的江汉平原也正是早稻种植时节。"春种一粒粟，秋收万颗子"，无疑是最真实、最朴素的写照。"耕"，

附图155　曲水县境内青稞地平整土地

让生命得以延续，让文明得以流传；"耕"，意味着付出，更孕育着希望和收获。日喀则（即年楚河沿线河谷）尤其是江孜县一带，是开展青稞遥感算法与监测识别的典型样地！据此可拓展到一江两河地区、西藏乃至整个青藏高原。

青稞在青藏高原上种植约有 3500 年的历史，是西藏四宝之首糌粑的主要原料。此次考察中，青稞正处于乳熟 – 腊熟期。就青稞播种时间看，西藏存在区域差异，在半农半牧区（海拔 2600 ～ 3000m）要求在 3 月中旬播种，草地牧区（海拔 3000 ～ 3400m）4 月上旬播种。收获时间在 8 月、9 月。而冬青稞在 10 月上旬播种。

当晚 20：40 入住拉萨市某饭店。

第九天：拉萨飞回北京

日　　期： 2019 年 4 月 12 日　　**天　　气：** 晴

主要工作： 考察活动结束，并返回北京

考察人员： 封志明、杨艳昭、李鹏、肖池伟、李文君等及司机师傅（2 人）

时间安排： 早餐时间 07：30 ~ 08：00

当日 8：00，两位同行司机将科考队员送到拉萨贡嘎国际机场。科考队员于 10：00 乘坐飞机安全返回北京。飞机安抵北京时间为 13：35。

至此，第二次青藏高原综合科学考察研究 2019 年南亚通道资源环境基础与承载力考察活动圆满结束[①]。

---

① 若对本日志中相关内容有任何建议与指正，欢迎与我们联系。

李鹏

电话：010-64889527

Email：lip@igsnrr.ac.cn

封志明

电话：010-64889393

Email：fengzm@igsnrr.ac.cn